◉ 新・工科系の数学 ◉
TKM-2

工科系 線形代数
[新訂版]

筧　三郎

数理工学社

編者のことば

21世紀に入り，工学分野がますます高度に発達しつつある．頭脳集約型の産業がわが国の将来を支える最も重要な力であることに疑問の余地はない．

高度に発展した工学の基本技術として数学がますます重要になっていることは，大学工学部のカリキュラムにしめる数学および数学的色彩をもった科目が20年前と比べて格段に多数になっていることから容易に想像がつくことである．

一方で，大学1，2年次で教授される数学が，過去40年の間に大きな変革を受けたとは言いがたい．もとより，数学そのものが変わるわけもなく，また重要な数学の基礎に変更があるわけもないが，時代の変化や実際面での数学に対するニーズに対して，あまりに鈍感であってよいわけではない．

現在出版されている数学関連図書の多くは，数学を専門にする学生および研究者向けであるか，あるいは反対に数学が不得手な者を対象にした易しい数学解説書であることが多い．将来数学を専攻しない，しかし数学と多くのかかわりをもつであろう理工系学生に，将来使うための数学を教育し，あるいは将来どのような形で数学が重要になるかを体系的に説く，そのような数学書が必要なのではないだろうか．またそのような数学書は，数学基礎教育に携わる数学専門家にとっても，例題集としてまた生きた数学の像を得るために重要なのではないかと考えている．

以上のような観点から全体を構成し，それぞれの専門家に執筆をお願いしたものが本ライブラリ「新・工科系の数学」である．本ライブラリではまず，大学工学部で学ぶ数学に十分な基礎をもたない者のための数学予備[第0巻]と特に高校数学と大学数学の間の乖離を埋めるために数学の考え方，数の概念，証明とは何かを説いた第1巻，工学系学生の基礎数学[第2,3巻](以上，書目群Ⅰ)，工学基礎数学(書目群Ⅱ，Ⅲ)を配置した．これらが数学各分野を解説する縦糸である．

一方，電気，物質科学，情報，機械，システム，環境，マネジメントの諸分野を数学を用いて記述する，またはそれらの分野で特化した数学を解説する巻（書目群 IV）を用意した．これは，数学としての体系というより，数学の体系を必要に応じて横断的に解説した横糸の構成となっている．両者を有機的に活用することにより，工科系における数学の重要性と全体像が明確にできれば，編者としてこれに優る喜びはない．ライブラリ全体として，編者の意図が成功したかどうか，読者の批判に待ちたい．

2002 年 8 月

編者　藤原毅夫
薩摩順吉
室田一雄

「新・工科系の数学」書目一覧

書目群 I	書目群 III
0　工科系 大学数学への基礎	A–1　工学基礎 代数系とその応用
1　工科系 数学概説	A–2　工学基礎 離散数学とその応用
2　工科系 線形代数 [新訂版]	A–3　工学基礎 数値解析とその応用
3　工科系 微分積分	A–4　工学基礎 最適化とその応用
	A–5　工学基礎 確率過程とその応用
書目群 II	**書目群 IV**
4　工学基礎 常微分方程式の解法	A–6　電気・電子系のための数学
5　工学基礎 ベクトル解析とその応用	A–7　物質科学のための数学
6　工学基礎 複素関数論とその応用	A–8　アナログ版・情報系のための数学
7　工学基礎 フーリエ解析とその応用 [新訂版]	A–9　デジタル版・情報系のための数学
8　工学基礎 ラプラス変換と z 変換	A–10　機械系のための数学
9　工学基礎 偏微分方程式の解法	A–11　システム系のための数学
10　工学基礎 確率・統計	A–12　環境工学系のための数学
	A–13　マネジメント・エンジニアリングのための数学

(A: Advanced)

新訂版まえがき

本書の初版が出版されてからすでに12年が経過した．

この間に，学習指導要領の改定が数回行われ，平成21年11月には，高等学校の数学では行列が扱われないこととなった．そうすると学生が「行列」という数学的対象に初めて触れるのは大学に入ってからということになる．しかし，初版の序文でも述べたように，何かの対象を数学を用いて理解しようとするとき，微積分と同様，線形代数を避けて通ることはできない．

そこでこの機会に，第1章を大幅に加筆し，2次正方行列に関する具体的な取扱いを追加した．これらは以前には高等学校の数学で扱われていたが，大学1年で初めて「行列」に触れ，線形代数を学んでいくみなさんに，まずは行列という数学的対象に親しんでもらいたいと考えた．いわゆる「ケーリー–ハミルトンの定理」とその利用法についても，2次正方行列の場合を行列の計算法になれるための導入として第1章で解説し，一般の場合の証明を第6章で扱った．また，初版をテキストとしてご採用いただいた先生からいただいた意見を反映して,「次元定理」に関する節を加筆した．この節はやや抽象的で程度が高いが，数学的な視点からすると線形代数学の中心に位置する重要な定理である．初めて学ぶ際にはとばしてもかまわないが，なれてきたらぜひ身につけていただきたいものである．さらに巻末に，近年の大学入試，大学院入試の問題から選んで，総合演習としてまとめた．どれもよく練られた良問であり，理解を深めることに役立つであろう．

数字を並べただけの対象である「行列」が，実は豊富な数学的内容，潤沢な応用範囲をもつということを理解するための一助として，本書が役立つことを切に願う．

今回の新訂にあたって，数理工学社の田島伸彦さん，鈴木綾子さん，荻上朱里さんには大変お世話になった．遅筆の筆者が多大なるご迷惑をおかけしてしまったことを，この場をお借りしてお詫びしたい．

2014年10月

筧　三郎

まえがき

現在の大学教育における理工系のカリキュラムでは，1年生の段階で「線形代数」という科目を履修することが多い．そこで学ぶ考え方は，理工学の各分野において基本的な役割を果たし，欠くことのできないものといえる．その一方，抽象的でわかりにくい概念も数多く登場するため，線形代数に対して苦手意識をもってしまう人も，残念ながらいるようである．

そこで本書では，重要な概念・計算手法を，できる限り具体的に，できるだけわかりやすい形で説明するよう心がけた．とくに，新たな概念を導入する際には，「なぜその概念が必要か」「どうしてそのようなことを思いつくのか」を**具体例によって理解する**ということを，基本的な方針としている．数学を理解し，応用するにあたっては，単に計算のやり方を知っているだけでは不十分であり，一見抽象的に見える理論を理解しておくことも大切である．そういった理論に対して著者がもっているイメージを，具体的な例から伝えることを試みたつもりである．

新たな知識を身につけ，それらを自在に使いこなせるようになるためには，さまざまな例題を，自らの手を動かして解いてみることが必要である．数学的にエレガントな抽象的理論の解説を主眼に置いたテキストでは，どうしても具体的な問題の解説が少なくなりがちであるが，本書では，理工系の大学院入試問題も含んだ，多くの例題・章末問題を扱っていることも一つの特色である(1章では，基礎知識の確認として大学入試問題も含まれている)．例題・章末問題に対する解答も掲載してあるが，ただそれを見るだけでなく，必ず自分の手で計算してもらいたい．学習の参考のため，問題ごとに，大学入試問題なら「○○大・入試」，大学院入試問題なら「○○大・院試」と記しておいた．近年，大学院志願者は増加する傾向にあるが，そういった方々が線形代数を復習する際にも，本書が学習の一助となれば幸いである．

本書を読むために必要な予備知識として，高等学校の数学での「数学C」で学ぶ程度の行列の計算法が，ある程度身についていることが望ましい．行列の定義，基本的な演算については1章にもまとめてあるが，そこでの計算に不安を感じるようであれば，まずは「数学C」の内容を復習するとよいであろう．1

章で和・差・積などの基本的な演算を定義したあと，2 章以降で以下のようなテーマを学んでいく．

[連立 1 次方程式の一般的な解法]

連立 1 次方程式を**行列の形にまとめる**ことで，見通しよく計算を実行する．

- ○「掃き出し法」による解法(2 章)
- ○「行列式」を用いた解法 →「クラメルの公式」(3 章)

[「線形空間」における「線形写像」と，その幾何学的意味]

一般の「線形空間」における「線形写像」というものを，**行列という具体的な形で表して**考える．

- ○ 矢線ベクトルの一般化としての「線形(ベクトル)空間」(4 章)
- ○ 線形空間における「線形写像」としての行列(5 章)

[行列の「標準化」]

与えられた行列をあるやり方で変形し，**「線形写像」としての性質が理解しやすい形**にもっていく．

- ○「固有値」「固有ベクトル」→「対角化」(6 章)
- ○「一般固有ベクトル」→「ジョルダン標準形」(6.4 節)

各章の内容はもちろん独立ではなく，互いに関係しあっている．はじめて学ぶときには，これらの間の深い関係がつかみづらいかもしれないが，簡単な例を理解することから始めて，あきらめずに学習を続けてもらいたい．繰り返し学ぶことで，理解は確実に深まるものである．

本書では，線形代数の基本を身につけることを目的としたため，例えば次のような，やや高度な内容に対して証明を省略した箇所もある．

- ○ 一般の連立 1 次方程式の解の様子が，係数行列，および拡大係数行列の階数によって分類されること(2.3 節).
- ○ n 個の数字 $\{1, 2, \cdots, n\}$ の並べかえに対し，その符号が表し方によらずに一意的に決定されること(p.58 の参考).
- ○ 正方行列 A に対して，適当な正則行列 P が**必ず**存在して，${}^tPAP$ がジョルダン標準形(6.4 節参照)の形になること.

また,「行列のスペクトル分解」「ケーリー・ハミルトンの定理」「最小多項式」「単因子」などといった事項は，取り扱う余裕がなかった．こういった部分については，本書程度の内容を身につけたあとで，巻末にあげた参考文献などによって学習を深めるとよいであろう.

本書の執筆にあたっては，学生諸子からこれまで受けた線形代数に関する質問，および彼らと議論することで得られた経験が，大いに参考になっている．これまでの経験を形にする機会を与えてくださった，恩師薩摩順吉先生，藤原毅夫先生，室田一雄先生に，この場をお借りしてお礼を申し上げたい．また，数理工学社の竹田直氏，飯塚真一氏には，本書の出版にあたって終始お世話になった．大学院生の青木俊一郎君，鈴木敏之君には，草稿について多くの助言をいただいた．これらの方々に心から感謝の意を表したい．

(日韓ワールドカップが行われた)2002年6月

筧　三郎

目　　次

1 行列とベクトル

本章では「行列」に関する諸概念の定義，および基本的な演算(和・差・積など)を導入する．本章の内容は以降のすべての章で用いることになるので，とくに太字の用語に注意しつつ各概念を確認してもらいたい．「行列」の扱いに慣れるまでは難しく感じるかもしれないが，まずは $\mathbf{2} \times \mathbf{2}$ 行列，$\mathbf{3} \times \mathbf{3}$ 行列あたりでの具体例に即して計算方法をつかんでほしい．

1 章で学ぶ概念・キーワード

- **行列**の定義，演算規則(定数倍，和，差，積)
- **転置**行列
- 特殊な形の行列(**上三角**行列，**下三角**行列，**対角**行列，**対称**行列，**エルミート**行列，**直交**行列，**ユニタリ**行列)
- 行列の**トレース**
- 行列の**ブロック分け**，ブロック分けされた行列の積

1.1 行列とその演算法則

mn 個の数 a_{ij} $(1 \leq i \leq m,\ 1 \leq j \leq n)$ を，次のように長方形の形に並べたものを**行列**（matrix）とよぶ．

$$A = \begin{array}{c} \text{第1行} \\ \text{第2行} \\ \vdots \\ \text{第}m\text{行} \end{array} \overset{\begin{array}{cccc} \text{第1列} & \text{第2列} & \cdots & \text{第}n\text{列} \end{array}}{\begin{bmatrix} a_{11} & a_{12} & \cdots & a_{1n} \\ a_{21} & a_{22} & \cdots & a_{2n} \\ \vdots & \vdots & \ddots & \vdots \\ a_{m1} & a_{m2} & \cdots & a_{mn} \end{bmatrix}} = [a_{ij}]_{1 \leq i \leq m, 1 \leq j \leq n}$$

とくに，m 行 n 列に並んでいることを強調するときは $\boldsymbol{m \times n}$ **行列**，または $\boldsymbol{(m, n)}$ **型行列**という．行列をひとまとめに扱うときには，上で「A」を用いたように大文字の英字を用いることが多い．また，第 i 行，第 j 列に配置された数 a_{ij} は，行列 A の $\boldsymbol{(i, j)}$ **成分**とよばれる．

すべての成分が 0 である行列を**零行列**といい，O で表す．

$m \times n$ 型の零行列であることを明記するために，O_{mn} と表す場合もある．

$$O = \begin{bmatrix} 0 & 0 & \cdots & 0 \\ 0 & 0 & \cdots & 0 \\ \vdots & \vdots & \ddots & \vdots \\ 0 & 0 & \cdots & 0 \end{bmatrix}$$

また，$1 \times n$ 行列を $\boldsymbol{n}$ **次行ベクトル**，$n \times 1$ 行列を $\boldsymbol{n}$ **次列ベクトル**とよぶ．ベクトル（vector）であることを強調する場合には，大文字の英字でなく $\boldsymbol{a}, \boldsymbol{b}, \boldsymbol{c}$ のように小文字かつ太字の英字で表す（手で書く場合には，$\mathbb{a}, \mathbb{b}, \mathbb{c}$ などのようにする）．

$$\text{行ベクトル：} \boldsymbol{a} = [a_1, a_2, \cdots, a_n], \quad \text{列ベクトル：} \boldsymbol{a} = \begin{bmatrix} a_1 \\ a_2 \\ \vdots \\ a_n \end{bmatrix}$$

注意 冒頭ではただ単に「数を並べる」としたが，より正確には何を並べるかによって性質が違ってくる．数学的には「体」(field)とよばれる集合(四則が定義されている集合)であれば，これから述べるような計算をすることができる[1]．工学での応用では実数または複素数であることが多いので，本書では実数または複素数の場合のみを扱うが，情報工学などでは，実数・複素数以外の体を用いる場合もある． □

以下では，行列に対するいくつかの演算を導入する．

行列の相等

2つの行列 A, B が，同じ型(すなわち行数と列数がそれぞれ同じ)であり，かつ対応するすべての成分が等しいときに $A = B$ と表す．

$$A = B \iff a_{ij} = b_{ij} \quad (1 \leq i \leq m, 1 \leq j \leq n)$$

行列の定数倍(スカラー倍)

行列 A に定数 k をかけることを，各成分を k 倍することで定義する．

$$kA = \begin{bmatrix} ka_{11} & ka_{12} & \cdots & ka_{1n} \\ ka_{21} & ka_{22} & \cdots & ka_{2n} \\ \vdots & \vdots & \ddots & \vdots \\ ka_{m1} & ka_{m2} & \cdots & ka_{mn} \end{bmatrix} = [ka_{ij}]_{1 \leq i \leq m, 1 \leq j \leq n}$$

行列の和・差

2つの行列 A, B が，同じ型(すなわち行数と列数がそれぞれ同じ)であるときに，それらの和·差 $A \pm B$ を対応する各成分の和をとった行列として定義する．

$$A \pm B = \begin{bmatrix} a_{11} \pm b_{11} & a_{12} \pm b_{12} & \cdots & a_{1n} \pm b_{1n} \\ a_{21} \pm b_{21} & a_{22} \pm b_{22} & \cdots & a_{2n} \pm b_{2n} \\ \vdots & \vdots & \ddots & \vdots \\ a_{m1} \pm b_{m1} & a_{m2} \pm b_{m2} & \cdots & a_{mn} \pm b_{mn} \end{bmatrix}$$
$$= [a_{ij} \pm b_{ij}]_{1 \leq i \leq m, 1 \leq j \leq n} \quad (\text{複号同順})$$

このように行列の和を定義しておくと，次が成立する．

交換法則　$A + B = B + A$ (並べかえても結果は同じ)
結合法則　$(A + B) + C = A + (B + C)$
(どちらの「+」を先に実行しても結果は同じ)

1) 「体」について詳しくは，代数学の教科書を参照していただきたい．

行列の積

行列 $A=[a_{ij}]$ が $m\times l$ 型，行列 $B=[b_{ij}]$ が $l\times n$ 型(すなわち A の列数と B の行数が同じ)であるときに，それらの積 AB を次のように定義する．

$$(AB)_{ij}=\sum_{k=1}^{l}a_{ik}b_{kj}$$

ただし，$(AB)_{ij}$ は AB の (i,j) 成分を表し，結果として得られる行列 AB は $m\times n$ 型となる．

具体例をいくつか挙げておこう．

$$\begin{bmatrix} a & b \\ c & d \end{bmatrix}\begin{bmatrix} p & q \\ r & s \end{bmatrix}=\begin{bmatrix} ap+br & aq+bs \\ cp+dr & cq+ds \end{bmatrix} \tag{1.1}$$

$$\begin{bmatrix} a_1 & a_2 & a_3 \\ b_1 & b_2 & b_3 \end{bmatrix}\begin{bmatrix} p \\ q \\ r \end{bmatrix}=\begin{bmatrix} a_1p+a_2q+a_3r \\ b_1p+b_2q+b_3r \end{bmatrix} \tag{1.2}$$

行列の積に関しては，**交換法則**は成り立たない．すなわち，一般には

$AB\neq BA$　(並べかえると結果が違ってくる)

であり，

$$AB=BA$$

であるときには「A と B は**交換可能**」または「A と B は**可換**」という．

これに対し結合法則，すなわち

$(AB)C=A(BC)$　(どちらの積を先に実行しても結果は同じ)

はつねに成立する．

また，次の分配法則もつねに成立する．

分配法則　$A(B+C)=AB+AC$
　　　　　$(A+B)C=AC+BC$

結合法則，分配法則が成立することを証明するには，和・積の定義に従って計算すればよい．

例題 1.1

$n \times n$ 行列 $A = [a_{ij}]_{1 \leq i,j \leq n}$, $B = [b_{ij}]_{1 \leq i,j \leq n}$, $C = [c_{ij}]_{1 \leq i,j \leq n}$ に対して，結合法則 $(AB)C = A(BC)$ が成立することを証明せよ．

【解答】 $n \times n$ 行列 $X = [x_{ij}]_{1 \leq i,j \leq n}$, $Y = [y_{ij}]_{1 \leq i,j \leq n}$ に対して，積 XY の (i,j) 成分は $(XY)_{ij} = \sum_{k=1}^{n} x_{ik} y_{kj} \cdots$①と表されることに注意して計算すると，

$$((AB)C)_{ij} = \sum_{k=1}^{n} (AB)_{ik} c_{kj} \quad \text{（上の公式①で } X = AB,\ Y = C \text{ の場合）}$$

$$= \sum_{k=1}^{n} \left(\sum_{l=1}^{n} a_{il} b_{lk} \right) c_{kj} = \sum_{k=1}^{n} \sum_{l=1}^{n} a_{il} b_{lk} c_{kj}$$

となる．$A(BC)$ についても同様にして計算すれば，両者が一致することが分かる．■

注意 ここでは一般の自然数 n に対して $n \times n$ 行列の積を扱っているので，証明が難しく感じるかもしれない．その場合は $n = 2$ として，2×2 行列に対して和の記号 "Σ" を使わず具体的に計算してみることをお勧めする．□

転置行列

行列 A に対し，その第 1 行を第 1 列に，その第 2 行を第 2 列にというように，行と列を入れかえたものを**転置行列**といい，${}^tA$, A^T などと表す（本書では前者の記号を用いる）．すなわち，$A = [a_{ij}]_{1 \leq i \leq m, 1 \leq j \leq n}$ に対して，${}^tA$ の (i,j) 成分は a_{ji} である．式で書くと，

$$({}^tA)_{ij} = a_{ji}$$

である．行列 A が $m \times n$ 型であるとき，転置行列 ${}^tA$ は $n \times m$ 型となる．

例 1 ${}^t[2 \times 3 \text{ 行列}] = [3 \times 2 \text{ 行列}]$

$$ {}^t\begin{bmatrix} a & b & c \\ p & q & r \end{bmatrix} = \begin{bmatrix} a & p \\ b & q \\ c & r \end{bmatrix} $$

□

例2 $1 \times n$ 行列(行ベクトル)に対しては，転置行列は $n \times 1$ 行列(列ベクトル)となる．

$$ {}^t[a_1, a_2, \cdots, a_n] = \begin{bmatrix} a_1 \\ a_2 \\ \vdots \\ a_n \end{bmatrix} $$

□

転置をとる操作は，次のような性質をもつ．

和の転置行列	${}^t(A+B) = {}^tA + {}^tB$
定数倍と転置行列	${}^t(kA) = k\,{}^tA$
積の転置行列	${}^t(AB) = {}^tB\,{}^tA$
	(A, B の並ぶ順序が逆になることに注意)

行列の成分が複素数の場合には，各成分の複素共役をとる操作を考えるときもある．これを $\overline{A}$ と表す．

$$ \left(\overline{A}\right)_{ij} = \overline{a_{ij}} $$

また，複素共役と転置を同時にとる場合もあり，A^* で表す．

$$ A^* = {}^t(\overline{A}) = \overline{{}^tA} \qquad (1.3) $$

この A^* を A の**随伴行列**という($A^\dagger$ と表す場合もある)．

例題 1.2

$n \times n$ 行列 $A = [a_{ij}]_{1 \leq i,j \leq n}$, $B = [b_{ij}]_{1 \leq i,j \leq n}$ に対して，${}^t(AB) = {}^tB\,{}^tA$ が成立することを証明せよ．

【解答】 $(AB)_{ij} = \sum_{k=1}^{n} a_{ik} b_{kj}$ なので，

$$ \left({}^t(AB)\right)_{ij} = (AB)_{ji} = \sum_{k=1}^{n} a_{jk} b_{ki} $$

である．右辺については，

$$ \left({}^tB\,{}^tA\right)_{ij} = \sum_{k=1}^{n} \left({}^tB\right)_{ik} \left({}^tA\right)_{kj} = \sum_{k=1}^{n} b_{ki} a_{jk} $$

となるので，両者が一致することが分かる． ■

1.2　2次正方行列

行列の行の数と列の数が等しいとき，**正方行列**という．とくに，n 行 n 列であるとき **n 次正方行列**という．一般の自然数 n の場合の取り扱いは次節で考えることにして，本節では，行列の計算に親しんでもらうことを目的として，2次正方行列のみを考える．以下では，

$$E = \begin{bmatrix} 1 & 0 \\ 0 & 1 \end{bmatrix}$$

という記法を用いる．この E を **2次単位行列**という（より一般のサイズの単位行列については次節で扱う）．このとき，任意の2次正方行列 A に対して

$$AE = EA = A$$

が成り立つ．

例題 1.3

2次正方行列 X は，任意の2次正方行列 A に対して $AX = XA$ が成り立つとする．このとき X は単位行列 E の定数倍であることを示せ．

【解答】 $X = \begin{bmatrix} x & y \\ z & w \end{bmatrix}$ とおく．まず $A = \begin{bmatrix} 1 & 0 \\ 0 & 0 \end{bmatrix}$ とすると，$AX - XA = \begin{bmatrix} 0 & y \\ -z & 0 \end{bmatrix}$ となる．これが零行列となるので，$y = z = 0$ である．

次に $A = \begin{bmatrix} 0 & 1 \\ 0 & 0 \end{bmatrix}$ とすると，$AX - XA = \begin{bmatrix} z & w-x \\ 0 & -z \end{bmatrix}$ となる．これが零行列となるので，$z = 0, w = x$ である．

以上により，$X = \begin{bmatrix} x & 0 \\ 0 & x \end{bmatrix} = xE$ という形でなくてはならないことが示された．また，$X = xE$ であれば，任意の2次正方行列 A に対して $AX = XA$ が成り立つ．■

例題 1.4

$A = \begin{bmatrix} a & b \\ c & d \end{bmatrix}$ に対して，次の等式が成り立つことを示せ．

$$A^2 - (a+d)A + (ad-bc)E = O$$

【解答】 $AE = EA = A$ に注意すると，

$$A^2 - (a+d)A + (ad-bc)E = O \iff (A-aE)(A-dE) = bcE$$

と変形できる．左辺を計算すると，

$$(A-aE)(A-dE) = \begin{bmatrix} 0 & b \\ c & d-a \end{bmatrix} \begin{bmatrix} a-d & b \\ c & 0 \end{bmatrix} = \begin{bmatrix} bc & 0 \\ 0 & bc \end{bmatrix}$$

となり，$(A-aE)(A-dE) = bcE$ が示される． ■

注意 例題 1.4 で示したことは,「ケーリー–ハミルトンの定理」の 2 次正方行列の場合にあたる．n 次正方行列の場合については第 6 章で扱う． □

例題 1.5

$A = \begin{bmatrix} a & b \\ c & d \end{bmatrix}$ が $A^2 - 2A - 3E = O$ を満たすとき，$a+d$, $ad-bc$ の値を求めよ．

【解答】 例題 1.4 より $A^2 = (a+d)A - (ad-bc)E$ である．これを $A^2 - 2A - 3E = O$ に代入して整理すると，

$$(a+d-2)A = (ad-bc+3)E$$

が得られる．

- $a+d-2=0$ のとき，左辺は O となるので，$ad-bc+3=0$ となる．
- $a+d-2 \neq 0$ のとき，両辺を $a+d-2$ で割って，

$$A = \frac{ad-bc+3}{a+d-2}E = kE \quad \left(k = \frac{ad-bc+3}{a+d-2} \text{ とおいた}\right)$$

という形になる．これを $A^2 - 2A - 3E = O$ に代入して整理すると，

$$(k^2 - 2k - 3)E = O$$

となるので，$k^2 - 2k - 3 = (k-3)(k+1) = 0$ より $k = 3$ または -1 となる．$k=3$ のときは $a+d=6$, $ad-bc=9$ となり，$k=-1$ のときは $a+d=-2$, $ad-bc=1$ となる．

以上をまとめて， (答) $(a+d, ad-bc) = (2,-3),\ (6,9),\ (-2,1)$ ■

注意 例題 1.4 で示した $A^2 - (a+d)A + (ad-bc)E = O$ と $A^2 - 2A - 3E = O$ との係数を比較して $a+d=2$, $ad-bc=-3$ とする議論は誤りである．その議論だと，$(a+d, ad-bc) = (6,9), (-2,1)$ という 2 つの場合を見落とすことになってしまう．

また，$A^2-2A-3E=(A-3E)(A+E)=O$ から $A=3E$ または $A=-E$ とする議論も誤りである．例えば $A=\begin{bmatrix} 1 & 2 \\ 2 & 1 \end{bmatrix}$ とすると，

$$A^2-2A-3E=(A-3E)(A+E)=O$$

となるが，$A-3E,\ A+E$ はどちらも零行列でない(各自で確かめること)．このように，行列の積においては，$A \neq O,\ B \neq O$ であっても $AB=O$ となることがある．このような A, B を**零因子**という． □

例題 1.4 の結果(ケーリー–ハミルトンの定理の特別な場合)を用いると，2次正方行列 A に対して A^n を具体的に求めることができる．

例題 1.6

(1) n を 2 以上の自然数とする．x^n を 2 次式 x^2-5x+6 で割るときの余りの 1 次式を $r_n x+s_n$ とおく．このとき r_n, s_n を n を用いて表せ．

(2) $A=\begin{bmatrix} 2 & 0 \\ 1 & 3 \end{bmatrix}$ とする．自然数 n に対して，(1) および例題 1.4 を利用して，A^n を n を用いて表せ．

【解答】 (1) x^n を 2 次式 x^2-5x+6 で割るときの商である $(n-2)$ 次式を $f_n(x)$ とする．すなわち，ある $(n-2)$ 次式

$$f_n(x)=a_0x^{n-2}+a_1x^{n-3}+\cdots+a_{n-3}x+a_{n-2} \quad (a_0 \neq 0)$$

に対して，

$$x^n=(x^2-5x+6)f_n(x)+(r_nx+s_n)$$

が恒等的に成立するものとする．

$x^2-5x+6=(x-2)(x-3)$ に注意して，$x=2,\ x=3$ を代入すると，

$$2^n=2r_n+s_n, \quad 3^n=3r_n+s_n$$

となり，これを解いて $r_n=3^n-2^n,\ s_n=3\cdot 2^n-2\cdot 3^n$ が得られる．

(2) (1) より，2 以上の自然数 n に対して

$$x^n=(x^2-5x+6)f_n(x)+(3^n-2^n)x+3\cdot 2^n-2\cdot 3^n$$

が成り立つことがわかる．

$(n-2)$ 次多項式 $f_n(x)$ に対して，変数 x を行列 A で置き換えた $f_n(A)$ を

$$f_n(A) = a_0A^{n-2} + a_1A^{n-1} + \cdots + a_{n-3}A + a_{n-2}E$$

で定義[1] することにすると，$AE = EA = A$ であるので

$$A^n = (A^2 - 5A + 6E)f_n(A) + (3^n - 2^n)\,A + (3\cdot 2^n - 2\cdot 3^n)\,E$$

が成立する．(1) の結果より $A^2 - 5A + 6E = O$ であるので，

$$A^n = (3^n - 2^n)\,A + (3\cdot 2^n - 2\cdot 3^n)\,E = \begin{bmatrix} 2^n & 0 \\ 3^n - 2^n & 3^n \end{bmatrix}$$

が得られる．この式は $n=1$ のときも正しい．■

例題 1.4 の結果を用いて A^n を計算するには，次のようなやり方もある．

例題 1.7

2 次正方行列 $A = \begin{bmatrix} a & b \\ c & d \end{bmatrix}$ に対して，変数 x についての 2 次方程式 $x^2 - (a+d)x + (ad-bc) = 0$ は相異なる 2 つの解 α, β をもつものとする．

(1) $A(A-\beta E) = \alpha(A-\alpha E),\ A(A-\alpha E) = \beta(A-\beta E)$ が成り立つことを示せ．

(2) 任意の自然数 n に対して，次が成り立つことを示せ．

$$A^n = \frac{\alpha^n - \beta^n}{\alpha - \beta}A + \frac{\alpha\beta^n - \beta\alpha^n}{\alpha - \beta}E$$

【解答】 (1) 2 次方程式の解と係数の関係より，$\alpha+\beta = a+d,\ \alpha\beta = ad-bc$ であるので，例題 1.4 の結果より $A^2 - (\alpha+\beta)A + \alpha\beta E = O$ が成り立つことが分かる．示すべき 2 式はこの式よりすぐに得られる．

(2) (1) の結果より，任意の自然数 n に対して $A^n(A-\beta E) = \alpha^n(A-\beta E)$, $A^n(A-\alpha E) = \beta^n(A-\alpha E)$ が成り立つことが分かる．この 2 式を辺々引くことによって示すべき式が得られる．■

与えられた正方行列に対して A^n を求める問題は，応用上も重要である．このことについては，第 6 章で再度扱う．

---

1) $f_n(x)$ の定数項 a_{n-2} が，$a_{n-2}E$(E は単位行列)に置き換えられていることに注意．このため，単に「x に A を代入」ということではない．

1.3　一般の正方行列

前節では，2 次正方行列について扱った．本節では，より一般の $\boldsymbol{n}$ **次正方行列**を扱う．まず，正方行列のうちでも特別な形をもつものに名前をつけておく．

単位行列

正方行列で，左上から右下への対角線上の成分(**対角成分**)がすべて 1 で，それ以外がすべて 0 であるような行列を**単位行列**といい，E，または I で表す．

$$E = \begin{bmatrix} 1 & 0 & \cdots & 0 \\ 0 & 1 & \ddots & \vdots \\ \vdots & \ddots & \ddots & 0 \\ 0 & \cdots & 0 & 1 \end{bmatrix}$$

行列の型が $n \times n$ であることを明示したいときには，E_n, I_n などとして表す場合もある．以下，本書では主に，添え字 n は省略した E という記法を用いる．

任意の自然数 m に対して，単位行列の m 乗もまた単位行列となる．

$$E = E^2 = E^3 = E^4 = \cdots$$

また，任意の行列に単位行列をかけても，もとの行列と変わらない．

$$AE = EA = A$$

このことからわかるように，単位行列は任意の行列と交換可能である．逆に，任意の n 次正方行列との積の順序が交換可能な n 次正方行列は，n 次単位行列の定数倍に限られる．

上三角行列・下三角行列・対角行列

n 次正方行列 $A = [a_{ij}]_{1 \leq i,j \leq n}$ で，対角線よりも下の成分がすべて 0（$i > j$ なら $a_{ij} = 0$）である A を**上**(うえ)**三角行列**という．また，対角線よりも上の成分がすべて 0（$i < j$ なら $a_{ij} = 0$）である A を**下**(した)**三角行列**という．さらに，非対角要素が 0($i \neq j$ なら $a_{ij} = 0$)である A を**対角行列**という．

例　3×3 の場合での具体的な形を挙げておく．

$$上三角：\begin{bmatrix} * & * & * \\ 0 & * & * \\ 0 & 0 & * \end{bmatrix},\quad 下三角：\begin{bmatrix} * & 0 & 0 \\ * & * & 0 \\ * & * & * \end{bmatrix},\quad 対角：\begin{bmatrix} * & 0 & 0 \\ 0 & * & 0 \\ 0 & 0 & * \end{bmatrix}$$ □

対称行列・交代行列

正方行列 A が ${}^tA = A$，すなわち $a_{ij} = a_{ji}$ を満たすとき**対称行列**という．また，${}^tA = -A$，すなわち $a_{ij} = -a_{ji}$ を満たすとき**交代行列**または**歪**(わい)**対称行列**，**反対称行列**という．交代行列においては，対角成分はすべて0である．

例　3×3 の場合での具体的な形を挙げておく．

$$\text{対称}:\begin{bmatrix} a & p & q \\ p & b & r \\ q & r & c \end{bmatrix},\quad \text{交代}:\begin{bmatrix} 0 & p & q \\ -p & 0 & r \\ -q & -r & 0 \end{bmatrix}$$
□

エルミート行列，歪エルミート行列

正方行列 A が $A^* = A$（A^* の定義は(1.3)），すなわち $a_{ij} = \overline{a_{ji}}$ を満たすとき**エルミート**(Hermite)**行列**という．エルミート行列においては，対角成分はすべて実数である．また，$A^* = -A$，すなわち $a_{ij} = -\overline{a_{ji}}$ を満たすとき，**歪エルミート行列**という．歪エルミート行列においては，対角成分はすべて純虚数である．

例　3×3 の場合での具体例を挙げておく．

$$\text{エルミート}:\begin{bmatrix} 2 & -i & 0 \\ i & 3 & 1-i \\ 0 & 1+i & 0 \end{bmatrix},\quad \text{歪エルミート}:\begin{bmatrix} 2i & i & 0 \\ i & 3i & -1+i \\ 0 & 1+i & 0 \end{bmatrix}$$
□

正方行列 A に対して，いくつかの重要な概念を導入しておこう．

正方行列 A のトレース

n 次正方行列 $A = [a_{ij}]_{1 \leq i,j \leq n}$ に対して，対角成分 a_{ii} $(i = 1, \cdots, n)$ の和を，A の**トレース**(trace)といい，$\mathrm{Tr}\, A$ で表す[1]．

$$\mathrm{Tr}\, A = \sum_{i=1}^{n} a_{ii}$$

トレースについて，次の性質が成り立つ．

$$\mathrm{Tr}\,(kA) = k\,\mathrm{Tr}\, A$$
$$\mathrm{Tr}\,(A+B) = \mathrm{Tr}\, A + \mathrm{Tr}\, B$$
$$\mathrm{Tr}\,(AB) = \mathrm{Tr}\,(BA)$$

---

1) 日本語では**固有和**，**跡**(せき)とよばれる．また，Spur(ドイツ語)というときもある．

逆行列・正則行列

n 次正方行列 A に対して，

$$AX = XA = E$$

を満たす n 次正方行列 X が存在するとき，行列 X を A の**逆行列**（inverse matrix）といい，A^{-1} で表す．逆行列をとる操作は，次のような性質をもつ．

積の逆行列　$(AB)^{-1} = B^{-1}A^{-1}$（並ぶ順序が逆になることに注意）

定数倍と逆行列　$(kA)^{-1} = \dfrac{1}{k}A^{-1}$

逆行列 A^{-1} はいつでも存在するとは限らないが，存在するときはただ1つである（例題 1.8）．逆行列が存在する正方行列を，**正則行列**という．

例　2×2 行列 $A = \begin{bmatrix} a & b \\ c & d \end{bmatrix}$ に対する逆行列

- $ad - bc \neq 0$ のとき

$$A^{-1} = \frac{1}{ad - bc}\begin{bmatrix} d & -b \\ -c & a \end{bmatrix} \tag{1.4}$$

- $ad - bc = 0$ のときは，逆行列は存在しない．

3.2 節で，この公式を一般の n 次正方行列の場合に拡張する．　□

直交行列・ユニタリ行列

正方行列 A が

$${}^tAA = A\,{}^tA = E, \text{ すなわち } A^{-1} = {}^tA$$

を満たすとき**直交行列**という．また，

$$\overline{{}^tA}A = A\overline{{}^tA} = E, \text{ すなわち } A^{-1} = \overline{{}^tA}$$

を満たすとき**ユニタリ行列**という．ただし，$\overline{A}$ は各成分の複素共役をとることを意味する．

例　2×2 の場合での具体例を挙げておく．

直交：$\dfrac{1}{\sqrt{2}}\begin{bmatrix} 1 & -1 \\ 1 & 1 \end{bmatrix}$，　ユニタリ：$\dfrac{1}{\sqrt{2}}\begin{bmatrix} 1 & i \\ i & 1 \end{bmatrix}$

ここで，i は虚数単位（$i^2 = -1$）である．　□

以下では，逆行列に関するいくつかの性質を例題の形で見ておこう．

例題 1.8

正方行列 A に対する逆行列は，存在するならばただ1つであることを示せ．

【解答】 2つの正方行列 X, Y に対して，

$$AX = XA = E,$$

$$AY = YA = E$$

が同時に成立すると仮定する．このとき，$A(X-Y) = O$ となるが，この式に左から X をかけると $X = Y$ が得られる． ■

例題 1.9

下三角行列 $A = \begin{bmatrix} 1 & 0 & 0 \\ p & 1 & 0 \\ q & r & 1 \end{bmatrix}$ に対して，逆行列 A^{-1} もまた下三角行列であることを示せ．

【解答】 $X = \begin{bmatrix} 1 & 0 & 0 \\ x & 1 & 0 \\ y & z & 1 \end{bmatrix}$ とおいて計算すると，

$$AX = \begin{bmatrix} 1 & 0 & 0 \\ x+p & 1 & 0 \\ y+rx+q & z+r & 1 \end{bmatrix}$$

が単位行列に一致する条件より，

$$x = -p, \quad y = pr - q, \quad z = -r$$

が得られる．逆に，このように x, y, z を定めると，$XA = E$ も成立する．以上により，題意は示された． ■

参考 ここでは 3×3 の下三角行列を考えたが，一般の $n \times n$ 下三角行列に対しても同様の性質が成立する．また，上三角行列の逆行列は，上三角行列となる． □

1.4 ブロック分けされた行列

行列がブロック分けされた構造をもっているときは，各ブロックごとの積を考えてまとめることができる．例として，次のように区分けされた行列 X, Y を考えよう．

$$X = \begin{array}{c} \overbrace{}^{l_1\text{ 列}}\ \overbrace{}^{l_2\text{ 列}} \\ \left[\begin{array}{c:c} A & B \\ \hdashline C & D \end{array}\right] \end{array} \begin{array}{l} \}\ m_1\text{ 行} \\ \}\ m_2\text{ 行} \end{array}, \quad Y = \begin{array}{c} \overbrace{}^{n_1\text{ 列}}\ \overbrace{}^{n_2\text{ 列}} \\ \left[\begin{array}{c:c} P & Q \\ \hdashline R & S \end{array}\right] \end{array} \begin{array}{l} \}\ l_1\text{ 行} \\ \}\ l_2\text{ 行} \end{array}$$

このとき，積 XY は次のように表すことができる．

$$XY = \begin{array}{c} \overbrace{}^{n_1\text{ 列}}\ \overbrace{}^{n_2\text{ 列}} \\ \left[\begin{array}{c:c} AP+BR & AQ+BS \\ \hdashline CP+DR & CQ+DS \end{array}\right] \end{array} \begin{array}{l} \}\ m_1\text{ 行} \\ \}\ m_2\text{ 行} \end{array} \tag{1.5}$$

2×2 行列での計算(1.1)と，形式的に対応していることを注意しておく．

(1.5)では縦横ともに 2 ブロックに分けられていたが，より多くのブロックに分けられたときも同様に計算できる．また，縦横の区分けの個数が同じである必要はない．ただし，各ブロックごとの行列の積が定義されていなければならない．

例題 1.10

(1) n 次正方行列 A が正則であることの定義，および，そのための必要十分条件を 2 つ述べよ．ただし，証明する必要はない．

(2) n 次正方行列 A が

$$A = \begin{bmatrix} A_{11} & A_{12} \\ O & A_{22} \end{bmatrix}$$

のように区分けされていると仮定する．ただし，A_{11} は正則な m 次正方行列，A_{12} は $(m, n-m)$ 型行列，A_{22} は正則な $(n-m)$ 次正方行列，O は $(n-m, m)$ 型零行列，$1 \leq m < n$ とする．このとき，A の逆行列を A_{11}, A_{12}, A_{22} を用いて具体的に表せ．（東京工業大・院試）

【解答】 (1)　2 次正方行列の場合には，行列 $A = \begin{bmatrix} a & b \\ c & d \end{bmatrix}$ が正則である条件は $ad - bc \neq 0$ であった．一般の n 次正方行列の場合については次章以降で学ぶ概念が必要になるが，ここでは説明なしで必要十分条件を述べておく．

- 行列 A の**階数**が $\mathrm{rank}\,(A) = n$ であること．
  (「行列の階数」については，2 章を参照)
- 行列 A の**行列式**が $\det(A) \neq 0$ であること．
  (「行列式」については，3 章を参照)

(2)　例題 1.9 では，下三角行列の逆行列がまた下三角行列となることを見た．本問での行列は**ブロック三角化**された行列(対角線より左下のブロックはすべて零行列)であるので，ここでも逆行列が

$$X = \begin{bmatrix} P & Q \\ O & R \end{bmatrix}$$

という形になることが期待できる．ただし，P は m 次正方行列，Q は $(m, n-m)$ 型行列，R は $(n-m)$ 次正方行列とする．この形を仮定して，実際に計算すると，

$$AX = \begin{bmatrix} A_{11} & A_{12} \\ O & A_{22} \end{bmatrix} \begin{bmatrix} P & Q \\ O & R \end{bmatrix}$$

$$= \begin{bmatrix} A_{11}P & A_{11}Q + A_{12}R \\ O & A_{22}R \end{bmatrix}$$

となり，これが $\begin{bmatrix} E_m & O \\ O & E_{n-m} \end{bmatrix}$ に一致する条件より，

$$P = A_{11}^{-1}, \quad R = A_{22}^{-1}, \quad Q = -A_{11}^{-1}A_{12}A_{22}^{-1}$$

が得られる．逆に，このとき $XA = E_n$ が成立することもわかる．

(答) $A^{-1} = \begin{bmatrix} A_{11}^{-1} & -A_{11}^{-1}A_{12}A_{22}^{-1} \\ O & A_{22}^{-1} \end{bmatrix}$ ■

1 章の問題

□ **1** $A = \begin{bmatrix} 0 & 1 \\ 1 & 0 \end{bmatrix}$ とする．

(1) $X = \begin{bmatrix} a & b \\ c & d \end{bmatrix}$ に対して，$AX = XA$ が成り立つとき，a, b, c, d の満たす関係式を求めよ．

(2) 2 次の正方行列 B, C が $AB = BA = C$, $BC = CB = A$ を満たすとき，B, C を求めよ．

（広島大・大学入試）

□ **2** 実数を成分とする行列 A, B, I, O を次のように定める．

$$A = \begin{bmatrix} a & b \\ c & d \end{bmatrix}, \quad B = \begin{bmatrix} e & f \\ g & h \end{bmatrix}, \quad I = \begin{bmatrix} 1 & 0 \\ 0 & 1 \end{bmatrix}, \quad O = \begin{bmatrix} 0 & 0 \\ 0 & 0 \end{bmatrix}$$

(1) 逆行列の定義を述べよ．

(2) $A^4 + A^3 + A^2 + A + I = O$ を満たすとき，A の逆行列 A^{-1} が存在することを示せ．

(3) $|AB| = |A||B|$ を示せ．ただし，行列 $C = \begin{bmatrix} x & y \\ z & w \end{bmatrix}$ に対して，$|C| = xw - yz$ と定める．

(4) (2)の関係式を満たすときに $|A|$ の値を求めよ．

(5) (2)の関係式を満たすときに

$$A + A^{-1} = (a + d)I$$

となることを示し，$a + d$ の値を求めよ．

（お茶の水女子大・大学入試）

□ **3** A が実交代行列（${}^tA = -A$）で，$I + A$ が正則行列であるとする．ただし，I は単位行列を表し，行列 X に対して ${}^tX$ は X の転置行列を表すものとする．

(1) $I - A$ と $(I + A)^{-1}$ とが交換可能であることを示せ．

(2) $P = (I - A)(I + A)^{-1}$ は直交行列であることを示せ．

（新潟大・院試（改題））

2 連立1次方程式の解法

本章では連立 1 次方程式の解法を学ぶ．高校数学でも学んだこととは思うが，まずは 2 変数の場合で考え方を整理して，それを 3 変数の場合に拡張する．その過程で導入される「階数(rank)」という概念を，具体例を通してしっかりと理解してもらいたい．2 変数・3 変数の場合できちんと理解しておけば，一般の n 変数の場合に拡張することは容易であろう．

2 章で学ぶ概念・キーワード

- **掃き出し法**(消去法)
- 行列の**基本変形**
- 行列の**階数**(ランク，rank)
- 正方行列の **LU 分解**

2.1 2変数連立1次方程式の解

この節では，2つの変数 x, y に関する連立1次方程式を考える．一般的な形は次のようになる．

$$\begin{cases} ax + by = p & \cdots 第1式 \\ cx + dy = q & \cdots 第2式 \end{cases} \tag{2.1}$$

この2つの方程式を同時に満たす x, y を求めたいわけであるが，以下に見るようにつねに解が存在するわけではない．また，存在するとしても，ただ1つであるとは限らない．

例題 2.1

次の連立1次方程式を解け．

(1) $\begin{cases} x + y = 7 \\ 2x + 4y = 20 \end{cases}$ (2) $\begin{cases} x + 2y = 7 \\ 2x + 4y = 20 \end{cases}$ (3) $\begin{cases} x + 2y = 10 \\ 2x + 4y = 20 \end{cases}$

【解答】 (1) 第2式の両辺を2で割ると，$x + 2y = 10$ となる．この式から第1式を引くと，$y = 3$ となる．これを第1式に用いて，$x = 4$ が得られる．

(答) $x = 4, y = 3$

(2) 第2式の両辺を2で割ると，$x + 2y = 10$ となるが，この式から第1式を引くと $0 = 3$ となり矛盾．よって，解は存在しない． (答) 解なし

(3) 第2式は第1式を2倍することで得られるので，第1式のみを考えればよい．よって，解は無数に存在し，任意定数 t を用いて $x = 10 - 2t, y = t$ と表される． (答) $x = 10 - 2t, y = t$ (t は任意定数) ■

以下では，例題2.1の計算を行列の言葉を用いて整理してみよう．(2.1)の形の連立方程式を行列を用いて表す方法として，次の2つがある．

行列の積の形

行列の積の定義により，(2.1)を次の形にまとめることができる．

$$A\boldsymbol{x} = \boldsymbol{p} \tag{2.2}$$

ただし，

$$A = \begin{bmatrix} a & b \\ c & d \end{bmatrix}, \quad \boldsymbol{x} = \begin{bmatrix} x \\ y \end{bmatrix}, \quad \boldsymbol{p} = \begin{bmatrix} p \\ q \end{bmatrix} \tag{2.3}$$

である．(2.2)の左辺に現れる行列 A は**係数行列**とよばれる．

拡大係数行列

(2.1)の係数に注目して，次のようにまとめた行列を考える．

$$\tilde{A} = \left[\begin{array}{c:c} A & \boldsymbol{p} \end{array}\right] = \left[\begin{array}{cc:c} a & b & p \\ c & d & q \end{array}\right] \tag{2.4}$$

この行列 $\tilde{A}$ を**拡大係数行列**とよぶ[1)]．

以下ではこの 2 通りの表し方に基づいて，例題 2.1 の計算を整理してみよう．

2.1.1　行列の積の形

例題 2.1(1)の連立方程式は次の形にまとめることができる．

$$\begin{bmatrix} 1 & 1 \\ 2 & 4 \end{bmatrix} \begin{bmatrix} x \\ y \end{bmatrix} = \begin{bmatrix} 7 \\ 20 \end{bmatrix} \tag{2.5}$$

左辺の係数行列の**逆行列**を，公式(1.4)を用いて計算すると，

$$\begin{bmatrix} 1 & 1 \\ 2 & 4 \end{bmatrix}^{-1} = \frac{1}{1\cdot 4 - 1\cdot 2} \begin{bmatrix} 4 & -1 \\ -2 & 1 \end{bmatrix} = \begin{bmatrix} 2 & -1/2 \\ -1 & 1/2 \end{bmatrix} \tag{2.6}$$

であるので，これを(2.5)に左からかけて，

$$\begin{bmatrix} x \\ y \end{bmatrix} = \begin{bmatrix} 2 & -1/2 \\ -1 & 1/2 \end{bmatrix} \begin{bmatrix} 7 \\ 20 \end{bmatrix} = \begin{bmatrix} 4 \\ 3 \end{bmatrix} \tag{2.7}$$

例題 2.1 で(2), (3)の場合は行列式が 0 となり，逆行列が存在しない．この場合,「解なし」「解は無数に存在」のどちらであるかは，係数行列だけでは判定できない．

2.1.2　拡大係数行列の利用

まず例題 2.1(1)を考える．

$$\left[\begin{array}{cc:c} 1 & 1 & 7 \\ 2 & 4 & 20 \end{array}\right] \overset{Ⓐ}{\to} \left[\begin{array}{cc:c} 1 & 1 & 7 \\ 1 & 2 & 10 \end{array}\right] \overset{Ⓑ}{\to} \left[\begin{array}{cc:c} 1 & 1 & 7 \\ 0 & 1 & 3 \end{array}\right] \overset{Ⓒ}{\to} \left[\begin{array}{cc:c} 1 & 0 & 4 \\ 0 & 1 & 3 \end{array}\right] \tag{2.8}$$

ただし，Ⓐ, Ⓑ, Ⓒ では次の操作を行っている．

---

1)「$\tilde{A}$」は「エー・チルダ」と読む．このような数学記号の読み方については，

佐藤文広，数学ビギナーズマニュアル [第 2 版]，日本評論社，2014

に詳しい．

操作Ⓐ：第2行を2で割る．

操作Ⓑ：第2行から第1行を引く．

操作Ⓒ：第1行から第2行を引く．

要するに例題2.1の解答での計算を，係数だけに注目して書き直しただけのことである．しかし，この形に書くと「同値性」が保たれていることがわかりやすい．言いかえると，上の3つの操作Ⓐ, Ⓑ, Ⓒに対応する矢印は，逆にたどって前に戻ることもできるのである．

(2.8)のようにして解を求めることを**掃き出し法**といい，一つ一つの「→」に対応する変形を**行基本変形**という．Ⓐ, Ⓑ, Ⓒの操作は，次の行列を左からかけることと同じであることを注意しておく．

$$\text{操作Ⓐ}：\begin{bmatrix} 1 & 0 \\ 0 & 1/2 \end{bmatrix},\ \text{操作Ⓑ}：\begin{bmatrix} 1 & 0 \\ -1 & 1 \end{bmatrix},\ \text{操作Ⓒ}：\begin{bmatrix} 1 & -1 \\ 0 & 1 \end{bmatrix} \tag{2.9}$$

例題2.1(2),(3)についても，(2.8)と同様の形にまとめておこう．

$$(2)：\left[\begin{array}{cc:c} 1 & 2 & 7 \\ 2 & 4 & 20 \end{array}\right] \overset{Ⓐ}{\to} \left[\begin{array}{cc:c} 1 & 2 & 7 \\ 1 & 2 & 10 \end{array}\right] \overset{Ⓑ}{\to} \left[\begin{array}{cc:c} 1 & 2 & 7 \\ 0 & 0 & 3 \end{array}\right] \tag{2.10}$$

$$(3)：\left[\begin{array}{cc:c} 1 & 2 & 10 \\ 2 & 4 & 20 \end{array}\right] \overset{Ⓐ}{\to} \left[\begin{array}{cc:c} 1 & 2 & 10 \\ 1 & 2 & 10 \end{array}\right] \overset{Ⓑ}{\to} \left[\begin{array}{cc:c} 1 & 2 & 10 \\ 0 & 0 & 0 \end{array}\right] \tag{2.11}$$

(2.10)と(2.11)の違いは，右下が0であるかどうかである．このことが，解があるかどうかを決めている．すなわち，(2.10)での第2行をもとの連立方程式の形に戻すと，$0 \cdot x + 0 \cdot y = 3$ となり，解が存在しない．一方，(2.11)のように右下が0ならば矛盾は生じず，解が存在するわけである．

2.1.3　行列の階数

あとに述べるように，一般の連立1次方程式の場合でも，解は次のいずれかのパターンとなる．

(1)　方程式の解がただ1つに決まる．

(2)　方程式の解が存在しない．

(3)　方程式の解は無限に存在する．

連立方程式(2.1)が与えられたとき，解が(1)～(3)のどれになるかを行列の言葉で整理するために，この節では**階数**（rank）という概念を導入する．そのための準備として，まず一般の行基本変形を定義しておこう．

定義 2.1（行基本変形）

ある行列 A に対して，

操作 $\mathrm{I}(n;k)$　　：第 n 行を定数 k 倍する（ただし $k \neq 0$）

操作 $\mathrm{II}(n \leftarrow m;k)$：第 n 行に，第 m 行の k 倍を加える

操作 $\mathrm{III}(m \leftrightarrow n)$　：第 m 行と第 n 行とを入れかえる

という 3 種類の操作を考える．これらの操作を**行基本変形**とよぶ．

行基本変形は(2.9)のように，次の行列を左からかけることと同じである．

$$
\begin{aligned}
&\mathrm{I}(1;k) : \begin{bmatrix} k & 0 \\ 0 & 1 \end{bmatrix}, \qquad \mathrm{I}(2;k) : \begin{bmatrix} 1 & 0 \\ 0 & k \end{bmatrix} \\
&\mathrm{II}(1 \leftarrow 2;k) : \begin{bmatrix} 1 & k \\ 0 & 1 \end{bmatrix}, \quad \mathrm{II}(2 \leftarrow 1;k) : \begin{bmatrix} 1 & 0 \\ k & 1 \end{bmatrix} \qquad (2.12) \\
&\mathrm{III}(1 \leftrightarrow 2) : \begin{bmatrix} 0 & 1 \\ 1 & 0 \end{bmatrix}
\end{aligned}
$$

定義 2.2（行列の階数）

ある行列 $A = [a_{ij}]_{1 \leq i \leq m, 1 \leq j \leq n}$ が与えられたとする．このとき，A に行基本変形を繰り返し適用することで第 $k+1$ 行以下の行の成分がすべて 0，すなわち

$$
A \longrightarrow \begin{bmatrix} a_{11} & \cdots & \cdots & a_{1n} \\ \vdots & & & \vdots \\ a_{k1} & \cdots & \cdots & a_{kn} \\ 0 & \cdots & \cdots & 0 \\ \vdots & & & \vdots \\ 0 & \cdots & \cdots & 0 \end{bmatrix}
$$

（ただし，第 k 行までは各行に少なくとも 1 つは 0 でない成分があるとする）となるような整数 k $(0 \leq k \leq n)$ の最小値を行列 A の**階数**（rank）とよび，$\mathrm{rank}\,(A)$, $r(A)$ などで表す（以下，本書では前者の記法を用いる）．

例題2.1に対して具体的に述べると，

(1)　$\tilde{A}=\left[\begin{array}{cc:c}1&1&7\\2&4&20\end{array}\right]\to\left[\begin{array}{cc:c}1&0&4\\0&1&3\end{array}\right]$．よって，$\mathrm{rank}\,(\tilde{A})=2$.

$A=\begin{bmatrix}1&1\\2&4\end{bmatrix}\to\begin{bmatrix}1&0\\0&1\end{bmatrix}$．　よって，$\mathrm{rank}\,(A)=2$.

(2)　$\tilde{A}=\left[\begin{array}{cc:c}1&2&7\\2&4&20\end{array}\right]\to\left[\begin{array}{cc:c}1&2&7\\0&0&3\end{array}\right]$．よって，$\mathrm{rank}\,(\tilde{A})=2$.

$A=\begin{bmatrix}1&2\\2&4\end{bmatrix}\to\begin{bmatrix}1&2\\0&0\end{bmatrix}$．　よって，$\mathrm{rank}\,(A)=1$.

(3)　$\tilde{A}=\left[\begin{array}{cc:c}1&2&10\\2&4&20\end{array}\right]\to\left[\begin{array}{cc:c}1&2&10\\0&0&0\end{array}\right]$．よって，$\mathrm{rank}\,(\tilde{A})=1$.

$A=\begin{bmatrix}1&2\\2&4\end{bmatrix}\to\begin{bmatrix}1&2\\0&0\end{bmatrix}$．　よって，$\mathrm{rank}\,(A)=1$.

連立方程式の解の様子と比較して整理すると，次のようになる．

(1)　$\mathrm{rank}\,(\tilde{A})=\mathrm{rank}\,(A)=2$（未知数の個数）であり，解はただ1組存在する．

(2)　$\mathrm{rank}\,(\tilde{A})>\mathrm{rank}\,(A)$ であり，解は存在しない．

(3)　$\mathrm{rank}\,(\tilde{A})=\mathrm{rank}\,(A)=1$ であり，未知数の個数2より1小さい．このとき解は無数に存在し，任意定数を1個含む．

この結果を表2.1にまとめておこう．

表 2.1　解の個数と $\mathrm{rank}(A)$ の関係

	未知数の個数		$\mathrm{rank}\,(\tilde{A})$		$\mathrm{rank}\,(A)$	解の様子
(1)	2	=	2	=	2	ただ1つの解
(2)	2	=	2	>	1	解なし
(3)	2	>	1	=	1	任意定数を1個含む解

2.1.4　幾何学的意味

以上の結果は，幾何学的に解釈することもできる．高校までの数学で学んだように，x, y の 1 次式 $ax + by = c$ は座標平面上での直線を表すので，2 変数の連立 1 次方程式の解は，平面上の 2 直線の交点に対応している．例題 2.1 の場合に，グラフを描いてみよう(図 2.1)．

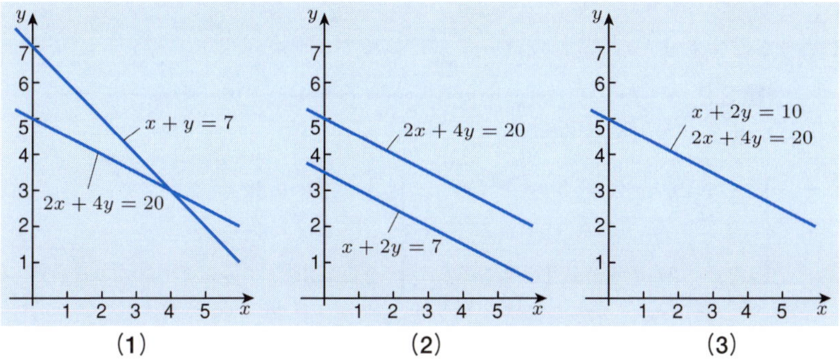

図 2.1　例題 2.1 のグラフ

(1)では交点 $(x, y) = (4, 3)$ が存在するが，(2)では平行な 2 直線となり，交点は存在しない．(3)では，与えられた 2 つの式が同じ直線に対応していて，直線上のすべての点がもとの 2 式を満たす．すなわち，係数行列 A の階数が減ることは直線が平行となることに対応し，拡大係数行列 $\tilde{A}$ の階数が減ることは 2 直線が一致することに対応している．

変数が x, y, z のように 3 つある場合にも，同様の考察が可能である．3 変数の場合について，詳しくは 7.1 節で扱うが，x, y, z の 1 次式 $ax + by + cz = d$ は座標空間内の平面を表し，連立方程式の解は平面の交線・交点と対応する．

2.2　3変数連立1次方程式の解

前節の考察を，3変数の連立1次方程式

$$\begin{cases} a_1x + b_1y + c_1z = p_1 \\ a_2x + b_2y + c_2z = p_2 \\ a_3x + b_3y + c_3z = p_3 \end{cases} \tag{2.13}$$

に対して拡張しよう．

例題 2.2

次の連立1次方程式を解け．

(1) $\begin{cases} x + 2y + 3z = 3 \\ x + 3y + 4z = 2 \\ 2x + 3y + 8z = 1 \end{cases}$　(2) $\begin{cases} x + 2y + 3z = 3 \\ x + 3y + 4z = 2 \\ 2x + 3y + 5z = 1 \end{cases}$

(3) $\begin{cases} x + 2y + 3z = 3 \\ x + 3y + 4z = 2 \\ 2x + 3y + 5z = 7 \end{cases}$　(4) $\begin{cases} x + 2y + 3z = 3 \\ 2x + 4y + 6z = 2 \\ 3x + 6y + 9z = 1 \end{cases}$

(5) $\begin{cases} x + 2y + 3z = 3 \\ 2x + 4y + 6z = 6 \\ 3x + 6y + 9z = 9 \end{cases}$

ここでも拡大係数行列を行基本変形することで解を求めてみよう．用いるのは2.1.3項で導入した3種類の基本変形 $\mathrm{I}(n;k)$，$\mathrm{II}(n \leftarrow m;k)$，$\mathrm{III}(m \leftrightarrow n)$ である．

【解答】（1）まず第1行の定数倍を他の行に加えることで，(2, 1) 成分，(3, 1) 成分を0にする．

$$\tilde{A} = \left[\begin{array}{ccc:c} 1 & 2 & 3 & 3 \\ 1 & 3 & 4 & 2 \\ 2 & 3 & 8 & 1 \end{array}\right] \xrightarrow{\substack{\mathrm{II}(2\leftarrow 1;-1) \\ \mathrm{II}(3\leftarrow 1;-2)}} \left[\begin{array}{ccc:c} 1 & 2 & 3 & 3 \\ 0 & 1 & 1 & -1 \\ 0 & -1 & 2 & -5 \end{array}\right]$$

次に，第2行の定数倍を他の行に加えることで，(1, 2) 成分，(3, 2) 成分を

0 にする．

$$\left[\begin{array}{ccc:c} 1 & 2 & 3 & 3 \\ 0 & 1 & 1 & -1 \\ 0 & -1 & 2 & -5 \end{array}\right] \xrightarrow[\text{II}(3\leftarrow 2;1)]{\text{II}(1\leftarrow 2;-2)} \left[\begin{array}{ccc:c} 1 & 0 & 1 & 5 \\ 0 & 1 & 1 & -1 \\ 0 & 0 & 3 & -6 \end{array}\right]$$

第 3 行を 1/3 倍(操作 I(1; 1/3)) して (3, 3) 成分を 1 にしたあと，先ほどと同様にして (1, 3) 成分，(2, 3) 成分を 0 にする．

$$\left[\begin{array}{ccc:c} 1 & 0 & 1 & 5 \\ 0 & 1 & 1 & -1 \\ 0 & 0 & 3 & -6 \end{array}\right] \xrightarrow{\text{I}(1;1/3)} \xrightarrow[\text{II}(2\leftarrow 3;-1)]{\text{II}(1\leftarrow 3;-1)} \left[\begin{array}{ccc:c} 1 & 0 & 0 & 7 \\ 0 & 1 & 0 & 1 \\ 0 & 0 & 1 & -2 \end{array}\right]$$

(答) $x = 7,\ y = 1,\ z = -2$

(2)　(1) と同様の計算を行ったあと，連立方程式の形に戻すと次のようになる．

$$\tilde{A} = \left[\begin{array}{ccc:c} 1 & 2 & 3 & 3 \\ 1 & 3 & 4 & 2 \\ 2 & 3 & 5 & 1 \end{array}\right] \xrightarrow[\text{II}(3\leftarrow 1;-2)]{\text{II}(2\leftarrow 1;-1)} \left[\begin{array}{ccc:c} 1 & 2 & 3 & 3 \\ 0 & 1 & 1 & -1 \\ 0 & -1 & -1 & -5 \end{array}\right]$$

$$\xrightarrow[\text{II}(3\leftarrow 1;1)]{\text{II}(1\leftarrow 2;-2)} \left[\begin{array}{ccc:c} 1 & 0 & 1 & 5 \\ 0 & 1 & 1 & -1 \\ 0 & 0 & 0 & -6 \end{array}\right] \Longrightarrow \begin{cases} 1\cdot x + 0\cdot y + 1\cdot z = 5 \\ 0\cdot x + 1\cdot y + 1\cdot z = -1 \\ 0\cdot x + 0\cdot y + 0\cdot z = -6 \end{cases}$$

第 3 式を満たす x, y, z は明らかに存在しない．　(答) 解なし

(3)　計算自体は(2)とほとんど同じであるが，この場合は解が無数に存在する．

$$\tilde{A} = \left[\begin{array}{ccc:c} 1 & 2 & 3 & 3 \\ 1 & 3 & 4 & 2 \\ 2 & 3 & 5 & 7 \end{array}\right] \xrightarrow[\text{II}(3\leftarrow 1;-2)]{\text{II}(2\leftarrow 1;-1)} \left[\begin{array}{ccc:c} 1 & 2 & 3 & 3 \\ 0 & 1 & 1 & -1 \\ 0 & -1 & -1 & 1 \end{array}\right]$$

$$\xrightarrow[\text{II}(3\leftarrow 1;1)]{\text{II}(1\leftarrow 2;-2)} \left[\begin{array}{ccc:c} 1 & 0 & 1 & 5 \\ 0 & 1 & 1 & -1 \\ 0 & 0 & 0 & 0 \end{array}\right] \Longrightarrow \begin{cases} 1\cdot x + 0\cdot y + 1\cdot z = 5 \\ 0\cdot x + 1\cdot y + 1\cdot z = -1 \\ 0\cdot x + 0\cdot y + 0\cdot z = 0 \end{cases}$$

(答) $x = 5 - t,\ y = -1 - t,\ z = t$ (t は任意定数)

(4)　$\tilde{A} = \left[\begin{array}{ccc:c} 1 & 2 & 3 & 3 \\ 2 & 4 & 6 & 2 \\ 3 & 6 & 9 & 1 \end{array}\right] \xrightarrow[\text{II}(3\leftarrow1;-3)]{\text{II}(2\leftarrow1;-2)} \left[\begin{array}{ccc:c} 1 & 2 & 3 & 2 \\ 0 & 0 & 0 & -4 \\ 0 & 0 & 0 & -8 \end{array}\right]$

$$\xrightarrow{\text{II}(3\leftarrow2;-2)} \xrightarrow{\text{I}(2;-4)} \left[\begin{array}{ccc:c} 1 & 2 & 3 & 2 \\ 0 & 0 & 0 & 1 \\ 0 & 0 & 0 & 0 \end{array}\right]$$

(答) 解なし

(5)　$\tilde{A} = \left[\begin{array}{ccc:c} 1 & 2 & 3 & 3 \\ 2 & 4 & 6 & 6 \\ 3 & 6 & 9 & 9 \end{array}\right] \xrightarrow[\text{II}(3\leftarrow1;-3)]{\text{II}(2\leftarrow1;-2)} \left[\begin{array}{ccc:c} 1 & 2 & 3 & 3 \\ 0 & 0 & 0 & 0 \\ 0 & 0 & 0 & 0 \end{array}\right]$

(答) $x = 3 - 2s - 3t,\ y = s,\ z = t$ (s, t は任意定数) ■

以上の解の様子を**階数**の概念を用いて整理しておこう．

(1) $\text{rank}(\tilde{A}) = \text{rank}(A) = 3$ (未知数の個数)であり，解はただ1組存在する．

(2), (4) $\text{rank}(\tilde{A}) > \text{rank}(A)$ であり，解は存在しない．

(3) $\text{rank}(\tilde{A}) = \text{rank}(A) = 2$ であり，未知数の個数3より1小さい．このとき解は無数に存在し，任意定数を1個含む．

(5) $\text{rank}(\tilde{A}) = \text{rank}(A) = 1$ であり，未知数の個数3より2小さい．このとき解は無数に存在し，任意定数を2個含む．

この結果を表2.2にまとめておこう．

表 2.2　例題2.2の解の個数と rank(A) の関係

	未知数の個数		rank $(\tilde{A})$		rank (A)	解の様子
(1)	3	=	3	=	3	ただ1つの解
(2)	3	=	3	>	2	解なし
(3)	3	>	2	=	2	任意定数を1個含む解
(4)	3	>	2	>	1	解なし
(5)	3	>	1	=	1	任意定数を2個含む解

この表からわかるように，条件 $\text{rank}(A) = \text{rank}(\tilde{A})$ が満たされるときには解が存在し，その場合の解は $3 - \text{rank}(A)$ 個の任意定数を含む．

2.1.4 項と同様に，このことも幾何学的な意味づけをすることができる．3 変数の場合には座標空間における平面の方程式を考えることになるが，これについては 7.1 節を参照していただきたい．

掃き出し法と逆行列

(1)～(5)のうち，(1)の $\mathrm{rank}\,(\tilde{A}) = \mathrm{rank}\,(A) = 3$ の場合では解がただ 1 つに定められるが，これは A の逆行列 A^{-1} が存在することに対応している．逆行列 A^{-1} を実際に求める際にも，掃き出し法を用いることができる．

実際，3×3 行列 A に対して，

$$A^{-1} = \begin{bmatrix} x_1 & x_2 & x_3 \\ y_1 & y_2 & y_3 \\ z_1 & z_2 & z_3 \end{bmatrix}$$

とおけば，$AA^{-1} = E$ は次の 3 つの連立 1 次方程式と同値になる．

$$A \begin{bmatrix} x_1 \\ y_1 \\ z_1 \end{bmatrix} = \begin{bmatrix} 1 \\ 0 \\ 0 \end{bmatrix}, \quad A \begin{bmatrix} x_2 \\ y_2 \\ z_2 \end{bmatrix} = \begin{bmatrix} 0 \\ 1 \\ 0 \end{bmatrix}, \quad A \begin{bmatrix} x_3 \\ y_3 \\ z_3 \end{bmatrix} = \begin{bmatrix} 0 \\ 0 \\ 1 \end{bmatrix}$$

この 3 つの方程式を個別に解いてもいいのだが，次のような拡大係数行列を考えると，まとめて解くことができる．

$$\left[\begin{array}{ccc|ccc} a_{11} & a_{12} & a_{13} & 1 & 0 & 0 \\ a_{21} & a_{22} & a_{23} & 0 & 1 & 0 \\ a_{31} & a_{32} & a_{33} & 0 & 0 & 1 \end{array}\right]$$

この行列に対して行基本変形を用いることで，逆行列 A^{-1} が得られる．より一般の n 次正方行列の場合でも同じことであるので，手順をまとめておこう．

掃き出し法による逆行列の求め方

手順 1　与えられた正方行列 A に対して，単位行列 E と並べた $\left[\begin{array}{c|c} A & E \end{array}\right]$ という行列を考える．

手順 2　$\left[\begin{array}{c|c} A & E \end{array}\right]$ に行基本変形を適用して，$\left[\begin{array}{c|c} E & B \end{array}\right]$ という形にもっていく．こうして得られた B が，A の逆行列である．

例題 2.3

任意の正方行列 A に対して，前頁の 手順 1, 2 で得られる B は A の逆行列であることを示せ．

【解答】 行基本変形の操作は，ある正方行列を左からかけることに対応する．すなわち，ある正方行列 P に対して，

$$P\left[\begin{array}{c:c} A & E \end{array}\right] = \left[\begin{array}{c:c} E & B \end{array}\right] \tag{2.14}$$

となる．ここで，1.3 節で述べたように

$$P\left[\begin{array}{c:c} A & E \end{array}\right] = \left[\begin{array}{c:c} PA & P \end{array}\right] \tag{2.15}$$

である．(2.14)と(2.15)とを比較すると $PA = E$ となり，B $(= P)$ が A の逆行列であることが分かる．

例題 2.4

次の行列 A に対して，行列 $(E - A)(E + A)^{-1}$ を求めよ．ただし，E は単位行列を表すものとする．

$$A = \begin{bmatrix} 0 & 1 & 1 \\ -1 & 0 & 1 \\ -1 & -1 & 0 \end{bmatrix}$$

（新潟大・院試（改題））

【解答】 前頁の手順 1, 2 を実行すると，

$$\left[\begin{array}{c:c} E + A & E \end{array}\right] = \left[\begin{array}{ccc:ccc} 1 & 1 & 1 & 1 & 0 & 0 \\ -1 & 1 & 1 & 0 & 1 & 0 \\ -1 & -1 & 1 & 0 & 0 & 1 \end{array}\right]$$

$$\xrightarrow[\text{II}(3\leftarrow 1;1)]{\text{II}(2\leftarrow 1;1)} \left[\begin{array}{ccc:ccc} 1 & 1 & 1 & 1 & 0 & 0 \\ 0 & 2 & 2 & 1 & 1 & 0 \\ 0 & 0 & 2 & 1 & 0 & 1 \end{array}\right]$$

$$\xrightarrow[\text{II}(3;1/2)]{\text{I}(2;1/2)} \left[\begin{array}{ccc:ccc} 1 & 1 & 1 & 1 & 0 & 0 \\ 0 & 1 & 1 & 1/2 & 1/2 & 0 \\ 0 & 0 & 1 & 1/2 & 0 & 1/2 \end{array}\right]$$

$$\xrightarrow{\text{II}(1\leftarrow 2;-1)} \left[\begin{array}{ccc|ccc} 1 & 0 & 0 & 1/2 & -1/2 & 0 \\ 0 & 1 & 1 & 1/2 & 1/2 & 0 \\ 0 & 0 & 1 & 1/2 & 0 & 1/2 \end{array}\right]$$

$$\xrightarrow{\text{II}(2\leftarrow 3;-1)} \left[\begin{array}{ccc|ccc} 1 & 0 & 0 & 1/2 & -1/2 & 0 \\ 0 & 1 & 0 & 0 & 1/2 & -1/2 \\ 0 & 0 & 1 & 1/2 & 0 & 1/2 \end{array}\right]$$

となる．よって，

$$(E+A)^{-1} = \begin{bmatrix} 1/2 & -1/2 & 0 \\ 0 & 1/2 & -1/2 \\ 1/2 & 0 & 1/2 \end{bmatrix}$$

であり，

$$(E-A)(E+A)^{-1} = \begin{bmatrix} 1 & -1 & -1 \\ 1 & 1 & -1 \\ 1 & 1 & 1 \end{bmatrix} \begin{bmatrix} 1/2 & -1/2 & 0 \\ 0 & 1/2 & -1/2 \\ 1/2 & 0 & 1/2 \end{bmatrix}$$

$$= \begin{bmatrix} 0 & -1 & 0 \\ 0 & 0 & -1 \\ 1 & 0 & 0 \end{bmatrix}$$

が得られる．■

参考　いまの場合，与えられた A は実交代行列($^tA = -A$)であるので，1 章の章末問題 3 により，

$$P = (E-A)(E+A)^{-1} \tag{2.16}$$

は直交行列になっているはずである．得られた結果で確認すると，

$$P = \begin{bmatrix} 0 & -1 & 0 \\ 0 & 0 & -1 \\ 1 & 0 & 0 \end{bmatrix}, \quad {}^tP = \begin{bmatrix} 0 & 0 & 1 \\ -1 & 0 & 0 \\ 0 & -1 & 0 \end{bmatrix}$$

は，確かに $P\,{}^tP = {}^tPP = E$ を満たしていることがわかる．

式(2.16)によって，交代行列 A を直交行列 P に対応させる変換を**ケーリー変換**という．□

2.3 n 変数連立1次方程式の解と行列の階数

前節までの結果を，n 個の変数 $x_1, x_2, \cdots, x_n$ に対する連立1次方程式の場合に拡張しよう．

$$\begin{cases} a_{11}x_1 + a_{12}x_2 + \cdots + a_{1n}x_n = b_1 \\ a_{21}x_1 + a_{22}x_2 + \cdots + a_{2n}x_n = b_2 \\ \qquad\qquad \vdots \\ a_{m1}x_1 + a_{m2}x_2 + \cdots + a_{mn}x_n = b_m \end{cases} \tag{2.17}$$

前節までは変数の個数((2.17)では n)と方程式の個数((2.17)では m)が等しい場合のみを考察してきたが，一般には一致する必要はないことを注意しておく．

連立方程式 (2.17)に対する係数行列 A，拡大係数行列 $\tilde{A}$ は次のものである．

$$\text{係数行列} \quad A = \begin{bmatrix} a_{11} & a_{12} & \ldots & a_{1n} \\ a_{21} & a_{22} & \ldots & a_{2n} \\ \vdots & \vdots & \ddots & \vdots \\ a_{m1} & a_{m2} & \ldots & a_{mn} \end{bmatrix}$$

$$\text{拡大係数行列} \quad \tilde{A} = \left[\begin{array}{cccc:c} a_{11} & a_{12} & \ldots & a_{1n} & b_1 \\ a_{21} & a_{22} & \ldots & a_{2n} & b_2 \\ \vdots & \vdots & \ddots & \vdots & \vdots \\ a_{m1} & a_{m2} & \ldots & a_{mn} & b_m \end{array}\right]$$

この $A, \tilde{A}$ を用いて，前節までの結果を一般の場合に対してまとめておこう(一般の場合の証明は，前節までのものと基本的には同じことである．詳しくは参考文献[4], [5]などを参照せよ)．

連立方程式(2.17)の解

- $\mathrm{rank}\,(\tilde{A}) > \mathrm{rank}\,(A)$ の場合
  方程式(2.17)は解をもたない(**解不能**，**条件過剰**という)．
- $\mathrm{rank}\,(\tilde{A}) = \mathrm{rank}\,(A) = n$ (未知数の個数)の場合
  方程式(2.17)は解をもち，かつ一意である．
- $\mathrm{rank}\,(\tilde{A}) = \mathrm{rank}\,(A) = r\ (< n)$の場合
  方程式(2.17)は解をもち，$(n-r)$ 個の任意定数を含む(解が一意には確定しないという意味で，**解不定**，**条件不足**という)．

このように行列の階数を求めることが大切であるわけだが，それを求めるための 1 つのやり方が**掃き出し法**であった．行列の階数を求めることのみが目的である場合には，掃き出し法によって方程式の解を求める必要はなく，次の例題で見るような**階段行列**の形に変形すればよい．

例題 2.5

次の行列の階数を求めよ．

$$A = \begin{bmatrix} 1 & 4 & -2 & 4 & -5 & 4 & 1 \\ 2 & 6 & 1 & -4 & 1 & 7 & 2 \\ 1 & 0 & 8 & -11 & 7 & 5 & 6 \\ 0 & -2 & 5 & -3 & 1 & 2 & 5 \\ 3 & 10 & -1 & -9 & 6 & 8 & -2 \end{bmatrix}$$

【解答】　まず $\mathrm{II}(2 \leftarrow 1;-2)$, $\mathrm{II}(3 \leftarrow 1;-1)$, $\mathrm{II}(5 \leftarrow 1;-3)$ として第 1 列を掃き出す．

$$A \longrightarrow \begin{bmatrix} 1 & 4 & -2 & 4 & -5 & 4 & 1 \\ 0 & -2 & 5 & -12 & 11 & -1 & 0 \\ 0 & -4 & 10 & -15 & 12 & 1 & 5 \\ 0 & -2 & 5 & -3 & 1 & 2 & 5 \\ 0 & -2 & 5 & -21 & 21 & -4 & -5 \end{bmatrix}$$

次に，$\mathrm{II}(3 \leftarrow 2;-2)$, $\mathrm{II}(4 \leftarrow 2;-1)$, $\mathrm{II}(5 \leftarrow 2;-1)$ として第 2 列の第 3～5 行を掃き出す．

$$\longrightarrow \begin{bmatrix} 1 & 4 & -2 & 4 & -5 & 4 & 1 \\ 0 & -2 & 5 & -12 & 11 & -1 & 0 \\ 0 & 0 & 0 & 9 & -10 & 3 & 5 \\ 0 & 0 & 0 & 9 & -10 & 3 & 5 \\ 0 & 0 & 0 & -9 & 10 & -3 & -5 \end{bmatrix}$$

このとき，第 3 列の第 3～5 行は 0 となるので，次は $\mathrm{II}(4 \leftarrow 3;-1)$, $\mathrm{II}(5 \leftarrow 3;1)$ として第 4 列の第 4，5 行を掃き出す．

$$\longrightarrow \begin{bmatrix} 1 & 4 & -2 & 4 & -5 & 4 & 1 \\ 0 & -2 & 5 & -12 & 11 & -1 & 0 \\ 0 & 0 & 0 & 9 & -10 & 3 & 5 \\ 0 & 0 & 0 & 0 & 0 & 0 & 0 \\ 0 & 0 & 0 & 0 & 0 & 0 & 0 \end{bmatrix} \tag{2.18}$$

第4，5行はすべて0となり，$\mathrm{rank}\,(A) = 3$ であることがわかった． ■

定義 2.3（階段行列）

$m \times n$ 行列 A の第 i 行を左から見ていくとき，はじめて0でない成分が現れるまでの0の個数を l_i $(\leq n)$とする．数列 $\{l_i\}$ が，A の列数 n と等しくなるまでは単調増加，すなわち

$$l_1 < l_2 < \cdots < l_a = l_{a+1} = \cdots = l_m = n \quad (1 \leq a \leq m),$$

または $\quad l_1 < l_2 < \cdots < l_m < n$ （この場合が rank(A) 最大）

を満たすとき，A を**階段行列**という．

例1 (2.18)の 5×3 行列の場合は，

$$\begin{matrix} l_1 & & l_2 & & l_3 & & l_4 & & l_5 \\ \| & & \| & & \| & & \| & & \| \\ 0 & < & 1 & < & 3 & < & 7 & = & 7 \end{matrix}$$

となり，定義2.3の条件を満たしている． □

例2 表2.3に，より簡単な例をいくつかあげておこう．

表 2.3 階段行列の例

階段行列の例	階段行列でない例
$\begin{bmatrix} 2 & 8 & 0 & 7 \\ 0 & 3 & 9 & 4 \\ 0 & 0 & 0 & 5 \end{bmatrix}$, $\begin{bmatrix} 7 & 2 & 0 \\ 0 & 3 & 6 \\ 0 & 0 & 2 \\ 0 & 0 & 0 \\ 0 & 0 & 0 \end{bmatrix}$	$\begin{bmatrix} 2 & 8 & 0 & 7 \\ 0 & 0 & 0 & 5 \\ 0 & 3 & 9 & 4 \end{bmatrix}$, $\begin{bmatrix} 7 & 2 & 0 \\ 0 & 3 & 6 \\ 0 & 1 & 2 \\ 0 & 0 & 1 \\ 0 & 0 & 0 \end{bmatrix}$

□

以下では，$m \times n$ 行列 A に対して，掃き出し法により階段行列に変形する手続きをまとめておこう．

階数を求めたい行列 A が与えられたとき，次の手順 1〜4 によってよりサイズの小さい行列 $A_1, A_2, \cdots$ を定めていく．

A_1, A_2, ・・・の求め方

手順 1　まず，第 1 列に注目する．第 1 列の成分 a_{i1} $(i = 1, \cdots, m)$ がすべて 0 であるなら，第 2 列を見る．はじめて 0 でない成分が現れる列を第 $n_1 + 1$ 列とする．第 $n_1 + 1$ 列において，ある k に対して $a_{k,n_1+1} \neq 0$ であるなら，第 1 行と第 k 行を入れかえる（すなわち，$\mathrm{III}(1 \leftrightarrow k)$）．

手順 2　手順 1 の結果，$(1, n_1 + 1)$ 成分は 0 でない数になっている．そこで $i = 2, \cdots, m$ に対して，第 i 行から第 1 行の $a_{i,n_1+1}/a_{1,n_1+1}$ 倍を引く（すなわち，$\mathrm{II}(i \leftarrow 1; -a_{i,n_1+1}/a_{1,n_1+1})$）．

手順 3　手順 1, 2 の結果として得られる行列は，

第 1 列〜第 n_1 列では，すべての成分 $= 0$

第 $n_1 + 1$ 列では $a_{1,n_1+1} \neq 0$，他の成分 $= 0$

となっている．この行列から第 1 列〜第 j_1 列，および第 1 行を取り除いて得られる $(m-1) \times (n - n_1 - 1)$ 行列を A_1 とおく．

$$
A \longrightarrow \left[\begin{array}{cccc|ccc}
0 & \cdots & 0 & a_{1,n_1+1} & * & \cdots & * \\
\hline
0 & \cdots & 0 & 0 & & & \\
\vdots & \ddots & \vdots & \vdots & & A_1 & \\
0 & \cdots & 0 & 0 & & &
\end{array}\right]
$$

手順 4　$A_1 = O$（零行列）ならば終了．そうでないなら，A_1 に対して手順 1〜3 を実行し，よりサイズの小さい行列 A_2 を定める．以下これを繰り返し，零行列となるか，よりサイズの小さい行列がとれなくなったら終了．

以上の手順により，任意の行列 A は最終的には次の形に帰着される．

$$\begin{bmatrix} 0 & \cdots & 0 & a_{1,n_1+1} & * & \cdots & \cdots\cdots & \cdots & \cdots\cdots & * \\ 0 & \cdots & 0 & 0 & 0 & a_{2,n_2+1} & * & * & \cdots & \cdots\cdots & * \\ \vdots & & \vdots & \vdots & \vdots & & \ddots & & \ddots & & \vdots \\ 0 & \cdots & 0 & 0 & 0 & 0 & \cdots & 0 & a_{r,n_r+1} & * & \cdots & * \\ 0 & \cdots & 0 & 0 & 0 & 0 & \cdots & 0 & 0 & 0 & \cdots & 0 \\ \vdots & & \vdots & \vdots & \vdots & \vdots & & \vdots & \vdots & \vdots & & \vdots \\ 0 & \cdots & 0 & 0 & 0 & 0 & \cdots & 0 & 0 & 0 & \cdots & 0 \end{bmatrix} \tag{2.19}$$

ただし，$a_{1,n_1+1},\cdots,a_{r,n_r+1}$ は 0 でないとする．第 i 行がすべて 0 のときは $l_i=n$ とすると，すべての行において左から 0 が並ぶ個数は l_i である．この形に変形しておくと，

$$\mathrm{rank}\,(A) = l_1,\cdots,l_m \text{のうち } n \text{ でないものの個数}$$

は明らかであろう．

注意1　ある行列 A が与えられたとき，最終的に得られる (2.19) の形の行列はただ 1 つには決まらない．手順 2 において，第 n_1+1 列に 0 でない成分が複数個あるならば，そのうちどれを選ぶかによって結果は違ってくる可能性がある．

しかし，行列 A が与えられたときにどのように「掃き出し」を実行しても，得られる階数 $\mathrm{rank}\,(A)$ は途中の手順の選び方によらないことを証明することができる．□

注意2　本書では「行基本変形」を用いて計算しているが，行列の階数は**列基本変形**

I'　第 n **列**を定数 k 倍する（ただし $k \neq 0$）

II'　第 n **列**に，第 m **列**の k 倍を加える

III'　第 m **列**と第 n **列**とを入れかえる

を施しても変化しないことが知られている．このことから，行列の階数を求める際には，行基本変形，列基本変形を組み合わせて使うことができ，またその双方を使ったほうが計算が楽になる場合も多い．

しかし，連立 1 次方程式の解を求める場合には，列基本変形は安易には適用できないので，注意が必要である．例題 2.2(1) を例にとって考えてみよう．

$$\begin{cases} x+2y+3z=3 \\ x+3y+4z=2 \\ 2x+3y+8z=1 \end{cases} \leftrightarrow \left[\begin{array}{ccc:c} 1 & 2 & 3 & 3 \\ 1 & 3 & 4 & 2 \\ 2 & 3 & 8 & 1 \end{array}\right]$$

$$\Updownarrow \qquad\qquad \updownarrow \text{(第 2 列} \leftrightarrow \text{第 3 列)}$$

$$\begin{cases} x+3z+2y=3 \\ x+4z+3y=2 \\ 2x+8z+3y=1 \end{cases} \leftrightarrow \left[\begin{array}{ccc:c} 1 & 3 & 2 & 3 \\ 1 & 4 & 3 & 2 \\ 2 & 8 & 3 & 1 \end{array}\right]$$

この場合，拡大係数行列の第 3 列と第 4 列を並べかえてはまずい．拡大係数行列に列基本変形を用いるときは，連立方程式の形に戻してその意味を考えること．　□

注意3　本節では階段行列の形に変形することで行列の階数を定義したが，他にもいくつかの定義のやり方がある．まだ説明していない概念も必要になるが，次に簡単にまとめておく．

行列の階数

- 行基本変形および列基本変形により階段行列に変形したときの，0 でない成分を含む行の個数
- 値が 0 でない小行列式の最大次数
  (**小行列式**については 3.2 節)
- 1 次独立な行ベクトルの最大個数
  (**1 次独立性**については 4.3 節)
- 1 次独立な列ベクトルの最大個数
- 行ベクトルの張る線形空間の次元
  (**線形空間**については 4.2 節，**次元**については 4.3 節)
- 列ベクトルの張る線形空間の次元
- 行列の表す線形写像の像空間の次元
  (**線形写像**，**像空間**については 5.1 節)

□

これらがすべて同値であることの証明は，本書では扱わない．[4], [5]などを参照せよ．

2.4 掃き出し法とLU分解

(2.12)でも見たように，掃き出し法の一つ一つの操作は，ある正則行列を左からかける操作に対応していた．本節では，その立場から掃き出し法を見直してみよう．

まずは，3変数の場合(2.13)で考えてみよう．(2.13)に対する係数行列 A は，

$$A = \begin{bmatrix} a_1 & b_1 & c_1 \\ a_2 & b_2 & c_2 \\ a_3 & b_3 & c_3 \end{bmatrix}$$

である．$a_1 \neq 0$ を仮定して，第1列を掃き出すと，

$$A \xrightarrow[]{\substack{\mathrm{II}(2\leftarrow 1;-a_2/a_1) \\ \mathrm{II}(3\leftarrow 1;-a_3/a_1)}} \begin{bmatrix} a_1 & b_1 & c_1 \\ 0 & b_2' & c_2' \\ 0 & b_3' & c_3' \end{bmatrix}$$

となる．ただし，

$$b_j' = b_j - \frac{a_j b_1}{a_1}, \quad c_j' = c_j - \frac{a_j c_1}{a_1} \quad (j = 2, 3)$$

とおいた．これを行列をかける形に書くと，

$$\begin{bmatrix} 1 & 0 & 0 \\ -a_2/a_1 & 1 & 0 \\ -a_3/a_1 & 0 & 1 \end{bmatrix} A = \begin{bmatrix} a_1 & b_1 & c_1 \\ 0 & b_2' & c_2' \\ 0 & b_3' & c_3' \end{bmatrix} \tag{2.20}$$

となる．さらに $b_2' \neq 0$ を仮定して第2列を掃き出すと，

$$\begin{bmatrix} 1 & 0 & 0 \\ 0 & 1 & 0 \\ 0 & -b_3'/b_2' & 1 \end{bmatrix} \begin{bmatrix} a_1 & b_1 & c_1 \\ 0 & b_2' & c_2' \\ 0 & b_3' & c_3' \end{bmatrix} = \begin{bmatrix} a_1 & b_1 & c_1 \\ 0 & b_2' & c_2' \\ 0 & 0 & c_3'' \end{bmatrix} \tag{2.21}$$

となり，階段行列の形になった．(2.20), (2.21)より，行列 A を掃き出して階段行列にもっていく操作は，次の形の行列をかけることに他ならない．

$$\begin{bmatrix} 1 & 0 & 0 \\ p & 1 & 0 \\ q & r & 1 \end{bmatrix} A = \begin{bmatrix} a_1 & b_1 & c_1 \\ 0 & b_2' & c_2' \\ 0 & 0 & c_3'' \end{bmatrix}, \tag{2.22}$$

ただし,

$$p=-\frac{a_2}{a_1},\quad q=\frac{a_2b_3'}{a_1b_2'}-\frac{a_3}{a_1},\quad r=-\frac{b_3'}{b_2'}$$

である．ここで，例題 1.9 の結果を用いて

$$\begin{bmatrix}1&0&0\\p&1&0\\q&r&1\end{bmatrix}^{-1}=\begin{bmatrix}1&0&0\\-p&1&0\\pr-q&-r&1\end{bmatrix}$$

を左からかけると,

$$A=\begin{bmatrix}1&0&0\\-p&1&0\\pr-q&-r&1\end{bmatrix}\begin{bmatrix}a_1&b_1&c_1\\0&b_2'&c_2'\\0&0&c_3''\end{bmatrix}\tag{2.23}$$

となり，与えられた行列 A が下三角行列と上三角行列との積の形に分解されている．つまり，行列を掃き出して階段行列にすることと，(2.23)のような積の形に分解することとは等価であることがわかった．

一般の $n\times n$ 行列 $A=[a_{ij}]_{1\leq i,j\leq n}$ に対しても，このような分解を考えることができる(いつでもできるとは限らない[1])．

$$A=\begin{bmatrix}1&0&\cdots&0\\ *&1&\ddots&\vdots\\ \vdots&\ddots&\ddots&0\\ *&\cdots&*&1\end{bmatrix}\begin{bmatrix}*&*&\cdots&*\\0&*&\ddots&\vdots\\ \vdots&\ddots&\ddots&*\\0&\cdots&0&*\end{bmatrix}$$

ただし,「$*$」は 0 でない成分を表すものとする．このように与えられた正方行列を下三角行列と上三角行列との積の形に分解することを **LU分解**(Lower, Upper) または **LR分解**(Left, Right)，**ガウス分解**(「ガウス(Gauss)」は数学者の名前) などという．数値計算法の観点からすると，このように分解することは，連立 1 次方程式，行列の**固有値**などの計算を効率よく行うアルゴリズムに利用できることができることが知られている([11])．

1) ある正方行列 A に対して本節のような分解ができるための必要十分条件は，A の任意の**主小行列式**が 0 でないことである．主小行列式については，3.2 節参照.

n 次正方行列 A が対称行列

$$A = \begin{bmatrix} a_{11} & a_{12} & \cdots & a_{1n} \\ a_{12} & a_{22} & \cdots & a_{2n} \\ \vdots & \vdots & \ddots & \vdots \\ a_{1n} & a_{2n} & \cdots & a_{nn} \end{bmatrix}$$

である場合には，対称性 ${}^tA = A$ を反映した形で分解ができる．実際，下三角行列 L を

$$L = \begin{bmatrix} l_{11} & 0 & \cdots & 0 \\ l_{12} & l_{22} & \ddots & \vdots \\ \vdots & \vdots & \ddots & 0 \\ l_{n1} & l_{n2} & \cdots & l_{nn} \end{bmatrix}$$

とすると，適当な仮定のもとで

$$A = L\,{}^tL \tag{2.24}$$

という形に分解される．これを**コレスキー**(Cholesky)**分解**という．

例題 2.6

実対称行列 $A = \begin{bmatrix} a & p & q \\ p & b & r \\ q & r & c \end{bmatrix}$ に対して，実数を成分とする下三角行列 L を

$$L = \begin{bmatrix} l_{11} & 0 & 0 \\ l_{21} & l_{22} & 0 \\ l_{31} & l_{32} & l_{33} \end{bmatrix}$$

で定める．このとき，分解(2.24)が可能であるための条件を求め，その条件のもとで分解を実行せよ．

【解答】 実際に計算すると

$$L\,{}^tL = \begin{bmatrix} l_{11}^2 & l_{11}l_{21} & l_{11}l_{31} \\ l_{21}l_{11} & l_{21}^2 + l_{22}^2 & l_{21}l_{31} + l_{22}l_{32} \\ l_{31}l_{11} & l_{31}l_{21} + l_{32}l_{22} & l_{31}^2 + l_{32}^2 + l_{33}^2 \end{bmatrix}$$

となるので，これが与えられた実対称行列 A と一致する条件は，

$$a = l_{11}^2, \quad b = l_{21}^2 + l_{22}^2, \quad c = l_{31}^2 + l_{32}^2 + l_{33}^2,$$

$$p = l_{11}l_{21}, \quad q = l_{11}l_{31}, \quad r = l_{21}l_{31} + l_{22}l_{32}$$

である．これらを $l_{11} \to l_{21}, l_{31} \to l_{22} \to l_{32} \to l_{33}$ の順に解いていけばよい．

① 条件 $a > 0$ のもとで，

$$l_{11} = \sqrt{a}, \quad l_{21} = \frac{p}{l_{11}} = \frac{p}{\sqrt{a}}, \quad l_{31} = \frac{q}{l_{11}} = \frac{q}{\sqrt{a}}.$$

② 条件 $ab - p^2 > 0$ のもとで，

$$l_{22} = \sqrt{b - l_{21}^2} = \sqrt{\frac{ab - p^2}{a}},$$

$$l_{32} = \frac{r - l_{21}l_{31}}{l_{22}} = \frac{ar - pq}{\sqrt{a(ab - p^2)}}.$$

③ 条件 $abc + 2pqr - ar^2 - bq^2 - cp^2 > 0$ のもとで，

$$l_{33} = \sqrt{c - l_{31}^2 - l_{32}^2}$$

$$= \sqrt{\frac{abc + 2pqr - ar^2 - bq^2 - cp^2}{ab - p^2}}.$$

①～③をまとめて，分解(2.24) が可能であるための条件は，

$$a > 0, \quad ab - p^2 > 0, \quad abc + 2pqr - ar^2 - bq^2 - cp^2 > 0 \qquad (2.25)$$

であり，この条件のもとで上のように l_{ij} $(3 \geq i > j \geq 1)$ を定めれば，(2.24) が満たされる． ■

参考　条件(2.25)は，次章で学ぶ**行列式**を用いて

$$a > 0, \quad \begin{vmatrix} a & p \\ p & b \end{vmatrix} > 0, \quad \begin{vmatrix} a & p & q \\ p & b & r \\ q & r & c \end{vmatrix} > 0$$

と表される．一般の n 次対称行列に対しても，同様のことが成り立つ． □

2章の問題

□**1**　連立1次方程式 $A\boldsymbol{x}=\boldsymbol{b}$，ただし，

$$A=\begin{bmatrix}1 & 1 & 2\\ 1 & \alpha & 2\\ 2 & \beta & 4\end{bmatrix},\quad \boldsymbol{b}=\begin{bmatrix}b_0\\ b_1\\ b_2\end{bmatrix},\quad \boldsymbol{x}=\begin{bmatrix}x_0\\ x_1\\ x_2\end{bmatrix}$$

を考える．この方程式は任意の $\boldsymbol{b}$ に対してつねに解をもつか．そうでないとしたら，解をもつための $\boldsymbol{b}$ に関する条件を求めよ．（名古屋大・院試）

□**2**　次の連立1次方程式を拡大係数行列を用いる消去法で解け（ただし，a は実数とする）．

$$\begin{cases} x-y-3z-2w=-2\\ y+2z+w=1\\ 2x+y-aw=-1\\ x+2y+3z+w=a^2\end{cases}$$

（慶應義塾大・院試）

□**3**　(1)　行列 $A=\begin{bmatrix}1 & 3 & 1 & -3 & 2\\ 1 & 3 & -3 & 3 & 2\\ 1 & 1 & 2 & -1 & 3\\ 2 & 4 & -2 & 1 & 3\\ 1 & 2 & 2 & -3 & 2\end{bmatrix}$ の階数を求めよ．もし逆行列 A^{-1} があれば，それも求めよ．

(2)　$\boldsymbol{x}=\begin{bmatrix}x_1\\ x_2\\ x_3\\ x_4\\ x_5\end{bmatrix}$ および $\boldsymbol{b}=\begin{bmatrix}1\\ 1\\ 3\\ 3\\ 1\end{bmatrix}$ というベクトルを定義したとき，$A\boldsymbol{x}=\boldsymbol{b}$ が成り立つとする．$\boldsymbol{x}$ の各成分 x_1, x_2, x_3, x_4, x_5 を求めよ．

（横浜国立大・院試）

3 行 列 式

2章では，主に掃き出し法を用いて連立1次方程式を扱ってきた．本章では，2.1.1項での考察を一般化することで，n次正方行列に対する「行列式」という概念を導入する．「行列式」を用いれば，連立1次方程式の解がただ1つに決まる場合に，解を書き下ろす「公式」（クラメルの公式）を与えることができる（以下の(3.2)，(3.6)，(3.14)を参照）．まずは2変数，3変数の場合を見直し（3.1節），その自然な拡張として一般のn変数の場合（3.2節）へと進んでいくことにしよう．

2章での目的は「掃き出し法」という計算技術の習得であったので，一般の場合の証明は省略した．それに対し，本章では公式(3.14)を示すことが1つの目的であるので，証明の詳細も述べている．はじめて学ぶ場合には，一般の場合の証明（3.3節）を理解することはあとまわしにして，まずは3.5節で具体的な計算方法を身につけて，そのあとで証明を見るほうが理解しやすいかもしれない．

3章で学ぶ概念・キーワード

- **行列式**（determinant）
- **余因子**
- 行列式の**展開公式**
- **クラメルの公式**
- **逆行列の公式**

3.1 2×2, 3×3 行列の行列式

まずは2変数の場合をまとめ直すために，方程式

$$\begin{bmatrix} a & b \\ c & d \end{bmatrix}\begin{bmatrix} x \\ y \end{bmatrix} = \begin{bmatrix} p \\ q \end{bmatrix}$$

を考えよう．公式(1.4)を用いると，$ad - bc \neq 0$ ならば

$$\begin{bmatrix} x \\ y \end{bmatrix} = \begin{bmatrix} a & b \\ c & d \end{bmatrix}^{-1}\begin{bmatrix} p \\ q \end{bmatrix} = \frac{1}{ad-bc}\begin{bmatrix} d & -b \\ -c & a \end{bmatrix}\begin{bmatrix} p \\ q \end{bmatrix}$$

$$= \frac{1}{ad-bc}\begin{bmatrix} pd - qb \\ qa - pc \end{bmatrix} \tag{3.1}$$

となる．

定義 3.1(2×2 行列の行列式)

行列 $A = \begin{bmatrix} a & b \\ c & d \end{bmatrix}$ に対して，$ad-bc$ を A の**行列式**とよび，$|A|$, $\begin{vmatrix} a & b \\ c & d \end{vmatrix}$, $\det(A)$ などと表す．

上の記法を用いると，(3.1)の結果は次のようにまとめられる．

$$x = \begin{vmatrix} p & b \\ q & d \end{vmatrix} \Big/ \begin{vmatrix} a & b \\ c & d \end{vmatrix}, \quad y = \begin{vmatrix} a & p \\ c & q \end{vmatrix} \Big/ \begin{vmatrix} a & b \\ c & d \end{vmatrix} \tag{3.2}$$

この結果を一般の $n \times n$ 行列の場合に拡張することが，本章の目的の1つである(クラメルの公式)．

まずは3変数の場合(2.13)を考えよう．

$$\begin{cases} a_1x + b_1y + c_1z = p_1 \\ a_2x + b_2y + c_2z = p_2 \\ a_3x + b_3y + c_3z = p_3 \end{cases}$$

第1式 $\times c_2$ − 第2式 $\times c_1$ として z を消去すると，

$$(a_1c_2 - a_2c_1)x + (b_1c_2 - b_2c_1)y = p_1c_2 - p_2c_1 \tag{3.3}$$

となり，同様に，第1式 $\times c_3$ − 第3式 $\times c_1$ より，

$$(a_1c_3 - a_3c_1)x + (b_1c_3 - b_3c_1)y = p_1c_3 - p_3c_1. \tag{3.4}$$

さらに (3.3)×$(b_1c_3 - b_3c_1)$ − (3.4)×$(b_1c_2 - b_2c_1)$ として y を消去する．

$$\{(a_1c_2 - a_2c_1)(b_1c_3 - b_3c_1) - (a_1c_3 - a_3c_1)(b_1c_2 - b_2c_1)\}\,x$$
$$= (p_1c_2 - p_2c_1)(b_1c_3 - b_3c_1) - (p_1c_3 - p_3c_1)(b_1c_2 - b_2c_1)$$

(計算はやや煩雑であるが)展開して整理すると，両辺は c_1 ($\neq 0$ を仮定する) で割ることができて，

$$(a_1b_2c_3 + a_2b_3c_1 + a_3b_1c_2 - a_1b_3c_2 - a_2b_1c_3 - a_3b_2c_1)\,x$$
$$= p_1b_2c_3 + p_2b_3c_1 + p_3b_1c_2 - p_1b_3c_2 - p_2b_1c_3 - p_3b_2c_1$$

となる．この式が $c_1 = 0$ でも正しいことは容易に証明できる．同様にして，

$$(a_1b_2c_3 + a_2b_3c_1 + a_3b_1c_2 - a_1b_3c_2 - a_2b_1c_3 - a_3b_2c_1)\,y$$
$$= a_1p_2c_3 + a_2p_3c_1 + a_3p_1c_2 - a_1p_3c_2 - a_2p_1c_3 - a_3p_2c_1,$$
$$(a_1b_2c_3 + a_2b_3c_1 + a_3b_1c_2 - a_1b_3c_2 - a_2b_1c_3 - a_3b_2c_1)\,z$$
$$= a_1b_2p_3 + a_2b_3p_1 + a_3b_1p_2 - a_1b_3p_2 - a_2b_1p_3 - a_3b_2p_1$$

が得られる．そこで，3 × 3 行列に対する行列式を次のように定義してみよう．

定義 3.2（3×3 行列の行列式）

$$\begin{vmatrix} a_1 & b_1 & c_1 \\ a_2 & b_2 & c_2 \\ a_3 & b_3 & c_3 \end{vmatrix} = a_1b_2c_3 + a_2b_3c_1 + a_3b_1c_2 - a_1b_3c_2 - a_2b_1c_3 - a_3b_2c_1 \tag{3.5}$$

この記法を用いると，

$$x = \frac{\begin{vmatrix} p_1 & b_1 & c_1 \\ p_2 & b_2 & c_2 \\ p_3 & b_3 & c_3 \end{vmatrix}}{\begin{vmatrix} a_1 & b_1 & c_1 \\ a_2 & b_2 & c_2 \\ a_3 & b_3 & c_3 \end{vmatrix}},\quad y = \frac{\begin{vmatrix} a_1 & p_1 & c_1 \\ a_2 & p_2 & c_2 \\ a_3 & p_3 & c_3 \end{vmatrix}}{\begin{vmatrix} a_1 & b_1 & c_1 \\ a_2 & b_2 & c_2 \\ a_3 & b_3 & c_3 \end{vmatrix}},\quad z = \frac{\begin{vmatrix} a_1 & b_1 & p_1 \\ a_2 & b_2 & p_2 \\ a_3 & b_3 & p_3 \end{vmatrix}}{\begin{vmatrix} a_1 & b_1 & c_1 \\ a_2 & b_2 & c_2 \\ a_3 & b_3 & c_3 \end{vmatrix}} \tag{3.6}$$

と書ける．この結果は，(3.2)の自然な拡張と言ってよいであろう．以降では $n \times n$ 行列に対する行列式を定義し，(3.6)の結果を一般の場合に拡張する．

参考 (3.5)は次のように書くと覚えやすい.

$$
\begin{array}{c}
\oplus \\
\overbrace{\begin{vmatrix} a_1 & b_1 & c_1 \\ a_2 & b_2 & c_2 \\ a_3 & b_3 & c_3 \end{vmatrix} \begin{array}{cc} a_1 & b_1 \\ a_2 & b_2 \\ a_3 & b_3 \end{array}} \\
\underbrace{} \\
\ominus
\end{array}
$$

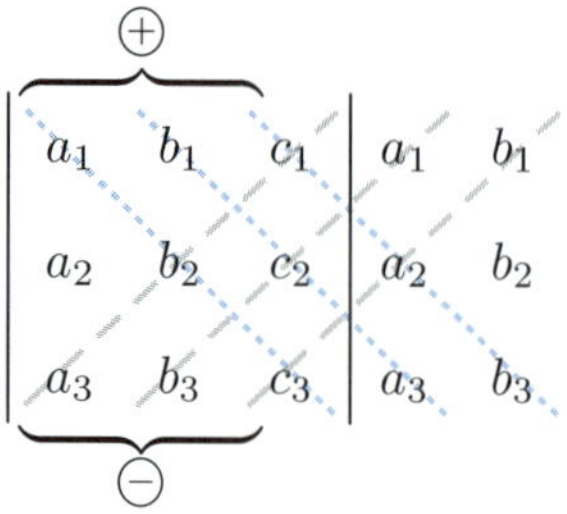

このように，左上から右下への点線に沿ってかけ合わせるとき(例えば $a_1b_2c_3$)は符号が正，左下から右上への破線に沿ってかけ合わせるとき(例えば $a_3b_2c_1$)は符号が負であるとして，各項をたし合わせる. □

(3.6)を用いると，公式(1.4)を3変数に拡張したものが得られる.

定理 3.1

$$A = \begin{bmatrix} a_1 & b_1 & c_1 \\ a_2 & b_2 & c_2 \\ a_3 & b_3 & c_3 \end{bmatrix}$$

において，行列式 $|A|$ が 0 でない場合には逆行列 A^{-1} が存在し，次で与えられる.

$$A^{-1} = \frac{1}{|A|} \begin{bmatrix} \begin{vmatrix} b_2 & c_2 \\ b_3 & c_3 \end{vmatrix} & -\begin{vmatrix} b_1 & c_1 \\ b_3 & c_3 \end{vmatrix} & \begin{vmatrix} b_1 & c_1 \\ b_2 & c_2 \end{vmatrix} \\ -\begin{vmatrix} a_2 & c_2 \\ a_3 & c_3 \end{vmatrix} & \begin{vmatrix} a_1 & c_1 \\ a_3 & c_3 \end{vmatrix} & -\begin{vmatrix} a_1 & c_1 \\ a_2 & c_2 \end{vmatrix} \\ \begin{vmatrix} a_2 & b_2 \\ a_3 & b_3 \end{vmatrix} & -\begin{vmatrix} a_1 & b_1 \\ a_3 & b_3 \end{vmatrix} & \begin{vmatrix} a_1 & b_1 \\ a_2 & b_2 \end{vmatrix} \end{bmatrix} \quad (3.7)$$

[証明] $A^{-1} = \begin{bmatrix} x_1 & x_2 & x_3 \\ y_1 & y_2 & y_3 \\ z_1 & z_2 & z_3 \end{bmatrix}$

とおくと，$AA^{-1} = E$ は次の 3 式と同値である.

$$A\begin{bmatrix} x_1 \\ y_1 \\ z_1 \end{bmatrix} = \begin{bmatrix} 1 \\ 0 \\ 0 \end{bmatrix}, \quad A\begin{bmatrix} x_2 \\ y_2 \\ z_2 \end{bmatrix} = \begin{bmatrix} 0 \\ 1 \\ 0 \end{bmatrix}, \quad A\begin{bmatrix} x_3 \\ y_3 \\ z_3 \end{bmatrix} = \begin{bmatrix} 0 \\ 0 \\ 1 \end{bmatrix}$$

これらの方程式のうち，例えば左の方程式に，(3.6)の x の式を用いると，

$$x_1 = \begin{vmatrix} 1 & b_1 & c_1 \\ 0 & b_2 & c_2 \\ 0 & b_3 & c_3 \end{vmatrix} \Bigg/ \begin{vmatrix} a_1 & b_1 & c_1 \\ a_2 & b_2 & c_2 \\ a_3 & b_3 & c_3 \end{vmatrix}$$

となる．さらに，分子の行列式を(3.5)に従って計算すると，

$$\begin{vmatrix} 1 & b_1 & c_1 \\ 0 & b_2 & c_2 \\ 0 & b_3 & c_3 \end{vmatrix} = b_2c_3 - b_3c_2 = \begin{vmatrix} b_2 & c_2 \\ b_3 & c_3 \end{vmatrix}$$

となり，(3.7)の $(1,1)$ 成分が得られる．他の成分についても，同様のことがいえる．■

本節の最後に，(3.5)のいくつかの性質を列挙しておこう．そのために

$$\boldsymbol{a} = \begin{bmatrix} a_1 \\ a_2 \\ a_3 \end{bmatrix}, \quad \boldsymbol{b} = \begin{bmatrix} b_1 \\ b_2 \\ b_3 \end{bmatrix}, \quad \boldsymbol{c} = \begin{bmatrix} c_1 \\ c_2 \\ c_3 \end{bmatrix}$$

とおいて，(3.5)の行列式を $\det[\boldsymbol{a}, \boldsymbol{b}, \boldsymbol{c}]$ と表すことにすると，以下の3つの性質が成り立つことはすぐに証明できる．

(多重)線形性

例えば第1列目が

$$k\boldsymbol{a}' + l\boldsymbol{a}'' = \begin{bmatrix} ka_1' + la_1'' \\ ka_2' + la_2'' \\ ka_3' + la_3'' \end{bmatrix} \quad (k, l \text{ は定数})$$

のように，2つの列ベクトルの定数倍をたした形をしているとき，次が成り立つ．

$$\det[k\boldsymbol{a}' + l\boldsymbol{a}'', \boldsymbol{b}, \boldsymbol{c}] = k\det[\boldsymbol{a}', \boldsymbol{b}, \boldsymbol{c}] + l\det[\boldsymbol{a}'', \boldsymbol{b}, \boldsymbol{c}]$$

第2列，第3列についても同様の式が成り立つ．

例 $\begin{vmatrix} x & p & s \\ y & q & t \\ z & r & u \end{vmatrix} = x \begin{vmatrix} 1 & p & s \\ 0 & q & t \\ 0 & r & u \end{vmatrix} + y \begin{vmatrix} 0 & p & s \\ 1 & q & t \\ 0 & r & u \end{vmatrix} + z \begin{vmatrix} 0 & p & s \\ 0 & q & t \\ 1 & r & u \end{vmatrix}$ □

交代性

任意の2列を入れかえると，(−1) 倍となる．例えば第1列と第2列を入れかえると，次のようになる．

$$\det[\boldsymbol{b}, \boldsymbol{a}, \boldsymbol{c}] = -\det[\boldsymbol{a}, \boldsymbol{b}, \boldsymbol{c}]$$

例 $\begin{vmatrix} 1 & 0 & 0 \\ 0 & 1 & 0 \\ 0 & 0 & 1 \end{vmatrix} = 1, \quad \begin{vmatrix} 0 & 1 & 0 \\ 1 & 0 & 0 \\ 0 & 0 & 1 \end{vmatrix} = -1$ □

多重線形性，交代性から，以下が示される(いまの場合は，これらの2つの性質からでなくても，直接計算して示すこともできる)．

- どこか1列がすべて0なら行列式の値は0.

$$\begin{vmatrix} 0 & b_1 & c_1 \\ 0 & b_2 & c_2 \\ 0 & b_3 & c_3 \end{vmatrix} = \begin{vmatrix} a_1 & 0 & c_1 \\ a_2 & 0 & c_2 \\ a_3 & 0 & c_3 \end{vmatrix} = \begin{vmatrix} a_1 & b_1 & 0 \\ a_2 & b_2 & 0 \\ a_3 & b_3 & 0 \end{vmatrix} = 0$$

- どこか2列が一致するなら行列式の値は0.

$$\begin{vmatrix} a_1 & a_1 & c_1 \\ a_2 & a_2 & c_2 \\ a_3 & a_3 & c_3 \end{vmatrix} = 0, \quad \begin{vmatrix} a_1 & b_1 & a_1 \\ a_2 & b_2 & a_2 \\ a_3 & b_3 & a_3 \end{vmatrix} = 0$$

転置不変性

転置行列の行列式は，もとの行列式と一致する．

$$\begin{vmatrix} a_1 & b_1 & c_1 \\ a_2 & b_2 & c_2 \\ a_3 & b_3 & c_3 \end{vmatrix} = \begin{vmatrix} a_1 & a_2 & a_3 \\ b_1 & b_2 & b_3 \\ c_1 & c_2 & c_3 \end{vmatrix}$$

3×3 行列の行列式(3.5)において，第1列の成分（a_1，b_1，c_1）を特別扱いして整理すると，3×3 の場合と 2×2 の場合との間に次のような関係があることがわかる(第1行に関する**展開公式**)．

$$\begin{vmatrix} a_1 & b_1 & c_1 \\ a_2 & b_2 & c_2 \\ a_3 & b_3 & c_3 \end{vmatrix} = a_1 \begin{vmatrix} b_2 & c_2 \\ b_3 & c_3 \end{vmatrix} - b_1 \begin{vmatrix} a_2 & c_2 \\ a_3 & c_3 \end{vmatrix} + c_1 \begin{vmatrix} a_2 & b_2 \\ a_3 & b_3 \end{vmatrix} \tag{3.8}$$

この性質を用いると，ある 2 つのベクトルに直交する方向を求めることができる（例題 3.1）.

例題 3.1

3 次行ベクトル $\boldsymbol{x} = [x_1, x_2, x_3]$, $\boldsymbol{y} = [y_1, y_2, y_3]$ に対して，内積[1] $\boldsymbol{x} \cdot \boldsymbol{y}$ は

$$\boldsymbol{x} \cdot \boldsymbol{y} = x_1 y_1 + x_2 y_2 + x_3 y_3$$

で定められる[2]．2 つのベクトル $\boldsymbol{x}$, $\boldsymbol{y}$ が与えられたとき，第 3 のベクトル $\boldsymbol{z} = [z_1, z_2, z_3]$ を

$$z_1 = \begin{vmatrix} x_2 & x_3 \\ y_2 & y_3 \end{vmatrix},\ z_2 = -\begin{vmatrix} x_1 & x_3 \\ y_1 & y_3 \end{vmatrix} \left(= \begin{vmatrix} x_3 & x_1 \\ y_3 & y_1 \end{vmatrix} \right),\ z_3 = \begin{vmatrix} x_1 & x_2 \\ y_1 & y_2 \end{vmatrix}$$

によって定めると，$\boldsymbol{x} \cdot \boldsymbol{z} = \boldsymbol{y} \cdot \boldsymbol{z} = 0$ となることを示せ.

【解答】

$$\begin{aligned}
\boldsymbol{x} \cdot \boldsymbol{z} &= x_1 \begin{vmatrix} x_2 & x_3 \\ y_2 & y_3 \end{vmatrix} - x_2 \begin{vmatrix} x_1 & x_3 \\ y_1 & y_3 \end{vmatrix} + x_3 \begin{vmatrix} x_1 & x_2 \\ y_1 & y_2 \end{vmatrix} \\
&= \begin{vmatrix} x_1 & x_2 & x_3 \\ x_1 & x_2 & x_3 \\ y_1 & y_2 & y_3 \end{vmatrix} \quad \text{((3.8)を用いた)} \\
&= \begin{vmatrix} x_1 & x_1 & y_1 \\ x_2 & x_2 & y_2 \\ x_3 & x_3 & y_3 \end{vmatrix} \quad \text{(転置不変性を用いた)} \\
&= 0 \quad \text{(第 1 列と第 2 列が一致しているので，行列式の値は 0)}
\end{aligned}$$

$\boldsymbol{y} \cdot \boldsymbol{z} = 0$ も同様にして示せばよい. ■

1）内積については，4 章を参照.

2）より詳しくは，高校の教科書，または 4.1 節を参照.

3.2 一般の場合の行列式

前節において，2×2 行列式と 3×3 行列式との間には，(3.8)という関係があることを見た．このことから類推して，4×4 の場合の行列式を次のように定義してみよう．

$$\begin{vmatrix} a_1 & b_1 & c_1 & d_1 \\ a_2 & b_2 & c_2 & d_2 \\ a_3 & b_3 & c_3 & d_3 \\ a_4 & b_4 & c_4 & d_4 \end{vmatrix} = a_1 \begin{vmatrix} b_2 & c_2 & d_2 \\ b_3 & c_3 & d_3 \\ b_4 & c_4 & d_4 \end{vmatrix} - b_1 \begin{vmatrix} a_2 & c_2 & d_2 \\ a_3 & c_3 & d_3 \\ a_4 & c_4 & d_4 \end{vmatrix}$$

$$+ c_1 \begin{vmatrix} a_2 & b_2 & d_2 \\ a_3 & b_3 & d_3 \\ a_4 & b_4 & d_4 \end{vmatrix} - d_1 \begin{vmatrix} a_2 & b_2 & c_2 \\ a_3 & b_3 & c_3 \\ a_4 & b_4 & c_4 \end{vmatrix}$$

実はこのように定義すると，3×3 行列式のもつさまざまな性質は，すべて 4×4 の場合でも成り立つ．より一般に，$n \times n$ の場合の行列式を $(n-1) \times (n-1)$ の場合を用いることで定義してみる(このように，大きさを1つずつ増やしていく定義の仕方を，**帰納的な定義**という)．

行列式の定義 1

$(n-1) \times (n-1)$ 行列式までは定義されているとき，n 次正方行列

$$A = \begin{bmatrix} a_{11} & a_{12} & \cdots & a_{1n} \\ a_{21} & a_{22} & \cdots & a_{2n} \\ \vdots & \vdots & \ddots & \vdots \\ a_{n1} & a_{n2} & \cdots & a_{nn} \end{bmatrix} \tag{3.9}$$

に対する行列式 $|A|$ を次のように定義する．

$$|A| = \begin{vmatrix} a_{11} & a_{12} & \cdots & a_{1n} \\ a_{21} & a_{22} & \cdots & a_{2n} \\ \vdots & \vdots & \ddots & \vdots \\ a_{n1} & a_{n2} & \cdots & a_{nn} \end{vmatrix} = \sum_{j=1}^{n} a_{1,j}\tilde{a}_{1,j} \tag{3.10}$$

ここで，$\tilde{a}_{1,j}$ は A から第1行と第 j 列をとり除いて得られる $(n-1) \times (n-1)$

行列式を $(-1)^{j+1}$ 倍したものである．

$$\tilde{a}_{1,j} = (-1)^{j+1} \begin{vmatrix} a_{2,1} & \cdots & a_{2,j-1} & a_{2,j+1} & \cdots & a_{2,n} \\ \vdots & & \vdots & \vdots & & \vdots \\ a_{n,1} & \cdots & a_{n,j-1} & a_{n,j+1} & \cdots & a_{n,n} \end{vmatrix}$$

より一般に，$n \times n$ 行列 A から第 j 行と第 k 列をとり除いて得られる $(n-1) \times (n-1)$ 行列式を $(-1)^{j+k}$ 倍したものを**行列 A の (j,k) 余因子**とよび，$\tilde{a}_{j,k}$（混乱のおそれがないときは単に $\tilde{a}_{jk}$）で表す．

さらに一般的に，$n \times n$ 行列 A から r 個の行と r 個の列を抜き出して作る行列式を，**r 次の小行列式**という．とくに，最初の r 行 r 列をとるときには r 次の主小行列式という．

例　$\begin{bmatrix} 1 & 2 & 4 \\ 2 & 0 & 3 \\ 3 & 5 & 1 \end{bmatrix}$ の 2 次の主小行列式は $\begin{vmatrix} 1 & 2 \\ 2 & 0 \end{vmatrix}$ である．　□

上のように行列式を定義すると，2×2, 3×3 の場合と同様の性質が成り立つ．

性質 1（単位行列のときの値）

E_n を n 次単位行列とするとき，任意の自然数 n に対して

$$\det(E_n) = 1$$

性質 2（多重線形性）

$$\det[\boldsymbol{a}_1, \cdots, k\boldsymbol{a}'_j + l\boldsymbol{a}''_j, \cdots, \boldsymbol{a}_n]$$
$$= k\det[\boldsymbol{a}_1, \cdots, \boldsymbol{a}'_j, \cdots, \boldsymbol{a}_n] + l\det[\boldsymbol{a}_1, \cdots, \boldsymbol{a}''_j, \cdots, \boldsymbol{a}_n] \qquad (3.11)$$

ただし，k, l は定数，$\boldsymbol{a}_i$ $(i = 1, \cdots, n)$ および $\boldsymbol{a}'_j$, $\boldsymbol{a}''_j$ は $n \times 1$ 行列（すなわち，列ベクトル）．

性質 3（交代性）

$$\det[\cdots, \boldsymbol{a}_j, \cdots, \boldsymbol{a}_k, \cdots] = -\det[\cdots, \boldsymbol{a}_k, \cdots, \boldsymbol{a}_j, \cdots] \qquad (3.12)$$

以上の性質 1〜3 の証明は，次節ですることにしよう．

これらの性質より，次の定理が証明できる．

定理 3.2（クラメル（Cramer）の公式）

列ベクトル $\boldsymbol{x}, \boldsymbol{p}$ を次のように定める．

$$\boldsymbol{x} = \begin{bmatrix} x_1 \\ \vdots \\ x_n \end{bmatrix}, \quad \boldsymbol{p} = \begin{bmatrix} p_1 \\ \vdots \\ p_n \end{bmatrix}$$

(3.9)の A, およびこの $\boldsymbol{x}, \boldsymbol{p}$ に対して，n 個の未知数に対する連立1次方程式

$$A\boldsymbol{x} = \boldsymbol{p} \tag{3.13}$$

を考える．方程式(3.13)は，$\det(A) \neq 0$ のとき，ただ1つの解をもち，

$$x_j = \frac{\det[\boldsymbol{a}_1, \cdots, \boldsymbol{a}_{j-1}, \boldsymbol{p}, \boldsymbol{a}_{j+1}, \cdots, \boldsymbol{a}_n]}{\det[\boldsymbol{a}_1, \cdots, \boldsymbol{a}_n]} \quad (j = 1, \cdots, n) \tag{3.14}$$

と表される．

この公式は(3.2), (3.6)の自然な拡張となっている．

注意1 2章で述べたように，$\det(A) = 0$ のときに解をもつかどうかは，係数行列 A の階数 $\mathrm{rank}\,(A)$，および拡大係数行列 $\tilde{A} = \begin{bmatrix} A & \vdots & \boldsymbol{p} \end{bmatrix}$ の階数 $\mathrm{rank}\,(\tilde{A})$ を調べることでわかる．すなわち，$\mathrm{rank}\,(A) = \mathrm{rank}\,(\tilde{A})$ ならば $\det(A) = 0$ でも解をもち，一般解は $n - \mathrm{rank}\,(A)$ だけの任意定数を含む． □

注意2 行列 A の成分が具体的な数値で与えられている場合には，連立方程式 $A\boldsymbol{x} = \boldsymbol{p}$ を解く際には，公式(3.14)を用いるべきではない．一般に，行列式を計算する際に必要となる計算回数よりも，2章で述べた掃き出し法の場合のほうがはるかに少ない．公式(3.14)は，数学的な事実の証明の際に用いられる． □

注意3 工学に現れる実際の問題では未知数の個数が膨大になるので，計算機によって連立1次方程式を解くことが多い．その場合，注意2に述べた理由により，公式(3.14)を用いるのは得策ではない．計算機で連立1次方程式を解く場合には，掃き出し法，または**反復法**とよばれる別種の手法が用いられる．本書では反復法は扱わないので，それについては[11], [13]などを参照していただきたい． □

(3.14)を用いると，逆行列を行列式で表す式(3.7)を一般の場合に拡張した次の公式が得られる．

定理 3.3（逆行列の公式）

(3.9)の n 次正方行列 A において，行列式 $|A|$ が 0 でないとき，行列 A の逆行列 A^{-1} は余因子 $\tilde{a}_{jk}$ を用いて次のように表される．

$$A^{-1} = \frac{1}{|A|}\begin{bmatrix} \tilde{a}_{11} & \tilde{a}_{21} & \cdots & \tilde{a}_{n1} \\ \tilde{a}_{12} & \tilde{a}_{22} & \cdots & \tilde{a}_{n2} \\ \vdots & \vdots & \ddots & \vdots \\ \tilde{a}_{1n} & \tilde{a}_{2n} & \cdots & \tilde{a}_{nn} \end{bmatrix} \quad \left(\begin{array}{l}\text{添字のつき方に}\\ \text{注意すること}\end{array}\right) \tag{3.15}$$

以上の定理 3.2, 3.3 の証明は，次節ですることにしよう（(3.14)が証明されれば，(3.15)の証明は 3 変数の場合（定理 3.1）とまったく同様の方針でできるので，これについては省略する）．

注意　前頁の注意 2 で述べたことと同様に，具体的に与えられた行列 A の逆行列を求める際には，公式(3.15)を用いるべきではない．それよりも，2.2 節で述べたように，掃き出し法を用いたほうが効率的である．　□

参考　**行列式の定義 2**

先ほどの性質 1〜3 は，行列式がもつさまざまな性質のうちで，もっとも基本的なものである．あとに 3.5 節で見るような他の性質は，すべてこの性質 1〜3 から導くことができる．

また，一般の場合($n \times n$)での行列式に関して，性質 1〜3 を定義として用いることもできる．すなわち，n 次正方行列 A に対して，その成分 a_{ij} $(1 \leq i, j \leq n)$ の n 次多項式 $f(a_{ij})$ で性質 1〜3 を満たすものは，(3.10)で定義される $\det(A)$ しかないことを証明できる．

本書では展開式(3.10)から出発して性質 1〜3 を導くという立場をとるが，性質 1〜3 を定義とする立場の場合は，性質 1〜3 から出発して展開式(3.10)を導くことになる．例えば，[13]では，そのように話を進めている．　□

3.3 証　　明

本節では前節の性質1〜3, および公式(3.14), (3.15)を, **数学的帰納法**により証明する. いずれの場合も $n=1$ (1×1 行列)のときに成立することは明らかなので, $(n-1)\times(n-1)$ の場合に成立することを仮定して $n\times n$ の場合での成立を示せばよい.

注意 以降の計算は, ややわかりにくく感じるかもしれない. その場合には, まずは $n=4$ の場合に対して, 以下で述べる方針に従って具体的に計算してみてもらいたい. $n=4$ の場合を理解できれば, 一般の場合でも何をやっているかがわかるであろう. □

[性質1の証明] 行列式の定義に用いた展開式(3.10)より,

$$\det(E_n)=\left|\begin{array}{c:ccc} 1 & 0 & \cdots & 0 \\ \hdashline 0 & & & \\ \vdots & & E_{n-1} & \\ 0 & & & \end{array}\right| = \det(E_{n-1})$$

となる. ここで, $\det(E_{n-1})=1$ を仮定すると,

$$\det(E_n)=\det(E_{n-1})=1$$

となり, n での成立が示される. ■

[性質2の証明] 以下, 簡単のため, $\hat{\boldsymbol{a}}_i=\begin{bmatrix} a_{2i} \\ \vdots \\ a_{ni}\end{bmatrix}$ $(i=1,\cdots,n)$ のように記号「$\hat{}$」をつけることで, 第1成分を除いたベクトルを表すことにする. 展開式(3.10)を用いると,

$$\det[\boldsymbol{a}_1,\cdots,k\boldsymbol{a}'_j+l\boldsymbol{a}''_j,\cdots,\boldsymbol{a}_n]$$
$$=\begin{vmatrix} a_{11} & \cdots & a_{1,j-1} & k\,a'_{1j}+l\,a''_{1j} & a_{1,j+1} & \cdots & a_{1n} \\ \hat{\boldsymbol{a}}_1 & \cdots & \hat{\boldsymbol{a}}_{j-1} & k\,\hat{\boldsymbol{a}}'_j+l\,\hat{\boldsymbol{a}}''_j & \hat{\boldsymbol{a}}_{j+1} & \cdots & \hat{\boldsymbol{a}}_n \end{vmatrix}$$

$$
\begin{aligned}
&= \sum_{i=1}^{j-1}(-1)^{1+i}a_{1i}\det[\hat{\boldsymbol{a}}_1,\cdots,\hat{\boldsymbol{a}}_{i-1},\overset{i}{\check{}}\,\hat{\boldsymbol{a}}_{i+1},\cdots,k\hat{\boldsymbol{a}}'_j+l\hat{\boldsymbol{a}}''_j,\cdots,\hat{\boldsymbol{a}}_n] \\
&\quad + (-1)^{1+j}(k\,a'_{1j}+l\,a''_{1j})\det[\hat{\boldsymbol{a}}_1,\cdots,\hat{\boldsymbol{a}}_{j-1},\overset{j}{\check{}}\,\hat{\boldsymbol{a}}_{j+1},\cdots,\hat{\boldsymbol{a}}_n] \\
&\quad + \sum_{i=j+1}^{n}(-1)^{1+i}a_{1i}\det[\hat{\boldsymbol{a}}_1,\cdots,k\hat{\boldsymbol{a}}'_j+l\hat{\boldsymbol{a}}''_j,\cdots,\hat{\boldsymbol{a}}_{i-1},\overset{i}{\check{}}\,\hat{\boldsymbol{a}}_{i+1},\cdots,\hat{\boldsymbol{a}}_n]
\end{aligned}
\tag{3.16}
$$

と展開される．ただし，記号「$\overset{}{\underset{\smile}{i}}$」はもとの行列式の第 i 列がとり除かれたことを意味する．最後の式の第 1 項の行列式は $(n-1)\times(n-1)$ であるので，帰納法の仮定により，

$$
\begin{aligned}
&\det[\hat{\boldsymbol{a}}_1,\cdots,\hat{\boldsymbol{a}}_{i-1},\hat{\boldsymbol{a}}_{i+1},\cdots,k\hat{\boldsymbol{a}}'_j+l\hat{\boldsymbol{a}}''_j,\cdots,\hat{\boldsymbol{a}}_n] \\
&= k\det[\hat{\boldsymbol{a}}_1,\cdots,\hat{\boldsymbol{a}}_{i-1},\hat{\boldsymbol{a}}_{i+1},\cdots,\hat{\boldsymbol{a}}'_j,\cdots,\hat{\boldsymbol{a}}_n] \\
&\quad + l\det[\hat{\boldsymbol{a}}_1,\cdots,\hat{\boldsymbol{a}}_{i-1},\hat{\boldsymbol{a}}_{i+1},\cdots,\hat{\boldsymbol{a}}''_j,\cdots,\hat{\boldsymbol{a}}_n]
\end{aligned}
$$

としてよい．第 3 項の行列式についても同様に展開すれば，(3.16)の k の係数は次のようになる．

$$
\begin{aligned}
&\sum_{i=1}^{j-1}(-1)^{1+i}a_{1i}\det[\hat{\boldsymbol{a}}_1,\cdots,\hat{\boldsymbol{a}}_{i-1},\overset{i}{\check{}}\,\hat{\boldsymbol{a}}_{i+1},\cdots,\hat{\boldsymbol{a}}'_j,\cdots,\hat{\boldsymbol{a}}_n] \\
&\quad + (-1)^{1+j}a_{1j}\det[\hat{\boldsymbol{a}}_1,\cdots,\hat{\boldsymbol{a}}_{j-1},\overset{j}{\check{}}\,\hat{\boldsymbol{a}}_{j+1},\cdots,\hat{\boldsymbol{a}}_n] \\
&\quad + \sum_{i=j+1}^{n}(-1)^{1+i}a_{1i}\det[\hat{\boldsymbol{a}}_1,\cdots,\hat{\boldsymbol{a}}'_j,\cdots,\hat{\boldsymbol{a}}_{i-1},\overset{i}{\check{}}\,\hat{\boldsymbol{a}}_{i+1},\cdots,\hat{\boldsymbol{a}}_n] \\
&= \det[\boldsymbol{a}_1,\cdots,\boldsymbol{a}'_j,\cdots,\boldsymbol{a}_n] \quad \text{（展開式 (3.10) を用いてまとめた）}
\end{aligned}
$$

まったく同様にして，

$$
\text{(3.16)の } l \text{ の係数 } = \det[\boldsymbol{a}_1,\cdots,\boldsymbol{a}''_j,\cdots,\boldsymbol{a}_n]
$$

となるので，$n\times n$ でも(3.11)が成立することが示された． ■

[性質3の証明] まずは，隣どうしを入れかえる場合($k=j+1$ の場合)を考える．展開式(3.10)を用いて，第 j 列，第 $j+1$ 列に注目して展開すると，

$$
\begin{aligned}
&\det[\cdots,\boldsymbol{a}_j,\boldsymbol{a}_{j+1},\cdots]\\
&=\sum_{i=1}^{j-1}(-1)^{i+1}a_{1i}\det[\cdots,\hat{\boldsymbol{a}}_{i-1},\overset{i}{\check{}}\hat{\boldsymbol{a}}_{i+1},\cdots,\hat{\boldsymbol{a}}_j,\hat{\boldsymbol{a}}_{j+1},\cdots]\\
&\quad+(-1)^{j+1}a_{1j}\det[\cdots,\hat{\boldsymbol{a}}_{j-1},\overset{j}{\check{}}\hat{\boldsymbol{a}}_{j+1},\hat{\boldsymbol{a}}_{j+2},\cdots]\\
&\quad+(-1)^{j+2}a_{1,j+1}\det[\cdots,\hat{\boldsymbol{a}}_{j-1},\hat{\boldsymbol{a}}_j,\overset{j+1}{\check{}}\hat{\boldsymbol{a}}_{j+2},\cdots]\\
&\quad+\sum_{i=j+2}^{n}(-1)^{i+1}a_{1i}\det[\cdots,\hat{\boldsymbol{a}}_j,\hat{\boldsymbol{a}}_{j+1},\cdots,\hat{\boldsymbol{a}}_{i-1},\overset{i}{\check{}}\hat{\boldsymbol{a}}_{i+1},\cdots]
\end{aligned}
\tag{3.17}
$$

が得られる．一方，$\boldsymbol{a}_j$ と $\boldsymbol{a}_{j+1}$ とを入れかえた行列式については，

$$
\begin{aligned}
&\det[\cdots,\boldsymbol{a}_{j-1},\underset{j\text{ 列目}}{\boldsymbol{a}_{j+1}},\underset{j+1\text{ 列目}}{\boldsymbol{a}_j},\boldsymbol{a}_{j+2},\cdots]\quad\text{(添字のズレに注意)}\\
&=\sum_{i=1}^{j-1}(-1)^{i+1}a_{1i}\det[\cdots,\hat{\boldsymbol{a}}_{i-1},\overset{i}{\check{}}\hat{\boldsymbol{a}}_{i+1},\cdots,\underline{\hat{\boldsymbol{a}}_{j+1},\hat{\boldsymbol{a}}_j},\cdots]\\
&\quad+(-1)^{j+1}a_{1,j+1}\det[\cdots,\hat{\boldsymbol{a}}_{j-1},\overset{j}{\check{}}\hat{\boldsymbol{a}}_j,\hat{\boldsymbol{a}}_{j+2},\cdots]\\
&\quad+(-1)^{j+2}a_{1j}\det[\cdots,\hat{\boldsymbol{a}}_{j-1},\hat{\boldsymbol{a}}_{j+1},\overset{j+1}{\check{}}\hat{\boldsymbol{a}}_{j+2},\cdots]\\
&\quad+\sum_{i=j+2}^{n}(-1)^{i+1}a_{1i}\det[\cdots,\hat{\boldsymbol{a}}_{j+1},\hat{\boldsymbol{a}}_j,\cdots,\hat{\boldsymbol{a}}_{i-1},\overset{i}{\check{}}\hat{\boldsymbol{a}}_{i+1},\cdots]
\end{aligned}
\tag{3.18}
$$

となる．

(3.17), (3.18)の右辺においては行列式はすべて $(n-1)$ 次なので，帰納法の仮定を使うことができる．例えば(3.17)の右辺第1項では，$\hat{\boldsymbol{a}}_j$ と $\hat{\boldsymbol{a}}_{j+1}$ とを入れかえると(3.18)の右辺第1項の (-1) 倍になる．第4項についても同様．

また，(3.17)の第2項と(3.18)の第3項，(3.17)の第3項と(3.18)の第2項とをそれぞれ比較すると，どちらも (-1) 倍となっている．以上により，(3.17)が(3.18)の (-1) 倍になっていることがわかる．

次に，隣どうしとは限らない一般の $j<k$ の場合であるが，すぐ隣の 2 列の入れかえ 1 回につき (-1) 倍されるので，隣どうしの入れかえを何回行うべきかを数えればよい．

例　$n=4$ として，$\left|\boldsymbol{a}_1, \boldsymbol{a}_2, \boldsymbol{a}_3, \boldsymbol{a}_4\right|$ を $\left|\boldsymbol{a}_1, \boldsymbol{a}_4, \boldsymbol{a}_3, \boldsymbol{a}_2\right|$ に並べかえる場合を考えてみよう．この場合には，次のように隣どうしの入れかえを 3 回行えばよいので，結果としては $(-1)^3=(-1)$ 倍となる．

$$\begin{aligned}\left|\boldsymbol{a}_1, \boldsymbol{a}_2, \boldsymbol{a}_3, \boldsymbol{a}_4\right| &= (-1)\left|\boldsymbol{a}_1, \boldsymbol{a}_3, \boldsymbol{a}_2, \boldsymbol{a}_4\right| \\ &= (-1)^2\left|\boldsymbol{a}_1, \boldsymbol{a}_3, \boldsymbol{a}_4, \boldsymbol{a}_2\right| = (-1)^3\left|\boldsymbol{a}_1, \boldsymbol{a}_4, \boldsymbol{a}_3, \boldsymbol{a}_2\right|\end{aligned}$$

ここで，強調部分は，直前のものから入れかわった箇所を表す．添字のみに注目して，この入れかえの操作を「あみだくじ」を用いて図 3.1 に表してみよう．図の一つ一つの横線が，隣どうしの入れかえを表している．□

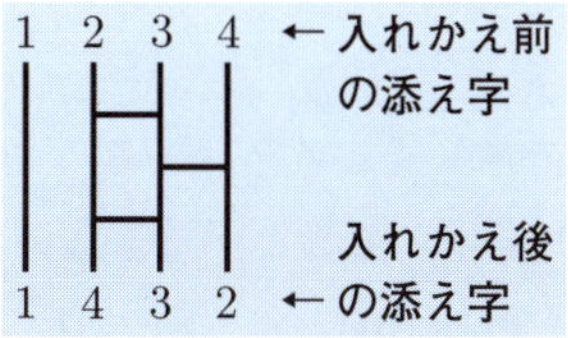

図 3.1　$n=4$ のときのあみだくじ

より一般に，$\{1, \cdots, j, \cdots, k \cdots, n\}$ を $\{1, \cdots, k, \cdots, j, \cdots, n\}$ に並べかえる場合を表す「あみだくじ」は図 3.2 のようになる．

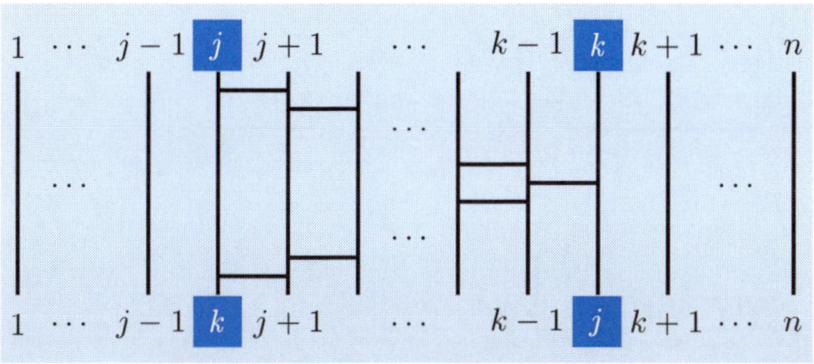

図 3.2　一般の n に対するあみだくじ

図 3.2 において，右端の横線以外は上下 2 本の組で現れているので，全体では奇数本であることがわかる．すなわち，任意の j 行，k 行の入れかえは，奇数回の隣どうしの入れかえ（図の横線に対応）によって実行できることがわかった．隣どうしの入れかえを 1 回行うごとに (-1) 倍されるのだから，$(-1)^{奇数}=-1$ より，一般の場合でも (3.12) が証明された．■

[公式(3.14)の証明] (3.14)で n を $n-1$ として分母を払った式

$$\det[\boldsymbol{a}_1,\cdots,\boldsymbol{a}_{n-1}]x_j$$
$$=\det[\boldsymbol{a}_1,\cdots,\boldsymbol{a}_{j-1},\boldsymbol{p},\boldsymbol{a}_{j+1},\cdots,\boldsymbol{a}_{n-1}]\quad(j=1,\cdots,n-1) \tag{3.19}$$

が成立することを仮定して，n 変数のときも正しいことを示す．まず，連立方程式(3.13)を次の形に書き直す．

$$\begin{cases} a_{1,n}x_n = p_1 - a_{1,1}x_1 - \cdots - a_{1,n-1}x_{n-1} \\ a_{2,1}x_1 + \cdots + a_{2,n-1}x_{n-1} = p_2 - a_{2,n}x_n \\ \qquad\vdots \\ a_{n,1}x_1 + \cdots + a_{n,n-1}x_{n-1} = p_n - a_{n,n}x_n \end{cases} \tag{3.20}$$

x_n を定数とみなすと，第2〜n 式は $(n-1)$ 個の未知数 $x_1,\cdots,x_{n-1}$ に対する連立方程式と考えられる．よって，帰納法の仮定により第2〜n 式に対して(3.19)を用いることができるので，$x_1,\cdots,x_{n-1}$ は次のように表される．

$$x_j\det[\hat{\boldsymbol{a}}_1,\cdots,\hat{\boldsymbol{a}}_{j-1},\hat{\boldsymbol{a}}_j,\hat{\boldsymbol{a}}_{j+1},\cdots,\hat{\boldsymbol{a}}_{n-1}]$$
$$=\det[\hat{\boldsymbol{a}}_1,\cdots,\hat{\boldsymbol{a}}_{j-1},\hat{\boldsymbol{p}}-x_n\hat{\boldsymbol{a}}_n,\hat{\boldsymbol{a}}_{j+1},\cdots,\hat{\boldsymbol{a}}_{n-1}]\quad(j=1,\cdots,n-1)$$
$$=\det[\hat{\boldsymbol{a}}_1,\cdots,\hat{\boldsymbol{a}}_{j-1},\hat{\boldsymbol{p}},\hat{\boldsymbol{a}}_{j+1},\cdots,\hat{\boldsymbol{a}}_{n-1}]$$
$$\quad -x_n\det[\hat{\boldsymbol{a}}_1,\cdots,\hat{\boldsymbol{a}}_{j-1},\hat{\boldsymbol{a}}_n,\hat{\boldsymbol{a}}_{j+1},\cdots,\hat{\boldsymbol{a}}_{n-1}]$$
$$=\det[\hat{\boldsymbol{a}}_1,\cdots,\hat{\boldsymbol{a}}_{j-1},\hat{\boldsymbol{p}},\hat{\boldsymbol{a}}_{j+1},\cdots,\hat{\boldsymbol{a}}_{n-1}]+(-1)^{n+1}x_n\tilde{a}_{1,j}$$

ここで，行列式の性質2 (多重線形性)，性質3 (交代性) を用いた．(3.20)の第1式に $\det[\hat{\boldsymbol{a}}_1,\cdots,\hat{\boldsymbol{a}}_{n-1}]=(-1)^{n+1}\tilde{a}_{1,n}$ をかけ，いま導いた $x_j\ (j=1,\cdots,n-1)$ を用いて整理すると，

$$\left\{\sum_{j=1}^{n}(-1)^{n+1}a_{1,j}\tilde{a}_{1,j}\right\}x_n$$
$$=p_1\det[\hat{\boldsymbol{a}}_1,\cdots,\hat{\boldsymbol{a}}_{n-1}]$$
$$\quad-\sum_{j=1}^{n-1}a_{1,j}\det[\hat{\boldsymbol{a}}_1,\cdots,\hat{\boldsymbol{a}}_{j-1},\hat{\boldsymbol{p}},\hat{\boldsymbol{a}}_{j+1},\cdots,\hat{\boldsymbol{a}}_{n-1}]$$
$$=p_1\det[\hat{\boldsymbol{a}}_1,\cdots,\hat{\boldsymbol{a}}_{n-1}]$$
$$\quad-\sum_{j=1}^{n-1}(-1)^{n-j}a_{1,j}\det[\hat{\boldsymbol{a}}_1,\cdots,\hat{\boldsymbol{a}}_{j-1},\hat{\boldsymbol{a}}_{j+1},\cdots,\hat{\boldsymbol{a}}_{n-1},\hat{\boldsymbol{p}}]$$

となる．ここで，(3.10)を用いると，

$$\det[\boldsymbol{a}_1, \cdots, \boldsymbol{a}_n]x_n = \det[\boldsymbol{a}_1, \cdots, \boldsymbol{a}_{n-1}, \boldsymbol{p}]$$

となる．ここで，n 変数の場合でも，x_n に対しては(3.19)が成立することが示された．$x_1, \cdots, x_{n-1}$ に対しても同様にして示される．■

参考　本節では n 個の文字 $\{1, 2, \cdots, n\}$ を並べかえる操作を，あみだくじを用いて表した．数学的には，この並べかえの操作全体の集合を**置換群**または**対称群**などとよび，S_n, $\mathfrak{S}_n$ などと表す[1]．

例えば S_3 の場合，$\{1, 2, 3\}$ を並べかえるやり方は全部で $3! = 6$ 通りである(より具体的には，次節の図 3.3 を参照)．その中で，例えば 1 と 2 を入れかえる操作を s_{12}，2 と 3 を入れかえる操作を s_{23} と表すことにしよう．このとき，s_{12} によって $\{1, 2, 3\}$ が並べかえられる様子を次のように表す．

$$s_{12}(1) = 2, \quad s_{12}(2) = 1, \quad s_{12}(3) = 3$$

これらの操作の**合成**，すなわち操作を続けて行うことを考える．例えば s_{12}, s_{23} に対して，この順に続けて行うことを $s_{23} \circ s_{12}$ として表すことにする（並んでいる順に注意）．すなわち，

$$(s_{23} \circ s_{12})(1) = s_{23}(s_{12}(1)) = 3,$$

$$(s_{23} \circ s_{12})(2) = s_{23}(s_{12}(2)) = 1,$$

$$(s_{23} \circ s_{12})(3) = s_{23}(s_{12}(3)) = 2$$

である．このように，s_{12}, s_{23} を合成した結果もまた，S_3 の 6 個のうちの 1 つであることがわかる．

いまは s_{12}, s_{23} の合成を考えたが，6 個のうちのどの 2 個を選んで合成しても，その結果は 6 個のうちのどれかに一致する．

このように，ある集合の要素を「合成」した結果がまたもとの集合に含まれ，さらにいくつかの条件を満たす場合，その集合を**群**(ぐん)(group)[2] とよぶのである．□

1) $\mathfrak{S}$ は，ドイツ文字における S である．

2) 群に関して，より詳しい内容については，代数学の教科書を参照せよ．

3.4 行列式の第3の定義

前節の証明からもわかるように，定義(3.10)だと一般的な事実を証明する際には1つずつ次数を下げていくという，数学的帰納法の考え方を用いる必要があった．これに対し，一般の $n \times n$ の場合に $\det(A)$ をまとまった形に書き表す公式があれば，証明がより洗練[1]されることが期待できる．そこで 2×2, 3×3 の場合を，もう一度見直してみよう．

$$\begin{vmatrix} a_{11} & a_{12} \\ a_{21} & a_{22} \end{vmatrix} = a_{11}a_{22} - a_{12}a_{21}$$

$$\begin{vmatrix} a_{11} & a_{12} & a_{13} \\ a_{21} & a_{22} & a_{23} \\ a_{31} & a_{32} & a_{33} \end{vmatrix} = a_{11}a_{22}a_{33} + a_{12}a_{23}a_{31} + a_{13}a_{21}a_{32} \\ -a_{11}a_{23}a_{32} - a_{13}a_{22}a_{31} - a_{12}a_{21}a_{33} \qquad (3.21)$$

これらをよくながめると，一般の場合の行列式は次のような形をしていると予想されるであろう．

$$\det(A) = \sum_{j_1,\cdots,j_n} (\pm)\, a_{1j_1}a_{2j_2}\cdots a_{nj_n}$$

ここで，$(j_1, j_2, \cdots, j_n)$ は $(1, 2, \cdots, n)$ を並べかえたものとする．問題は，和をとる際の符号$(\pm)$をどのように決めるかである．まずは(3.5)のように 3×3 の場合を見直してみよう．

$$\begin{cases} \text{符号が正の項}:(j_1, j_2, j_3) = (1,2,3),\ (2,3,1),\ (3,1,2) \\ \text{符号が負の項}:(j_1, j_2, j_3) = (2,1,3),\ (3,2,1),\ (1,3,2) \end{cases} \qquad (3.22)$$

この符号は，実は「あみだくじ」を描くことで定めることができる．すなわち，$(1,2,3)$ を (j_1, j_2, j_3) に並べかえる操作を，図3.3(a)のように表すことにすると，(3.22)の6通りの (j_1, j_2, j_3) に対するあみだくじは図3.3(b)のようになる．これらをよく見ると，行列式(3.21)における正の項に対応するものは横線が偶数本，負の項に対応するものは横線が奇数本であることがわかる．

---

1) ここで「洗練」と言っているのは証明の(見かけ上の)長さが短くなるということで，よりわかりやすくなるということではない．数学における「洗練された証明」は，往々にして抽象的で難解になりがちである．

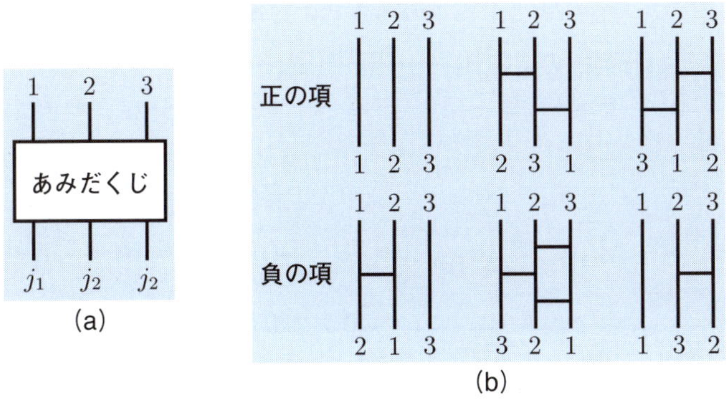

図 3.3　3×3 の場合のあみだくじ

注意　あみだくじの横線の引き方は 1 通りではない．例えば，(1, 2, 3) を (3, 2, 1) に並べかえる場合を考えると，図 3.3(b)のもの以外にも図 3.4 のように，無数に考えることができる．しかし (3, 2, 1) の場合，どのようなやり方にしても横線の本数は必ず奇数となる．　□

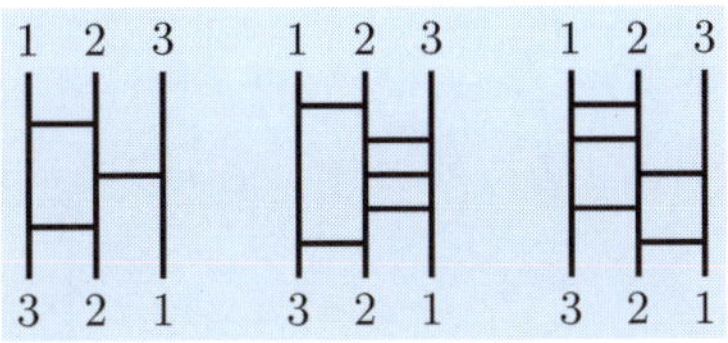

図 3.4　あみだくじの横線の引き方

上の事実を拡張して，n 個の数 $\{1, 2, \cdots, n\}$ の場合にも同様の方法で符号を定義しよう．

並べかえに対する符号の定義

あみだくじの始めと終わりのみに注目して，

$$\begin{pmatrix} 1 & 2 & \cdots & n \\ j_1 & j_2 & \cdots & j_n \end{pmatrix} \tag{3.23}$$

と表すことにする．ここで，$(j_1, \cdots, j_n)$ は $(1, \cdots, n)$ を並べかえたものとする．あみだくじによって $(1, \cdots, n)$ を $(j_1, \cdots, j_n)$ に並べかえるときに必要な横線の最少の本数を $N(j_1, \cdots, j_n)$ とするとき，

$$\mathrm{sgn}\begin{pmatrix} 1 & 2 & \cdots & n \\ j_1 & j_2 & \cdots & j_n \end{pmatrix} = (-1)^{N(j_1, \cdots, j_n)}$$

によって並べかえ(3.23)に対応する符号 “sgn” を定める(ここでは「最少の本数」として定義したが,「最少」でなくてよい．p.65 の参考を参照)．

これを用いると行列式のもう1つの表し方が得られる．

定理 3.4（行列式の定義 3）

$n \times n$ 行列 $A = [a_{ij}]_{1 \leq i,j \leq n}$ に対して，行列式 $|A|$ は次のように表される．

$$|A| = \sum_{(j_1,\cdots,j_n)} \mathrm{sgn}\begin{pmatrix} 1 & 2 & \cdots & n \\ j_1 & j_2 & \cdots & j_n \end{pmatrix} a_{1j_1}a_{2j_2}\cdots a_{nj_n} \tag{3.24}$$

注意 行列式は，正方行列に対してしか定義されない．2.3 節との対応でいえば，連立1次方程式の解がただ1つ存在するのは，未知数の個数と式の個数とが一致するときのみであったことに対応している． □

[証明] ここでは，3.2 節の性質 1, 2, 3 を用いた証明を紹介しよう．

n 次正方行列 A を，各列ごとにまとめた列ベクトル

$$\boldsymbol{a}_j = \begin{bmatrix} a_{1j} \\ \vdots \\ a_{nj} \end{bmatrix} (j = 1, \cdots, n)$$

を用いて，

$$|A| = |\boldsymbol{a}_1, \boldsymbol{a}_2, \cdots, \boldsymbol{a}_n|$$

と表す．n 個の列ベクトル $\boldsymbol{e}_j$ $(j = 1, \cdots, n)$ を

$$\boldsymbol{e}_1 = \begin{bmatrix} 1 \\ 0 \\ \vdots \\ 0 \end{bmatrix}, \quad \boldsymbol{e}_2 = \begin{bmatrix} 0 \\ 1 \\ \vdots \\ 0 \end{bmatrix}, \cdots, \quad \boldsymbol{e}_n = \begin{bmatrix} 0 \\ 0 \\ \vdots \\ 1 \end{bmatrix} \tag{3.25}$$

で定めると，$\boldsymbol{a}_j$ は

$$\boldsymbol{a}_j = \sum_{i=1}^{n} a_{ij}\boldsymbol{e}_i = a_{1j}\boldsymbol{e}_1 + a_{2j}\boldsymbol{e}_2 + \cdots + a_{nj}\boldsymbol{e}_n$$

と表されるので，性質 2 (多重線形性)を用いて，

$$
\begin{aligned}
|A| &= \left| \sum_{i_1=1}^{n} a_{i_1,1}\boldsymbol{e}_{i_1}, \sum_{i_2=1}^{n} a_{i_2,2}\boldsymbol{e}_{i_2}, \cdots, \sum_{i_n=1}^{n} a_{i_n,n}\boldsymbol{e}_{i_n} \right| \\
&= \sum_{i_1=1}^{n}\sum_{i_2=1}^{n}\cdots\sum_{i_n=1}^{n} a_{i_1,1}a_{i_2,2}\cdots a_{i_n,n} \left|\boldsymbol{e}_{i_1}, \boldsymbol{e}_{i_2}, \cdots, \boldsymbol{e}_{i_n}\right| \qquad (3.26)
\end{aligned}
$$

となる．

一方，性質 3 (交代性)より，行列式のどこか 2 列が一致するときには行列式の値は 0 となる．よって，行列式 $|\boldsymbol{e}_{i_1}, \boldsymbol{e}_{i_2}, \cdots, \boldsymbol{e}_{i_n}|$ の値が 0 でないのは，i_1, $i_2, \cdots, i_n$ がすべて相異なるときのみである．言いかえると，$(i_1, i_2, \cdots, i_n)$ が $(1, 2, \cdots, n)$ を並べかえたものであるときのみが，(3.26)の和に寄与する．

さて，$(i_1, i_2, \cdots, i_n)$ が $(1, 2, \cdots, n)$ を並べかえたものであるとき，対応するあみだくじを作る際に最小限必要な横線の本数を $N(i_1, i_2, \cdots, i_n)$ とする．このとき，性質 3(交代性)，および性質 1(単位行列のときの値)より，

$$
\begin{aligned}
|\boldsymbol{e}_{i_1}, \boldsymbol{e}_{i_2}, \cdots, \boldsymbol{e}_{i_n}| &= (-1)^{N(i_1,i_2,\cdots,i_n)}\,|\boldsymbol{e}_1, \boldsymbol{e}_2, \cdots, \boldsymbol{e}_n| \\
&= (-1)^{N(i_1,i_2,\cdots,i_n)}\,\det(E) \\
&= (-1)^{N(i_1,i_2,\cdots,i_n)} \\
&= \mathrm{sgn}\begin{pmatrix} 1 & 2 & \cdots & n \\ i_1 & i_2 & \cdots & i_n \end{pmatrix}
\end{aligned}
$$

これを(3.26)に用いると，(3.24)が得られる．■

定理 3.4 を用いて，次の定理(3×3 の場合は 3.1 節で既習)を証明しよう [1]．

1) 前節のように数学的帰納法による証明も，もちろん可能である．

定理 3.5(行列式の転置不変性)

$$|{}^tA| = |A|$$

定理3.5を証明するために，記号を準備しておこう．$(1,\cdots,n)$ を $(j_1,\cdots,j_n)$ に並べかえる操作を，σ で表す[1]．

$$\sigma = \begin{pmatrix} 1 & 2 & \cdots & n \\ j_1 & j_2 & \cdots & j_n \end{pmatrix}$$

また，k の真下に j_k が並んでいることを，$\sigma(k) = j_k$ と表すことにする．

さらに，σ^{-1} で上下を逆にしたあみだくじを表すことにする．例えば次のようになる．

$$\sigma = \begin{pmatrix} 1 & 2 & 3 \\ 2 & 3 & 1 \end{pmatrix} \text{ ならば，} \sigma^{-1} = \begin{pmatrix} 2 & 3 & 1 \\ 1 & 2 & 3 \end{pmatrix} = \begin{pmatrix} 1 & 2 & 3 \\ 3 & 1 & 2 \end{pmatrix}$$

これは図3.3(b)と見比べるとわかりやすい．以上の記号を用いて，定理3.5を証明しよう．

[証明] この記法を用いて(3.24)を書き直すと，

$$|A| = \sum_{\sigma} \mathrm{sgn}(\sigma) a_{1\sigma(1)} a_{2\sigma(2)} \cdots a_{n\sigma(n)}$$

ここで，和は $(1,\cdots,n)$ の並べかえ全体にわたってとる．この定義では，行の番号に注目して 1, 2, 3, $\cdots$ という順に並べてあるが，これを列の番号に従って並べかえると，

$$|A| = \sum_{\sigma} \mathrm{sgn}(\sigma) a_{\sigma^{-1}(1)1} a_{\sigma^{-1}(2)2} \cdots a_{\sigma^{-1}(n)n}$$

となる．改めて $\rho = \sigma^{-1}$ とおいて[2]，$\mathrm{sgn}(\sigma^{-1}) = \mathrm{sgn}(\sigma)$（「あみだくじを上下入れかえても，横線の本数は変わらない」ということ)を用いると，

$$|A| = \sum_{\sigma} \mathrm{sgn}(\rho) a_{\rho(1)1} a_{\rho(2)2} \cdots a_{\rho(n)n} = |{}^tA|. \qquad ■$$

(3.11), (3.12)のように，これまでは行列式を列ベクトルを並べたものとして，その性質を見てきたが，この定理により，行ベクトルを並べたものとしても同様の性質が成り立つことがわかる．次節で行列式の満たす性質を列挙し，具体的な計算例を述べることにしよう．

---

1) σ は「シグマ」と読む．「Σ」の小文字である．

2) ρ は「ロー」と読む．

参考 並べかえの符号の図形的意味について

図 3.4 からもわかるように，$\{1, 2, \cdots, n\}$ の並べかえに対して，それを表すあみだくじは 1 つには決まらない．しかし，並べかえを表すあみだくじをどのように作っても，横線の本数が偶数か奇数かは決まってくる．このことは，次のように考えるとわかりやすい [1]．まず，あみだくじを図 3.5 のように書きかえる．

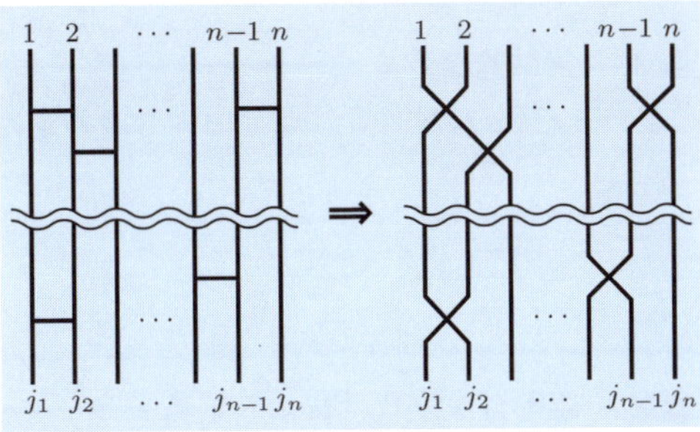

図 3.5 あみだくじの横棒の本数と n 本の紐の交点

このように書きかえると，あみだくじにおける横棒の本数を，n 本の紐を並べたときの交点の個数に読みかえることができる．この図において，n 本のうちのどれか 2 本に着目するとき，両端を固定したまま紐を動かしても，交点の個数は 2 ずつしか変化しないことは，図 3.6 からわかるであろう．

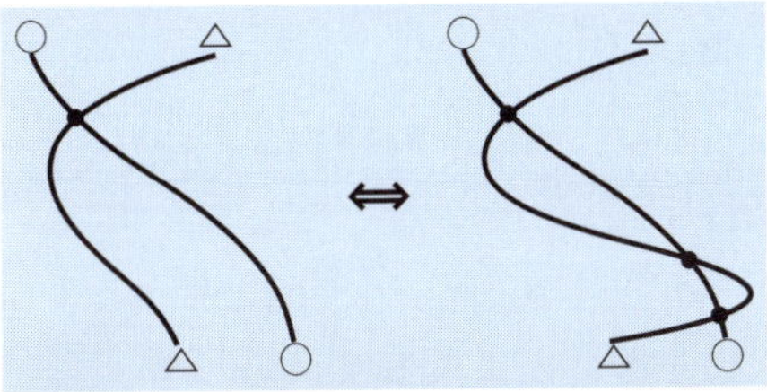

図 3.6 2 本の紐の交点の個数の変化

すなわち，両端を固定すれば，交点の個数が偶数か奇数であるかは決まってしまうのである． □

1) ここでの議論は，[8]の付録 A，および

大森英樹，あみだくじと行列式，数学セミナー，1986 年 7 月号，日本評論社，pp. 4–22

を参考にした．

3.5 行列式の性質

やや複雑な例を計算する前に，まずはこれまでに学んだ行列式の性質をまとめておく．まず，$n \times n$ 行列 $A = [a_{ij}]_{i,j=1,\cdots,n}$ に対する行列式 $\det(A)$ の定義を復習しよう．

行列式の定義 1 — 帰納的な定義

1×1 行列(すなわち定数)に対しては成分そのもので定め，以下漸化式

$$\det(A) = \sum_{j=1}^{n} a_{1j}\tilde{a}_{1,j} \quad (\tilde{a}_{1,j} \text{は} A \text{の} (1,j) \text{余因子})$$

で帰納的に定める．

行列式の定義 2 — 線形性・交代性による定義

A の成分 a_{ij} $(i,j = 1,\cdots,n)$についての多項式で，次の性質を満たすものを $\det(A)$ として定める．

- 単位行列に対する性質

$$\det(E) = 1$$

- 列に関する線形性(i)

$$\det[\boldsymbol{a}_1,\cdots,\boldsymbol{a}'_j + \boldsymbol{a}''_j,\cdots,\boldsymbol{a}_n] = \det[\boldsymbol{a}_1,\cdots,\boldsymbol{a}'_j,\cdots,\boldsymbol{a}_n] + \det[\boldsymbol{a}_1,\cdots,\boldsymbol{a}''_j,\cdots,\boldsymbol{a}_n]$$

- 列に関する線形性(ii)

$$\det[\boldsymbol{a}_1,\cdots,c\,\boldsymbol{a}_j,\cdots,\boldsymbol{a}_n] = c\det[\boldsymbol{a}_1,\cdots,\boldsymbol{a}_j,\cdots,\boldsymbol{a}_n]$$

- 列に関する交代性

$$\det[\cdots,\boldsymbol{a}_j,\cdots,\boldsymbol{a}_k,\cdots] = -\det[\cdots,\boldsymbol{a}_k,\cdots,\boldsymbol{a}_j,\cdots]$$

行列式の定義 3 — 直接的な定義

$$\det(A) = \sum_{\sigma} \mathrm{sgn}(\sigma) a_{1\sigma(1)} a_{2\sigma(2)} \cdots a_{n\sigma(n)} = \sum_{\sigma} \mathrm{sgn}(\sigma) a_{\sigma(1)1} a_{\sigma(2)2} \cdots a_{\sigma(n)n}$$

ただし，和は $(1,2,\cdots,n)$ のすべての並べかえ(全 $n!$ 通り)にわたってとる．

以上の定義 1〜3 はいずれも同値であり，どの定義から出発しても他の 2 つを導くことができる．

定義 2 において，行に関する線形性，交代性を用いて定義することもできる（以下では，${}^t\boldsymbol{a}_j = [a_{j1}, \cdots, a_{jn}]$ で行ベクトルを表す）．

- 行に関する線形性(i)

$$\det\begin{bmatrix} {}^t\boldsymbol{a}_1 \\ \vdots \\ {}^t\boldsymbol{a}'_i + {}^t\boldsymbol{a}''_i \\ \vdots \\ {}^t\boldsymbol{a}_n \end{bmatrix} = \det\begin{bmatrix} {}^t\boldsymbol{a}_1 \\ \vdots \\ {}^t\boldsymbol{a}'_i \\ \vdots \\ {}^t\boldsymbol{a}_n \end{bmatrix} + \det\begin{bmatrix} {}^t\boldsymbol{a}_1 \\ \vdots \\ {}^t\boldsymbol{a}''_i \\ \vdots \\ {}^t\boldsymbol{a}_n \end{bmatrix}$$

- 行に関する線形性(ii)

$$\det\begin{bmatrix} {}^t\boldsymbol{a}_1 \\ \vdots \\ c\,{}^t\boldsymbol{a}_i \\ \vdots \\ {}^t\boldsymbol{a}_n \end{bmatrix} = c\det\begin{bmatrix} {}^t\boldsymbol{a}_1 \\ \vdots \\ {}^t\boldsymbol{a}_i \\ \vdots \\ {}^t\boldsymbol{a}_n \end{bmatrix}$$

- 行に関する交代性

$$\det\begin{bmatrix} \vdots \\ {}^t\boldsymbol{a}_j \\ \vdots \\ {}^t\boldsymbol{a}_k \\ \vdots \end{bmatrix} = -\det\begin{bmatrix} \vdots \\ {}^t\boldsymbol{a}_k \\ \vdots \\ {}^t\boldsymbol{a}_j \\ \vdots \end{bmatrix}$$

上記の性質を組み合わせて得られる性質を，以下に列挙しておく．

- 上三角行列および下三角行列の行列式は，対角成分の積となる．

$$\begin{vmatrix} a_{11} & a_{12} & \cdots & a_{1n} \\ 0 & a_{22} & & \vdots \\ \vdots & \ddots & \ddots & \vdots \\ 0 & \cdots & 0 & a_{nn} \end{vmatrix} = a_{11}a_{22}\cdots a_{nn}$$

$$\begin{vmatrix} a_{11} & 0 & \cdots & 0 \\ a_{21} & a_{22} & \ddots & \vdots \\ \vdots & & \ddots & 0 \\ a_{n1} & \cdots & \cdots & a_{nn} \end{vmatrix} = a_{11}a_{22}\cdots a_{nn}$$

- 転置をとっても行列式の値は変わらない．

  $|{}^tA| = |A|$

- $n \times n$ 行列 A を定数 c 倍すると，対応する行列式は c^n 倍になる．

  $|cA| = c^n|A|$

- どこか1行の成分がすべて0なら，行列式の値は0である．

$$\begin{vmatrix} & \vdots & \\ 0 & \cdots & 0 \\ & \vdots & \end{vmatrix} = 0$$

- どこか1列の成分がすべて0なら，行列式の値は0である．

$$\begin{vmatrix} & 0 & \\ \cdots & \vdots & \cdots \\ & 0 & \end{vmatrix} = 0$$

- ある2行の成分がすべて一致すれば，行列式の値は0である．

$$\begin{vmatrix} & \vdots & \\ a_1 & \cdots & a_n \\ & \vdots & \\ a_1 & \cdots & a_n \\ & \vdots & \end{vmatrix} = 0$$

- ある2列の成分がすべて一致すれば，行列式の値は0である．

$$\begin{vmatrix} & a_1 & & a_1 & \\ \cdots & \vdots & \cdots & \vdots & \cdots \\ & a_n & & a_n & \end{vmatrix} = 0$$

- ある行を定数倍したものを別の行に加えても[1]，行列式の値は変わらない．

$$\begin{vmatrix} & \vdots & \\ a_1 & \cdots & a_n \\ & \vdots & \\ b_1 & \cdots & b_n \\ & \vdots & \end{vmatrix} = \begin{vmatrix} & \vdots & \\ a_1 & \cdots & a_n \\ & \vdots & \\ b_1 + ka_1 & \cdots & b_n + ka_n \\ & \vdots & \end{vmatrix}$$

例　$\begin{vmatrix} {}^t\boldsymbol{a}_1 \\ {}^t\boldsymbol{a}_2 \\ {}^t\boldsymbol{a}_3 \end{vmatrix} = \begin{vmatrix} 1 & 2 & 3 \\ 0 & 1 & 0 \\ 2 & 1 & 1 \end{vmatrix} = -5$ であり，また，

$$\begin{vmatrix} 1 & 2 & 3 \\ 4 & 3 & 2 \\ 2 & 1 & 1 \end{vmatrix} \left(= \begin{vmatrix} {}^t\boldsymbol{a}_1 \\ {}^t\boldsymbol{a}_2 + 2\,{}^t\boldsymbol{a}_3 \\ {}^t\boldsymbol{a}_3 \end{vmatrix} \right) = -5.$$

□

- ある列を定数倍したものを別の列に加えても[2]，行列式の値は変わらない．

$$\begin{vmatrix} & a_1 & & b_1 & \\ \cdots & \vdots & \cdots & \vdots & \cdots \\ & a_n & & b_n & \end{vmatrix} = \begin{vmatrix} & a_1 & & b_1 + ka_1 & \\ \cdots & \vdots & \cdots & \vdots & \cdots \\ & a_n & & b_n + ka_n & \end{vmatrix}$$

- $n \times n$ 行列 A 行列式 $|A|$ における a_{ij} の余因子を $\tilde{a}_{ij}$ とするとき，次の式が成り立つ．

$$|A| = a_{i1}\tilde{a}_{i1} + a_{i2}\tilde{a}_{i2} + \cdots + a_{in}\tilde{a}_{in} \quad （第 i 行に関する展開）$$

$$|A| = a_{1j}\tilde{a}_{1j} + a_{2j}\tilde{a}_{2j} + \cdots + a_{nj}\tilde{a}_{nj} \quad （第 j 列に関する展開）$$

以上の性質を用いて，いくつかの行列式を計算してみよう．

1）言いかえると，2.1.3 項の行基本変形 II$(n \leftarrow m; k)$ で不変ということである．

2）言いかえると，p.36 の注意 2 で述べた，列基本変形 II' で不変ということである．

例題 3.2

次の行列式を計算せよ．ただし，因数分解した形で答えること．

$$\begin{vmatrix} 0 & a^2 & b^2 & 1 \\ a^2 & 0 & c^2 & 1 \\ b^2 & c^2 & 0 & 1 \\ 1 & 1 & 1 & 0 \end{vmatrix}$$

（お茶の水女子大・院試）

【解答】 定義に従って計算してもいいのだが，この種の問題の場合，まずは行基本変形，列基本変形を使うとよい．

$$\text{与式} = \begin{vmatrix} 0 & a^2 & b^2 & 1 \\ a^2 & -a^2 & c^2 - a^2 & 1 \\ b^2 & c^2 - b^2 & -b^2 & 1 \\ 1 & 0 & 0 & 0 \end{vmatrix} \quad \begin{pmatrix} \text{第 2 列} - \text{第 1 列} \\ \text{第 3 列} - \text{第 1 列} \end{pmatrix}$$

$$= (-1)^{4+1} \cdot 1 \cdot \begin{vmatrix} a^2 & b^2 & 1 \\ -a^2 & c^2 - a^2 & 1 \\ c^2 - b^2 & -b^2 & 1 \end{vmatrix} \quad (\text{第 4 行に関して展開})$$

$$= - \begin{vmatrix} a^2 & b^2 & 1 \\ -2a^2 & c^2 - a^2 - b^2 & 0 \\ c^2 - a^2 - b^2 & -2b^2 & 0 \end{vmatrix} \begin{matrix} \\ \cdots \text{第 2 行} - \text{第 1 行} \\ \cdots \text{第 3 行} - \text{第 1 行} \end{matrix}$$

$$= -(-1)^{1+3} \cdot 1 \cdot \begin{vmatrix} -2a^2 & c^2 - a^2 - b^2 \\ c^2 - a^2 - b^2 & -2b^2 \end{vmatrix} \quad \begin{pmatrix} \text{第 3 列に関} \\ \text{して展開} \end{pmatrix}$$

$$= (c^2 - a^2 - b^2)^2 - 4a^2b^2$$

$$= (c^2 - a^2 - b^2 + 2ab)(c^2 - a^2 - b^2 - 2ab)$$

（公式 $X^2 - Y^2 = (X+Y)(X-Y)$ を用いて因数分解）

$$= \left\{c^2 - (a-b)^2\right\}\left\{c^2 - (a+b)^2\right\}$$

$$= (c+a-b)(c-a+b)(c+a+b)(c-a-b)$$

■

例題 3.3

次の行列式を計算せよ．

$$\begin{vmatrix} x & 1 & 1 & 1 \\ 1 & x & 1 & 1 \\ 1 & 1 & x & 1 \\ 1 & 1 & 1 & x \end{vmatrix}$$

（慶應義塾大・院試）

【解答】 与えられた行列の特徴として，各行ごとの成分の和が等しいということがある．この特徴を利用すると，次のようにして計算できる．

$$与式 = \begin{vmatrix} x+3 & x+3 & x+3 & x+3 \\ 1 & x & 1 & 1 \\ 1 & 1 & x & 1 \\ 1 & 1 & 1 & x \end{vmatrix} \quad \cdots \text{第 1 行に他の 3 行を加えた}$$

$$= (x+3)\begin{vmatrix} 1 & 1 & 1 & 1 \\ 1 & x & 1 & 1 \\ 1 & 1 & x & 1 \\ 1 & 1 & 1 & x \end{vmatrix} \quad \cdots \text{第 1 行に関する線形性}$$

$$= (x+3)\begin{vmatrix} 1 & 1 & 1 & 1 \\ 0 & x-1 & 0 & 0 \\ 0 & 0 & x-1 & 0 \\ 0 & 0 & 0 & x-1 \end{vmatrix} \quad \begin{matrix} \\ \cdots \text{第 2 行} - \text{第 1 行} \\ \cdots \text{第 3 行} - \text{第 1 行} \\ \cdots \text{第 4 行} - \text{第 1 行} \end{matrix}$$

$$= (x+3)(x-1)^3 \quad \text{（上三角行列の行列式は対角成分の積）}$$

■

参考 例題 3.3 を拡張した n 次行列式の場合も，同様にして計算できる．

$$\begin{vmatrix} x & 1 & \cdots & 1 \\ 1 & x & \cdots & 1 \\ \vdots & \vdots & \ddots & \vdots \\ 1 & 1 & \cdots & x \end{vmatrix} = (x+n-1)(x-1)^{n-1}$$

□

例題 3.4

次の等式が成立することを示せ.

$$\begin{vmatrix} 1 & a_1 & a_1^2 & a_1^3 \\ 1 & a_2 & a_2^2 & a_2^3 \\ 1 & a_3 & a_3^2 & a_3^3 \\ 1 & a_4 & a_4^2 & a_4^3 \end{vmatrix} = \prod_{i>j}(a_i - a_j)$$

ここで, $\displaystyle\prod_{i>j}$ は, 条件 $4 \geq i > j \geq 1$ を満たすすべての i, j に関して積をとることを意味する(いまの場合は, ${}_4\mathrm{C}_2 = 6$ 項の積となる).

【解答】　第2〜4行から第1行を引いて,

$$与式 = \begin{vmatrix} 1 & a_1 & a_1^2 & a_1^3 \\ 0 & a_2 - a_1 & a_2^2 - a_1^2 & a_2^3 - a_1^3 \\ 0 & a_3 - a_1 & a_3^2 - a_1^2 & a_3^3 - a_1^3 \\ 0 & a_4 - a_1 & a_4^2 - a_1^2 & a_4^3 - a_1^3 \end{vmatrix}$$

$$= \begin{vmatrix} a_2 - a_1 & a_2^2 - a_1^2 & a_2^3 - a_1^3 \\ a_3 - a_1 & a_3^2 - a_1^2 & a_3^3 - a_1^3 \\ a_4 - a_1 & a_4^2 - a_1^2 & a_4^3 - a_1^3 \end{vmatrix} \quad \left(\text{第1列に関して展開}\right)$$

得られた3次行列式において, 第1行の成分は $(a_2 - a_1)$, 第2行の成分は $(a_3 - a_1)$, 第3行の成分は $(a_4 - a_1)$ でそれぞれ割り切れるので,

$$与式 = (a_2 - a_1)(a_3 - a_1)(a_4 - a_1) \begin{vmatrix} 1 & a_2 + a_1 & a_2^2 + a_2 a_1 + a_1^2 \\ 1 & a_3 + a_1 & a_3^2 + a_3 a_1 + a_1^2 \\ 1 & a_4 + a_1 & a_4^2 + a_4 a_1 + a_1^2 \end{vmatrix}$$

となる. さらに, 第3列 $-(a_1\times$ 第2列), 第2列 $-(a_1\times$ 第1列)とすると, この3次行列式はより簡単な形に整理される.

$$\begin{vmatrix} 1 & a_2 + a_1 & a_2^2 + a_2 a_1 + a_1^2 \\ 1 & a_3 + a_1 & a_3^2 + a_3 a_1 + a_1^2 \\ 1 & a_4 + a_1 & a_4^2 + a_4 a_1 + a_1^2 \end{vmatrix} = \begin{vmatrix} 1 & a_2 + a_1 & a_2^2 \\ 1 & a_3 + a_1 & a_3^2 \\ 1 & a_4 + a_1 & a_4^2 \end{vmatrix} = \begin{vmatrix} 1 & a_2 & a_2^2 \\ 1 & a_3 & a_3^2 \\ 1 & a_4 & a_4^2 \end{vmatrix}$$

得られた3次行列式に，いまと同様の方針で変形を行うと，

$$\begin{vmatrix} 1 & a_2 & a_2^2 \\ 1 & a_3 & a_3^2 \\ 1 & a_4 & a_4^2 \end{vmatrix} = \begin{vmatrix} 1 & a_2 & a_2^2 \\ 0 & a_3 - a_2 & a_3^2 - a_2^2 \\ 0 & a_4 - a_2 & a_4^2 - a_2^2 \end{vmatrix} = \begin{vmatrix} a_3 - a_2 & a_3^2 - a_2^2 \\ a_4 - a_2 & a_4^2 - a_2^2 \end{vmatrix}$$

$$= (a_3 - a_2)(a_4 - a_2) \begin{vmatrix} 1 & a_3 + a_2 \\ 1 & a_4 + a_2 \end{vmatrix}$$

$$= (a_3 - a_2)(a_4 - a_2)(a_4 - a_3)$$

以上により，与えられた等式が示された． ■

参考1 より一般に，次の等式が成立する．

$$\begin{vmatrix} 1 & a_1 & a_1^2 & \cdots & a_1^{n-1} \\ 1 & a_2 & a_2^2 & \cdots & a_2^{n-1} \\ \vdots & \vdots & \vdots & \cdots & \vdots \\ 1 & a_{n-1} & a_{n-1}^2 & \cdots & a_{n-1}^{n-1} \\ 1 & a_n & a_n^2 & \cdots & a_n^{n-1} \end{vmatrix} = \prod_{i>j}(a_i - a_j)$$

ここで，$\prod_{i>j}$ は，条件 $n \geq i > j \geq 1$ を満たすすべての i, j に関して積をとることを意味する．これを**ヴァンデルモンド**（van der Monde）**の行列式**という．一般の場合は数学的帰納法で証明できるが，やり方は先ほどの4次の場合より類推できるであろう（証明してみてもらいたい）． □

参考2 定理3.5から，

$$\begin{vmatrix} 1 & a_1 & a_1^2 & \cdots & a_1^{n-1} \\ 1 & a_2 & a_2^2 & \cdots & a_2^{n-1} \\ \vdots & \vdots & \vdots & \cdots & \vdots \\ 1 & a_{n-1} & a_{n-1}^2 & \cdots & a_{n-1}^{n-1} \\ 1 & a_n & a_n^2 & \cdots & a_n^{n-1} \end{vmatrix} = \begin{vmatrix} 1 & 1 & \cdots & 1 & 1 \\ a_1 & a_2 & \cdots & a_{n-1} & a_n \\ a_1^2 & a_2^2 & \cdots & a_{n-1}^2 & a_n^2 \\ \vdots & \vdots & \cdots & \vdots & \vdots \\ a_1^{n-1} & a_2^{n-1} & \cdots & a_{n-1}^{n-1} & a_n^{n-1} \end{vmatrix}$$

となる．例題6.2のように右辺の形でもよく登場する． □

3.6 積の行列式

この節では行列の積に関する定理，およびその応用について学ぶ．

定理 3.6

2つの n 次正方行列 A, B に対して，

$$\det(AB) = \det(A)\det(B)$$

が成立する．

標語的に言えば,「積の行列式は行列式の積」という性質があるわけである（2×2 の場合は，すでに1章の章末問題2で扱っている）．

［証明］ 以下の証明では，定理 3.4 の証明と同様の手法を用いる．

n 次正方行列 A, B を各列ごとにまとめた列ベクトルを，それぞれ

$$\boldsymbol{a}_j = \begin{bmatrix} a_{1j} \\ \vdots \\ a_{nj} \end{bmatrix}, \quad \boldsymbol{b}_j = \begin{bmatrix} b_{1j} \\ \vdots \\ b_{nj} \end{bmatrix} \quad (j = 1, \cdots, n)$$

とする．これを用いて，

$$B = [\boldsymbol{b}_1, \boldsymbol{b}_2, \cdots, \boldsymbol{b}_n]$$

と表すと，行列の積の定義より

$$AB = [A\boldsymbol{b}_1, A\boldsymbol{b}_2, \cdots, A\boldsymbol{b}_n]$$

となる．次に，(3.25)で定めた n 個の列ベクトル $\boldsymbol{e}_j$ $(j = 1, \cdots, n)$ を用いると，

$$\begin{aligned} A\boldsymbol{b}_j &= A\,(b_{1j}\boldsymbol{e}_1 + b_{2j}\boldsymbol{e}_2 + \cdots + b_{nj}\boldsymbol{e}_n) \\ &= b_{1j}A\boldsymbol{e}_1 + b_{2j}A\boldsymbol{e}_2 + \cdots + b_{nj}A\boldsymbol{e}_n \\ &= b_{1j}\boldsymbol{a}_1 + b_{2j}\boldsymbol{a}_2 + \cdots + b_{nj}\boldsymbol{a}_n \end{aligned}$$

となる．このことを用いると，

$$\begin{aligned} |AB| &= \left| \sum_{i_1=1}^{n} b_{i_1,1}\boldsymbol{a}_{i_1}, \sum_{i_2=1}^{n} b_{i_2,2}\boldsymbol{a}_{i_2}, \cdots, \sum_{i_n=1}^{n} b_{i_n,n}\boldsymbol{a}_{i_n} \right| \\ &= \sum_{i_1=1}^{n}\sum_{i_2=1}^{n}\cdots\sum_{i_n=1}^{n} b_{i_1,1}b_{i_2,2}\cdots b_{i_n,n}\left|\boldsymbol{a}_{i_1}, \boldsymbol{a}_{i_2}, \cdots, \boldsymbol{a}_{i_n}\right| \end{aligned} \qquad (3.27)$$

が得られる．

行列式のどこか2列が一致するときには行列式の値は0となるので，行列式 $|\boldsymbol{a}_{i_1}, \boldsymbol{a}_{i_2}, \cdots, \boldsymbol{a}_{i_n}|$ の値が0でないのは，$i_1, i_2, \cdots, i_n$ がすべて相異なるときのみである．その場合には，定理3.4の証明の際と同様の議論により，

$$|\boldsymbol{a}_{i_1}, \boldsymbol{a}_{i_2}, \cdots, \boldsymbol{a}_{i_n}| = \operatorname{sgn}\begin{pmatrix} 1 & 2 & \cdots & n \\ i_1 & i_2 & \cdots & i_n \end{pmatrix} \cdot |A|$$

よって，

$$(3.27) = |A| \sum_{(i_1, i_2, \cdots, i_n)} b_{i_1,1} b_{i_2,2} \cdots b_{i_n,n} \operatorname{sgn}\begin{pmatrix} 1 & 2 & \cdots & n \\ i_1 & i_2 & \cdots & i_n \end{pmatrix}$$

（和は $i_1, i_2, \cdots, i_n$ がすべて相異なる場合にわたってとる）

$$= |A|\,|B| \quad \text{（行列式の定義3を用いた）}$$

■

この定理を使って導かれる性質を，いくつかの例題を通して見ていこう．

例題 3.5

P を直交行列，すなわち ${}^tPP = P\,{}^tP = E$ を満たす正方行列とするとき，その行列式 $|P|$ の値は ± 1 のいずれかであることを示せ．

【解答】 ${}^tPP = E$ の両辺の行列式をとって，定理3.6を用いると，$|{}^tP|\,|P| = 1$ となる．さらに行列式の転置不変性(定理3.5)を用いると，$|P|^2 = 1$ となるので，題意は示された． ■

例題 3.6

定数 a_1, a_2, a_3 に対して，$p_n = a_1^n + a_2^n + a_3^n$ $(n = 1, 2, \cdots)$とおく．このとき，行列式 $\det[p_{i+j-2}]_{1 \leq i,j \leq 3}$ を計算せよ．

【解答】 $$\det[p_{i+j-2}]_{1 \leq i,j \leq 3} = \begin{vmatrix} p_0 & p_1 & p_2 \\ p_1 & p_2 & p_3 \\ p_2 & p_3 & p_4 \end{vmatrix} = \begin{vmatrix} 1 & 1 & 1 \\ a_1 & a_2 & a_3 \\ a_1^2 & a_2^2 & a_3^2 \end{vmatrix} \cdot \begin{vmatrix} 1 & a_1 & a_1^2 \\ 1 & a_2 & a_2^2 \\ 1 & a_3 & a_3^2 \end{vmatrix}$$

ここで，例題3.4の解答からわかるように，

$$\begin{vmatrix} 1 & 1 & 1 \\ a_1 & a_2 & a_3 \\ a_1^2 & a_2^2 & a_3^2 \end{vmatrix} = \begin{vmatrix} 1 & a_1 & a_1^2 \\ 1 & a_2 & a_2^2 \\ 1 & a_3 & a_3^2 \end{vmatrix} = (a_2 - a_1)(a_3 - a_1)(a_3 - a_2)$$

であるので，$\det[p_{i+j-2}]_{1 \leq i,j \leq 3} = (a_2 - a_1)^2(a_3 - a_1)^2(a_3 - a_2)^2$ となる． ■

例題 3.7

3次正方行列 X を以下で定義する．

$$X = \begin{bmatrix} x & y & z \\ z & x & y \\ y & z & x \end{bmatrix}$$

このとき，以下の問に答えよ．

(1) X の行列式 $|X|$ を，(3.5)を用いて計算せよ．

(2) 3次正方行列 P, Q, D を以下で定義する．

$$P = \begin{bmatrix} 0 & 1 & 0 \\ 0 & 0 & 1 \\ 1 & 0 & 0 \end{bmatrix}, \quad Q = \begin{bmatrix} 1 & 1 & 1 \\ 1 & \omega & \omega^2 \\ 1 & \omega^2 & \omega \end{bmatrix}, \quad D = \begin{bmatrix} 1 & 0 & 0 \\ 0 & \omega & 0 \\ 0 & 0 & \omega^2 \end{bmatrix}$$

ただし，ω を $\omega^3 = 1, \omega \neq 1$ を満たす複素数とする(1の3乗根)．このとき，$PQ = QD$ が成立することを示せ．

(3) $X = xE + yP + zP^2$ (E は単位行列)と表されることを用いて，次式が成り立つことを示せ．

$$x^3 + y^3 + z^3 - 3xyz = (x + y + z)(x + \omega y + \omega^2 z)(x + \omega^2 y + \omega z)$$

【解答】 (1) $|X| = x^3 + y^3 + z^3 - 3xyz$.

(2) 直接計算すればよい．

(3) (2)において，$|Q| = 3\omega(\omega - 1) \neq 0$ であるので，Q は逆行列をもつ．よって，両辺に左から Q^{-1} をかけると，$Q^{-1}PQ = D$ となるので，

$$\begin{aligned} Q^{-1}XQ &= xE + y(Q^{-1}PQ) + z(Q^{-1}PQ)^2 \\ &= xE + yD + zD^2 \\ &= \begin{bmatrix} x + y + z & 0 & 0 \\ 0 & x + y\omega + z\omega^2 & 0 \\ 0 & 0 & x + y\omega^2 + z\omega \end{bmatrix} \end{aligned}$$

となる．この両辺の行列式をとると，

$$\begin{aligned} |\,\text{左辺}\,| &= |Q^{-1}|\,|X|\,|Q| = |X|\,|Q|\,|Q^{-1}| = |XQQ^{-1}| \\ &= |X| = x^3 + y^3 + z^3 - 3xyz \end{aligned}$$

となる．一方，右辺は対角行列なので，その行列式は対角成分の積となる．

以上により，与式が成立することが示された． ■

参考 例題 3.7(1)の行列式は，より一般の場合には次のように計算できる(証明は省略)．

$$\begin{vmatrix} x_1 & x_2 & \cdots & x_n \\ x_n & x_1 & \cdots & x_{n-1} \\ \vdots & \vdots & \ddots & \vdots \\ x_2 & x_3 & \cdots & x_1 \end{vmatrix} = \prod_{j=0}^{n-1}(x_1+\zeta^j x_2+\zeta^{2j}x_3+\cdots+\zeta^{j(n-1)}x_n)$$

ただし，$\zeta=\cos(2\pi/n)+i\sin(2\pi/n)$ (i は虚数単位：$i^2=-1$) である(すなわち，ζ は 1 の原始 n 乗根)[1]．この形の行列式を，n 次の**巡回行列式**(じゅんかい)という． □

例題 3.8

n 次正方行列 A, B, C とするとき，次式が成立することを示せ．

$$\begin{vmatrix} A & C \\ O & B \end{vmatrix} = |A|\,|B|$$

ここで，左辺は A, B, C, E_n(n 次単位行列)を並べて作られる $2n$ 次の行列式である．

【解答】 $\begin{bmatrix} A & C \\ O & B \end{bmatrix} = \begin{bmatrix} E_n & O \\ O & B \end{bmatrix}\begin{bmatrix} A & C \\ O & E_n \end{bmatrix}$ という分解を用いると，

$$\begin{vmatrix} A & C \\ O & B \end{vmatrix} = \begin{vmatrix} E_n & O \\ O & B \end{vmatrix}\begin{vmatrix} A & C \\ O & E_n \end{vmatrix}$$

ここで，第 1 行に関する展開を繰り返し用いて，

$$\begin{vmatrix} E_n & O \\ O & B \end{vmatrix} = \begin{vmatrix} E_{n-1} & O \\ O & B \end{vmatrix} = \cdots = \begin{vmatrix} 1 & {}^t\mathbf{0} \\ \mathbf{0} & B \end{vmatrix} = |B|$$

同様にして，一番下の行に関する展開を繰り返し用いて，

$$\begin{vmatrix} A & C \\ O & E_n \end{vmatrix} = |A|$$

となり，与えられた式が示された． ■

---

1) ζ は「ゼータ」と読む．

3章の問題

□**1** $n \times n$ 行列

$$A = \begin{bmatrix} 1 & x & \cdots & \cdots & x \\ x & 1 & \ddots & & \vdots \\ \vdots & \ddots & 1 & \ddots & \vdots \\ \vdots & & \ddots & \ddots & x \\ x & \cdots & \cdots & x & 1 \end{bmatrix}$$

に対して，以下の問に答えよ．

(1) 行列 A の行列式 $\det(A)$ の値が 0 になるような実数 x をすべて求めよ．

(2) (1)で求めた x に対応する行列 A に対して，$\mathrm{rank}\,(A)$ を求めよ．

（山口大・院試(改題))

□**2** $(n+1)\times(n+1)$ 行列 $C = [c_{ij}]$ の要素が，数 a_j, b_j $(j = 1, 2, \cdots, n)$を用いて

$c_{ij} = 1$ $(i = 1)$，　$c_{ij} = a_{i-1}$ $(1 < i \leq j)$，　$c_{ij} = b_j$ $(i > j)$

で与えられるとき，C の行列式の値は

$(a_1 - b_1)(a_2 - b_2)\cdots(a_n - b_n)$

に等しいことを示せ．

（東京大・院試）

□**3** A, B, C, D を n 次の実正方行列とする．このとき，$CD = DC$ かつ $\det(D) \neq 0$ ならば，

$$\det \begin{bmatrix} A & B \\ C & D \end{bmatrix} = \det(AD - BC)$$

が成立することを証明せよ．

（立教大・院試 (改題))

4 線形空間

本章では「線形空間」とよばれる，よい性質をもった集合について学ぶ．一言で言うなら

「線形空間」＝「うまい座標」をとることができる集合

なのであるが，何をもって「うまい座標」と言っているかを理解してもらうために,「有向線分」という幾何学的な対象と列(行)ベクトルとの対応を通して，そもそも「座標」とは何だったかを確認する．そこから始めて，そのあとに，より抽象的な対象を扱う.「1 次独立」「1 次従属」などといった概念も現れ，線形代数全体を理解するうえで最難関と言えるところであるが，具体的な例を通してしっかり理解してもらいたい．

4 章で学ぶ概念・キーワード

- **線形空間（ベクトル空間），線形部分空間**
- ベクトルの **1 次独立性，1 次従属性**
- 線形空間の**基底，次元**
- **計量線形空間**，ベクトルの**内積**
- **直交補空間**
- **正規直交基底，グラム–シュミットの直交化法**
- 行列の **QR 分解**

4.1 幾何ベクトルと数ベクトルの対応

4.1.1 幾何ベクトル

平面上，または空間内において，点 A を始点，点 B を終点とする**有向線分**(向きのついた線分．もっと簡単に言えば,「矢印」)を $\overrightarrow{\mathrm{AB}}$ と表す．2 つの有向線分 $\overrightarrow{\mathrm{AB}}, \overrightarrow{\mathrm{CD}}$ において，**始点**(してん)，**終点**(しゅうてん)が違っていても，平行移動して重なる場合には

$$\overrightarrow{\mathrm{AB}} = \overrightarrow{\mathrm{CD}} \quad (= \vec{a} \text{ とおく})$$

と，同じとみなしたもの [1] を**幾何ベクトル**という．以下，本書では幾何ベクトルを $\vec{a}$ などの記号で表す．言いかえると，幾何ベクトルとはその始点の位置にはよらず，始点と終点の相対的な位置，すなわち有向線分の**向き**と**大きさ**によって定められる量である．

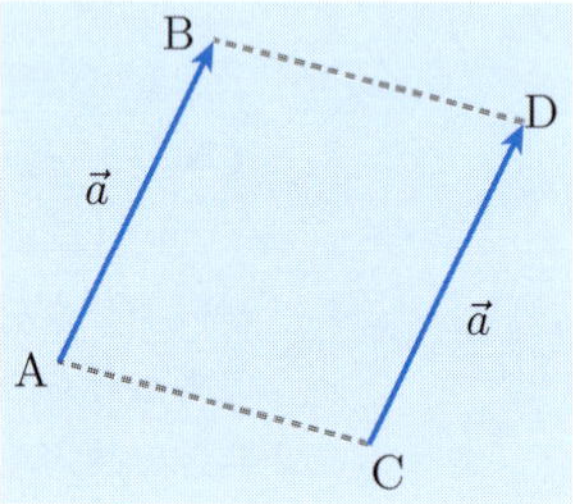

図 4.1 幾何ベクトル

ベクトル $\vec{a} = \overrightarrow{\mathrm{AB}}$ の大きさは線分 AB の長さであり，これを $\|\vec{a}\|$ で表す [2]．とくに，大きさ 1 のベクトルを**単位ベクトル**という．幾何ベクトル $\overrightarrow{\mathrm{AB}}$ で，始点 A と終点 B とが一致する場合では「矢印」は書けないが，その場合は大きさが 0 のベクトルと考え，これを**零ベクトル**といって $\vec{0}$ で表す．

このような幾何ベクトルに対して，次のようにして「和」「定数倍」および「内積」を定める．

幾何ベクトルの和

2 つの幾何ベクトル $\vec{a}, \vec{b}$ の和 $\vec{a}+\vec{b}$ は，一方のベクトル $\vec{a}$ の終点に，もう一方のベクトル $\vec{b}$ の始点を合わせることで，図 4.2 のように求められる．このとき，$\vec{a}+\vec{b} = \vec{b}+\vec{a}$ が成立することは図からも明らかであろう．

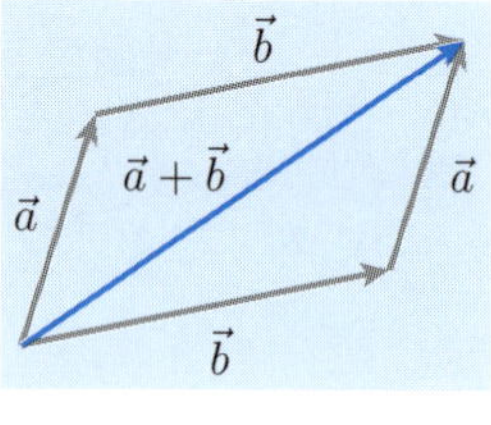

図 4.2 ベクトルの和

---

1) 数学の言葉では**同値類**という考え方．詳しい説明は，例えば[1]にある．

2) 行列式の記号 $|A|$ との区別のため，本書では記号 $\|\vec{a}\|$ を用いる．

幾何ベクトルの定数倍

幾何ベクトル $\vec{a}$ に対して，正の定数 k をかけた $k\vec{a}$ は，向きは $\vec{a}$ と同じで，大きさを k 倍したものとして定義する．k が負の場合は，逆の向きで大きさは $|k|$ 倍したものとして定義する(図 4.3)．

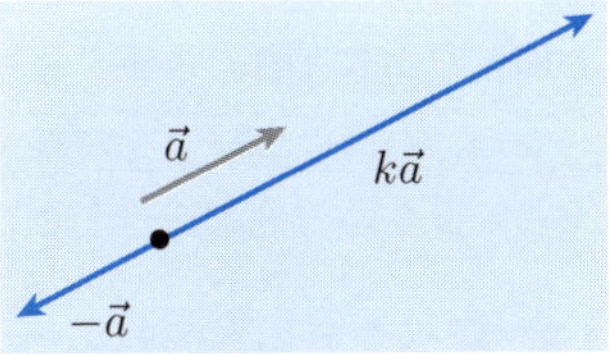

図 4.3　幾何ベクトルの定数倍

幾何ベクトルの内積

幾何ベクトルに対する演算として，次の**内積**が重要である．

$$\vec{a}\cdot\vec{b} = \|\vec{a}\|\,\|\vec{b}\|\cos\theta \tag{4.1}$$

($(\vec{a}\cdot\vec{b}) = \|\vec{a}\|\,\|\vec{b}\|\cos\theta$ と表すこともある．)
ただし，θ は $\vec{a}$ と $\vec{b}$ とがなす角($0 \le \theta \le \pi$)である(図 4.4)．

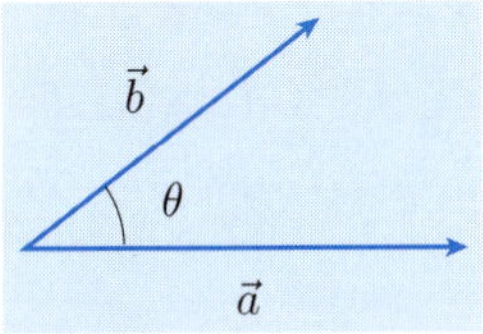

図 4.4　$\vec{a}$ と $\vec{b}$ のなす角 θ

とくに，同じベクトルどうしの内積の場合は，なす角 $\theta = 0$ なので，

$$\vec{a}\cdot\vec{a} = \|\vec{a}\|^2$$

となる．また，$\vec{a}$ と $\vec{b}$ とが直交している，すなわち $\theta = \pi/2$ である場合には $\vec{a}\cdot\vec{b} = 0$ となる．

高等学校で学ぶ余弦定理を用いて，内積の定義(4.1)を書きかえておこう．図 4.5 に余弦定理を用いると，

$$\|\vec{a}-\vec{b}\|^2 = \|\vec{a}\|^2 + \|\vec{b}\|^2 - 2\|\vec{a}\|\,\|\vec{b}\|\cos\theta$$

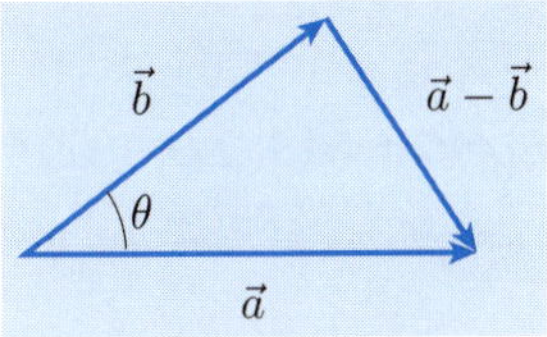

図 4.5　内積と余弦定理

となり，これを(4.1)に用いると，

$$\vec{a}\cdot\vec{b} = \frac{1}{2}\left(\|\vec{a}\|^2 + \|\vec{b}\|^2 - \|\vec{a}-\vec{b}\|^2\right) \tag{4.2}$$

という表示が得られる．

注意1　**内積**という演算は，物理学においてよく現れる．例えば力学における「仕事」という物理量は，

仕事 $=$ 物体に加えられた力の大きさ $\times$ 力の方向に沿った移動距離

と定義される．ここで物体に加えられた力を，その向きもこめて幾何ベクトル $\vec{f}$ で表し，物体の移動を $\vec{\ell}$ で表すと，

仕事 $W = \vec{f}\cdot\vec{\ell}$

と，内積を用いて表される．　□

注意2 高等学校で「ベクトル」を学んだ人は，以上の定義より「座標」で考えたほうが簡単であると感じるかもしれないが，本節ではあえて「座標成分」の言葉を使っていない．本節のここまでの概念は，すべて幾何学的な言葉で定義されていることに注意してほしい．「座標成分」との対応については，次節で考える． □

4.1.2 数ベクトルとの対応

記号 $\mathbb{R}, \mathbb{C}$ で，それぞれ実数全体の集合，複素数全体の集合を表す．$\mathbb{R}^n, \mathbb{C}^n$ で，それぞれ n 個の実数，n 個の複素数を並べたもの全体の集合を表し，その元を**数**(すう)**ベクトル**とよぶ．

$\mathbb{R}^n, \mathbb{C}^n$ は行ベクトル($1 \times n$ 行列)，または列ベクトル($n \times 1$ 行列)を用いて表される．本書では，列ベクトルを用いて $\mathbb{R}^n, \mathbb{C}^n$ の元 $\boldsymbol{x}$ を表すことにする．

$$\mathbb{R}^n \ (\text{または } \mathbb{C}^n) \ \ni \ \boldsymbol{x} = \begin{bmatrix} x_1 \\ \vdots \\ x_n \end{bmatrix}$$

高等学校での数学でも学ぶように，幾何ベクトルは数ベクトルと同一視することができる(平面の場合は $\mathbb{R}^2$，空間の場合は $\mathbb{R}^3$)．

平面の場合は，まず平面上に座標軸を設定する．図4.6において，$\vec{e}_1, \vec{e}_2$ は**単位ベクトル**(すなわち $\|\vec{e}_1\| = \|\vec{e}_2\| = 1$)であり，$\vec{a}$ は定数 a_1, a_2 を用いて，

$$\vec{a} = a_1\,\vec{e}_1 + a_2\,\vec{e}_2$$

と表される．このとき，a_1 を **$\boldsymbol{x}$ 成分**，a_2 を **$\boldsymbol{y}$ 成分**といい，$\vec{a}$ を次のように $\mathbb{R}^2$ の元に対応づける．

$$\varphi(\vec{a}) = \boldsymbol{a} = \begin{bmatrix} a_1 \\ a_2 \end{bmatrix} \in \mathbb{R}^2$$

この表し方を $\vec{a}$ の**成分表示**という[1]．

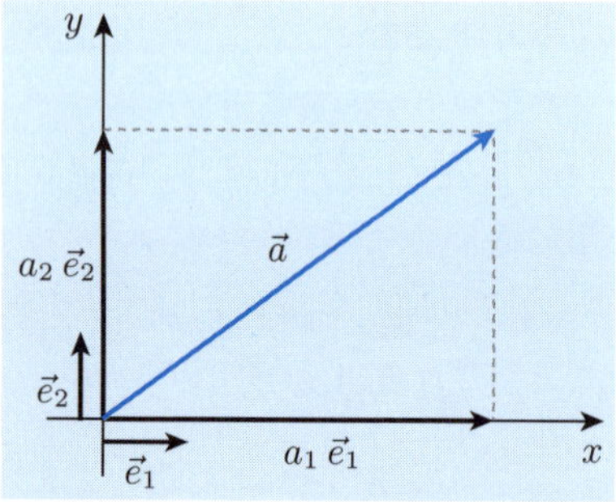

図4.6 平面ベクトルと座標成分

1) 本書では $\vec{a}$ で幾何ベクトルを表して $\boldsymbol{a}$ と区別しているが，この区別をしない場合も多い．本節での $\vec{a}$ と $\boldsymbol{a}$ とを対応づける考え方は，次節で**線形空間**という対象に一般化される．また，φ は「ファイ」と読み，この大文字は Φ である．

同様に，空間における幾何ベクトル $\vec{a}$ が $\mathbb{R}^3$ の元 $\boldsymbol{a}$ に対応することを，平面の場合と同じ φ を用いて以下のように表すことにする(図 4.7)．

$$\varphi(\vec{a}) = \boldsymbol{a} = \begin{bmatrix} a_1 \\ a_2 \\ a_3 \end{bmatrix} \in \mathbb{R}^3$$

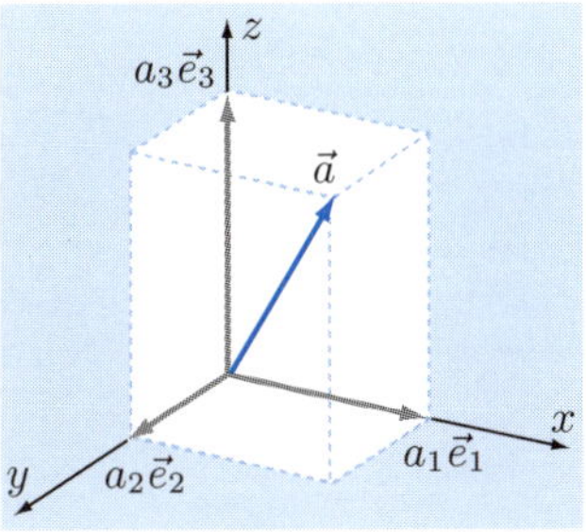

図 4.7　空間ベクトルと座標成分

このとき，ベクトルの長さ $\|\vec{a}\|$ は次のように表される(**三平方の定理**による)．

$$\|\vec{a}\| = \sqrt{a_1^2 + a_2^2 + a_3^2} \quad (= \|\boldsymbol{a}\| \text{ として } \|\boldsymbol{a}\| \text{ を定める}) \tag{4.3}$$

2 つの幾何ベクトル $\vec{a}, \vec{b}$ が与えられたとき，$\varphi(\vec{a}) = \boldsymbol{a}$, $\varphi(\vec{b}) = \boldsymbol{b}$ とすると，次が成立することは明らかであろう．

$$\varphi(\vec{a} + \vec{b}) = \boldsymbol{a} + \boldsymbol{b}, \quad \varphi(k\vec{a}) = k\boldsymbol{a} \quad (\text{ただし}, k \text{ は実数とする}) \tag{4.4}$$

第 1 式を模式的に表すと，以下のようになる．

$$\begin{array}{ccc} \vec{a} & \xrightarrow{\varphi} & \boldsymbol{a} \\ + & & + \\ \vec{b} & \xrightarrow{\varphi} & \boldsymbol{b} \\ \| & & \| \\ \vec{a}+\vec{b} & \xrightarrow{\varphi} & \boldsymbol{a}+\boldsymbol{b} \end{array}$$

ここで，左側の列における「+」は前項で定義した有向線分のたし算(作図によって実行する)であり，右側の列における「+」は数ベクトルのたし算(対応する成分をたす)であることに注意してもらいたい．対応 φ が性質(4.4)をもつおかげで，幾何学的な性質を数ベクトルの計算によって扱うことができるわけである．

次に，内積を成分を用いて扱ってみよう．前項の(4.2)に(4.3)を用いると，

$$\begin{aligned} (4.2)\text{の右辺} &= \frac{1}{2}\{a_1^2 + a_2^2 + a_3^2 + b_1^2 + b_2^2 + b_3^2 \\ &\qquad -(a_1 - b_1)^2 - (a_2 - b_2)^2 - (a_3 - b_3)^2\} \\ &= a_1b_1 + a_2b_2 + a_3b_3 \end{aligned} \tag{4.5}$$

が得られる．よって，列ベクトル(数を並べたもの)に対しては，

$$\boldsymbol{a} \cdot \boldsymbol{b} = a_1b_1 + a_2b_2 + a_3b_3 \tag{4.6}$$

とすればよいことがわかる．以下のように模式的にまとめると，下段の等号が成立するということである．

$$
\begin{array}{ccc}
\vec{a} & \xrightarrow{\varphi} & \boldsymbol{a} \\
\cdot & & \cdot \\
\vec{b} & \xrightarrow{\varphi} & \boldsymbol{b} \\
\| & & \| \\
\vec{a}\cdot\vec{b} & = & \boldsymbol{a}\cdot\boldsymbol{b}
\end{array}
$$

また，成分を用いてベクトルのなす角 θ（ただし，$0 \leq \theta \leq \pi$ とする）に対して $\cos\theta$ を求めることができる．(4.1)に(4.6)を用いて，

$$
\cos\theta = \frac{a_1b_1 + a_2b_2 + a_3b_3}{\sqrt{a_1^2 + a_2^2 + a_3^2}\sqrt{b_1^2 + b_2^2 + b_3^2}}
$$

と表される（平面の場合での対応する式は，$a_3 = b_3 = 0$ とおけば得られる）．

以上により，幾何ベクトルに対する「たし算」「定数倍」「内積」という3つの演算を，対応する数ベクトルでの演算に置きかえて（すなわち，座標成分の計算で）実行することができることがわかった．以下では幾何ベクトル $\vec{x}$ と，対応する数ベクトル $\boldsymbol{x}$ とを同一視することにして，記号 $\boldsymbol{x}$ を両方の意味で用いることにする．

この節の最後に，内積(4.6)の満たす性質を列挙しておこう．

内積の性質

(R1) $\boldsymbol{a}\cdot\boldsymbol{b} = \boldsymbol{b}\cdot\boldsymbol{a}$

(R2) $(\boldsymbol{a}+\boldsymbol{b})\cdot\boldsymbol{c} = \boldsymbol{a}\cdot\boldsymbol{c} + \boldsymbol{b}\cdot\boldsymbol{c}$

(R3) $(k\boldsymbol{a})\cdot\boldsymbol{b} = \boldsymbol{a}\cdot(k\boldsymbol{b}) = k(\boldsymbol{a}\cdot\boldsymbol{b})$

(R4) 任意の $\boldsymbol{a}$ に対して $\boldsymbol{a}\cdot\boldsymbol{a} \geq 0$ であり，等号が成立するのは $\boldsymbol{a} = \boldsymbol{0}$ のときのみ．

いまの場合の証明は，(4.6)を使って直接計算すればよい．これをもとに，4.5節で，より一般の線形空間での内積を考える．

コラム 工学の中の線形代数

まえがきでも述べたように，線形代数の考え方は理工学のいたるところに現れる．何らかの現象を数式を用いて扱おうとする場合，多かれ少なかれ線形代数を用いていると言っても過言ではない．本書の読者の専攻はさまざまであろうが，各分野においてどのように応用されるかについて，いくつかの例をあげてみよう．

構造解析と連立 1 次方程式

建築物，自動車などの設計において，力が加えられたときにどのように変形するかを計算機で調べることがある．その際には，**有限要素法**という手法を用いて，問題を連立 1 次方程式を解くことに帰着させる．現れる連立 1 次方程式は未知数の個数が非常に大きくなるので，それを扱うためのさまざまな手法が研究されている．

線形微分方程式，線形差分方程式によるモデル化

時間的に変化していく現象を数式によって扱う場合，線形微分方程式(7.6 節)，線形差分方程式(漸化式：7.5 節)を用いてモデル化を行う場合が多い．いくつか例をあげておこう．

- 機械系・電気系における振動の問題
- 電気回路における信号の伝播
- 経済学における動学モデル

線形システムの制御

電気系，機械系などにおいて，入出力の関係に線形性が成り立つ場合，その系を**線形システム**とよぶ．線形システムを制御しようとする場合，系を線形微分方程式，線形差分方程式でモデル化し，それをもとに，時間が十分経過したときの様子を調べる．

量子力学と固有値問題

半導体中の電子の性質は，**量子力学**という物理学の理論によって理解できる．量子力学によると，電子のもつエネルギーなどの物理量がどのような値になるかは，対応する線形写像の固有値を計算することによって求めることができる．

線形符号理論

例えば本書にも，“ISBN 978-4-86481-020-3” という番号がつけられているが，これは

$$9\times1+7\times3+8\times1+4\times3+8\times1+6\times3+4\times1+8\times3+1\times1+0\times3+2\times1+0\times3+3\times1$$

を 10 で割った余りが 0 になるように決められている．ここではこの 1 個の式しか用いていないが，連立方程式を用いると，この考え方を一般化することができる．そのような考え方を，**線形符号理論**とよぶ．

とりあえず 5 つほど例をあげたが，応用例はまだまだある．本書の読者の中から，さらに新しい応用を発見する人が現れることを期待している．

4.2 一般の線形空間

前節では，幾何ベクトル $\vec{a}$ と数ベクトル $\boldsymbol{a} = \begin{bmatrix} a_1 \\ a_2 \end{bmatrix}$ とを対応づけることを考えた．より一般に，ある集合を数ベクトルに対応づけることを考える場合，対応づけを与える φ が性質(4.4)をもてば，前節と同様に「座標」を考えることができる．

定義 4.1（線形空間（ベクトル空間））

集合 V において,「たし算」と「定数倍」（**スカラー倍**ともいう）という2つの演算が定められているとする．このとき，

- 任意の $u, v \in V$ に対して，$u+v \in V$（たした結果は，また V に入る）
- 任意の $v \in V$ および定数(**スカラー**ともいう) k に対して，$kv \in V$（定数倍した結果は，また V に入る）

という性質が成り立つならば，集合 V を**線形空間**あるいは**ベクトル空間**という．「定数倍(スカラー倍)」における「定数(スカラー)」の集合 K が何であるかを明記する場合は，$\boldsymbol{K}$ **上の線形空間** 1) という．

数ベクトルの集合 $\mathbb{R}^n$, $\mathbb{C}^n$ が，上の意味で線形空間であることは明らかであろう．これ以外の例を挙げよう．

例1 実数を係数とする多項式全体の集合 $\mathbb{R}[x]$（多項式の次数は何次でもよい)は，通常の多項式の加法，定数倍に対して線形空間となる． □

例2 実数を係数とする n 次以下の多項式全体の集合 $\mathbb{R}[x]_n$ は，通常の多項式の加法，定数倍に対して線形空間となる． □

例3 数列 $\{a_n\}_{n=1,2,\cdots}$ 全体の集合に対しては，

$$\begin{aligned} &\{a_n\}_{n=1,2,\cdots} + \{b_n\}_{n=1,2,\cdots} = \{a_n + b_n\}_{n=1,2,\cdots}, \\ &k\{a_n\}_{n=1,2,\cdots} = \{ka_n\}_{n=1,2,\cdots} \end{aligned} \tag{4.7}$$

として加法，定数倍を定義すれば線形空間となる． □

1) 本書では，$K = \mathbb{R}, \mathbb{C}$ である場合のみを扱う．それ以外の場合は，例えば情報工学の符号理論で用いられる．[13]の 3.4.4 項に簡単な解説がある．

例 2 で考えた集合は，例 1 の集合の部分集合になっていて，かつ線形空間になっている．このように，ある線形空間の部分集合が再び線形空間の構造をもつとき，その部分集合を**線形部分空間**あるいは単に**部分空間**とよぶ．

比較のため，線形空間の部分集合ではあるが，それ自体は線形空間でない例を挙げておこう．

線形空間でない例

数ベクトル空間 $\mathbb{R}^2$ の部分集合で，成分がすべて正であるものを X とする．

$$X = \left\{ \boldsymbol{x} = \begin{bmatrix} x_1 \\ x_2 \end{bmatrix} \middle| \, x_1, x_2 \in \mathbb{R} \text{ かつ } x_1, x_2 > 0 \right\}$$

このとき，$\boldsymbol{x}, \boldsymbol{y} \in X$ なら $\boldsymbol{x} + \boldsymbol{y} \in X$ となる．しかし $\boldsymbol{x} \in X$ に対して，例えば定数 -3 をかけると $-3\boldsymbol{x}$ は X の元ではない．

例題 4.1

数ベクトル空間 $\mathbb{R}^4$ に対して，以下で定義する部分集合 V_1, V_2 が線形部分空間であるかどうかを調べよ．ただし，数ベクトルの加法・定数倍は $\mathbb{R}^4$ と同じく，各成分ごとの加法・定数倍とする．

(1) $V_1 = \left\{ \begin{bmatrix} x \\ y \\ z \\ w \end{bmatrix} \in \mathbb{R}^4 \,\middle|\, \begin{array}{l} x + 2y + 3z + 4w = 0 \\ 3x + y + 2z + w = 0 \end{array} \right\}$

(2) $V_2 = \left\{ \begin{bmatrix} x \\ y \\ z \\ w \end{bmatrix} \in \mathbb{R}^4 \,\middle|\, \begin{array}{l} x + 2y + 3z + 4w = 2 \\ 3x + y + 2z + w = 3 \end{array} \right\}$

【解答】 (1) $\boldsymbol{x}_1 = \begin{bmatrix} x_1 \\ y_1 \\ z_1 \\ w_1 \end{bmatrix}, \boldsymbol{x}_2 = \begin{bmatrix} x_2 \\ y_2 \\ z_2 \\ w_2 \end{bmatrix}$ が集合 V_1 の元である，すなわち，

$$\begin{cases} x_1 + 2y_1 + 3z_1 + 4w_1 = 0 \\ 3x_1 + y_1 + 2z_1 + w_1 = 0 \end{cases} \qquad \begin{cases} x_2 + 2y_2 + 3z_2 + 4w_2 = 0 \\ 3x_2 + y_2 + 2z_2 + w_2 = 0 \end{cases}$$

が同時に成り立つとする．このとき，

$$\begin{cases}(x_1+x_2)+2(y_1+y_2)+3(z_1+z_2)+4(w_1+w_2)=0\\3(x_1+x_2)+(y_1+y_2)+2(z_1+z_2)+(w_1+w_2)=0\end{cases}$$

が成立するので，$\boldsymbol{x}_1+\boldsymbol{x}_2\in V_1$ である．同様にして $k\boldsymbol{x}\in V_1$ も示されるので，V_1 は線形部分空間である．

(2) $\boldsymbol{x}_1=\begin{bmatrix}x_1\\y_1\\z_1\\w_1\end{bmatrix}$, $\boldsymbol{x}_2=\begin{bmatrix}x_2\\y_2\\z_2\\w_2\end{bmatrix}$ が集合 V_2 の元である場合には，

$$\begin{cases}(x_1+x_2)+2(y_1+y_2)+3(z_1+z_2)+4(w_1+w_2)=4\\3(x_1+x_2)+(y_1+y_2)+2(z_1+z_2)+(w_1+w_2)=6\end{cases}$$

となってしまい，方程式の右辺の値が違ってくる．すなわち，$\boldsymbol{x}_1+\boldsymbol{x}_2\notin V_2$ であり，V_2 は線形部分空間ではない．■

例題 4.2

例3で考えた数列全体の集合において，以下の部分集合が線形空間であるかどうかを調べよ．ただし，加法・定数倍は(4.7)で定義する．

(1) 次の漸化式[1]を満たす数列 $\{a_n\}_{n=1,2,\cdots}$ 全体の集合 V_1

$$a_{n+2}=5a_{n+1}-6a_n \tag{4.8}$$

(2) 次の漸化式を満たす数列 $\{a_n\}_{n=1,2,\cdots}$ 全体の集合 V_2

$$a_{n+2}=5a_{n+1}-6a_n+1 \tag{4.9}$$

【解答】 (1) 2つの数列 $\{a_n\}_{n=1,2,\cdots}$, $\{b_n\}_{n=1,2,\cdots}$ が漸化式(4.8)を満たすとき，$\{c_n\}_{n=1,2,\cdots}=\{a_n+b_n\}_{n=1,2,\cdots}$ も(4.8)を満たすことは以下のようにしてわかる．

$$\begin{array}{rcccccc} & a_{n+2} & = & 5a_{n+1} & - & 6a_n \\ +) & b_{n+2} & = & 5b_{n+1} & - & 6b_n \\ \hline & c_{n+2} & = & 5c_{n+1} & - & 6c_n\end{array}$$

定数倍した数列 $\{ka_n\}_{n=1,2,\cdots}$ が漸化式を満たすことは明らかであろう．以上により，V_1 は線形空間であることが示された．

1) **差分方程式**とよぶときもある．

(2) 2 つの数列 $\{a_n\}_{n=1,2,\cdots}$, $\{b_n\}_{n=1,2,\cdots}$ が漸化式(4.9)を満たすとき，$\{c_n\}_{n=1,2,\cdots} = \{a_n + b_n\}_{n=1,2,\cdots}$ は違う形の漸化式を満たす．

$$
\begin{array}{rrcrcrl}
 & a_{n+2} & = & 5a_{n+1} & - & 6a_n & + 1 \\
+\ ) & b_{n+2} & = & 5b_{n+1} & - & 6b_n & + 1 \\
\hline
 & c_{n+2} & = & 5c_{n+1} & - & 6c_n & + 2
\end{array}
$$

すなわち，$\{c_n\}_{n=1,2,\cdots} = \{a_n + b_n\}_{n=1,2,\cdots}$ はいま考えている集合 V_2 の元ではない．以上により，V_2 は線形空間ではないことがわかる． ■

ある集合が線形空間である場合には，4.1.2 項のようにして数ベクトルと対応づけること，すなわち,「座標」を導入することができる．そのために，次節で**基底**という概念を導入しよう．

参考 細かいことを言うと，線形空間の定義においては，考える空間における「たし算」と「定数倍」がうまく定義されている必要がある．ここで,「うまく」と言っているのは，たし算と定数倍が以下に述べる法則を満たすことである．以下では，$u, v, w \in V$, $k, l \in K$ (定数)とする．

- **加法の法則**
  (1) $u + (v + w) = (u + v) + w$
  (結合法則：たし算を実行する順序を変えても結果は同じ)
  (2) $u + v = v + u$
  (交換法則：並べかえても結果は同じ)
- **零ベクトルおよび逆元の存在**
  (1) 特別な元 0 がただ 1 つ存在し，全ての v に対して $v + 0 = v$ となる．
  (2) 任意の v に対して，対応する u で $u + v = 0$ を満たすものがただ 1 つ存在する(この u を $-v$ と表し，v の**逆元**とよばれる)．
- **定数倍の法則**
  (1) $k(lv) = (kl)v$ (l 倍したあと，k 倍した結果は，kl 倍した結果と同じ)
  (2) $1v = v$ (定数 1 をかけても変わらない)
- **分配の法則**
  (1) $k(u + v) = ku + kv$ (「k 倍」を u, v に割り振ってよい)
  (2) $(k + l)v = kv + lv$ (k, l を個別にかけてからたしても結果は同じ)

これらの法則は，直観的には自明なものであろう．任意の集合に対して「たし算」「定数倍」を自分で定める際，上の 3 つの法則を満たしさえすれば,「数ベクトルに対応づける」という考え方を使えることが大切である． □

4.3 線形空間の基底

本節では**1次独立性**，**基底**などといった概念を導入して，一般の線形空間の元を数ベクトルと対応づける方法を説明する．話を具体的にするため，以下ではまず線形空間の例として，実数を係数とする文字 x に関して2次以下の多項式全体の集合 $\mathbb{R}[x]_2$ を考える(p.86の例2で $n=2$ としたもの)．このとき，多項式 ax^2+bx+c の $x^2, x, 1$ の係数 a, b, c を並べることで，$\mathbb{R}^3$ の元(実数を3つ並べたもの)に対応づける規則を，φ で表すことにする(図4.8)．

$$\varphi(ax^2+bx+c)=\begin{bmatrix} a \\ b \\ c \end{bmatrix} \tag{4.10}$$

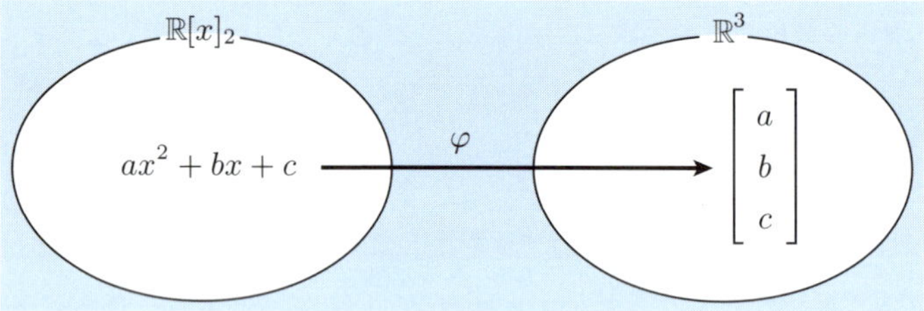

図4.8　多項式と数ベクトルの対応づけ

このように対応づけ φ を定めるとき，2つの2次以下の多項式 $f_1(x), f_2(x)$ に対して，

$$\varphi(f_1(x))=\boldsymbol{f}_1\in\mathbb{R}^3,\quad \varphi(f_2(x))=\boldsymbol{f}_2\in\mathbb{R}^3$$

とおくとき，k_1, k_2 を定数として

$$\varphi(k_1f_1(x)+k_2f_2(x))=k_1\boldsymbol{f}_1+k_2\boldsymbol{f}_2 \quad (\textbf{線形性}) \tag{4.11}$$

が成り立つのは明らかであろう．とくに，$k_1=k_2=1$ の場合を図で表すと次のようになる．

$$\begin{array}{ccccc} & f_1(x) & \xrightarrow{\varphi} & \boldsymbol{f}_1 & \\ & + & & + & \\ & f_2(x) & \xrightarrow{\varphi} & \boldsymbol{f}_2 & \\ & \parallel & & \parallel & \\ \mathbb{R}[x]_2\ni & f_1(x)+f_2(x) & \xrightarrow{\varphi} & \boldsymbol{f}_1+\boldsymbol{f}_2 & \in\mathbb{R}^3 \end{array}$$

一方，$\mathbb{R}[x]_2$ の任意の元 ax^2+bx+c は，

$$ax^2+bx+c=a(x-1)^2+(2a+b)(x-1)+(a+b+c)$$

と変形できる．このときの $(x-1)^2$, $x-1$, 1 の係数を並べて，

$$\varphi'(ax^2+bx+c)=\begin{bmatrix} a \\ 2a+b \\ a+b+c \end{bmatrix} \tag{4.12}$$

という対応づけを考えても

$$\varphi'(k_1f_1(x)+k_2f_2(x))=k_1\varphi'(f_1(x))+k_2\varphi'(f_2(x))$$

が成り立つ．すなわち，線形性(4.11)が成り立つような対応づけは1通りではないことがわかる．

さらに一般化して，3つの多項式 $f_j(x)$ $(j=1,2,3)$を用いて $\mathbb{R}^3$ と対応づけることを考える．すなわち，2次式 $ax^2+bx+c\in\mathbb{R}[x]_2$ が与えられたとき，

$$ax^2+bx+c=p\,f_1(x)+q\,f_2(x)+r\,f_3(x) \tag{4.13}$$

という形に変形できれば，$\mathbb{R}^3$ と対応づけることができるわけである．しかし，例えば

$$f_1(x)=x^2,\quad f_2(x)=x+1,\quad f_3(x)=x^2+x+1 \tag{4.14}$$

とすると，(4.13) の右辺は

$$p\,f_1(x)+q\,f_2(x)+r\,f_3(x)=(p+r)x^2+(q+r)x+(q+r)$$

となる．これを(4.13)の左辺と比較すると，条件 $b=c$ が成り立っている2次式でないと，(4.14)の $f_1(x)$, $f_2(x)$, $f_3(x)$ によって表すことはできないことがわかる．実は(4.14)の $f_1(x)$, $f_2(x)$, $f_3(x)$ の場合，

$$f_3(x)=f_1(x)+f_2(x) \tag{4.15}$$

という関係式が成り立つので，(4.13)の右辺において $f_3(x)$ は実質的な意味はない．この例からわかるように，(4.15)のような関係式が成り立つときには，$f_1(x)$, $f_2(x)$, $f_3(x)$ だけでは任意の2次式を表すことはできなくなる．

以上の考察を踏まえて，**1次従属**，**1次独立**という概念を次のようにして導入しておく．

定義 4.2(1次従属，1次独立)

線形空間 V の元の組 $\{\boldsymbol{v}_1, \boldsymbol{v}_2, \cdots, \boldsymbol{v}_n\}$ が与えられたとき，$k_1, k_2, \cdots, k_n$ を未知数とする方程式

$$k_1\boldsymbol{v}_1 + k_2\boldsymbol{v}_2 + \cdots + k_n\boldsymbol{v}_n = 0 \tag{4.16}$$

を考える．

- (4.16)を満たす $k_1, k_2, \cdots, k_n$ が $k_1 = k_2 = \cdots = k_n = 0$ (**自明な解**とよばれる) 以外にない場合，$\boldsymbol{v}_1, \boldsymbol{v}_2, \cdots, \boldsymbol{v}_n$ は **1次独立**(**線形独立**)であるという．
- (4.16)を満たす，少なくとも1つは0でない $k_1, k_2, \cdots, k_n$ が存在する場合，$\boldsymbol{v}_1, \boldsymbol{v}_2, \cdots, \boldsymbol{v}_n$ は **1次従属**(**線形従属**)であるという．

例題 4.3

次のように $f_1(x)$, $f_2(x)$, $f_3(x)$ を定めるとき，$f_1(x)$, $f_2(x)$, $f_3(x)$ が1次独立であるかどうかを調べよ．

(1) $f_1(x) = 3x - 1$, $f_2(x) = x^2 - x + 1$, $f_3(x) = 2x^2 + x + 1$

(2) $f_1(x) = 3x - 1$, $f_2(x) = x^2 - x + 1$, $f_3(x) = 2x^2 + x + 2$

【解答】 与えられた $f_1(x)$, $f_2(x)$, $f_3(x)$ に対して，

$$p\,f_1(x) + q\,f_2(x) + r\,f_3(x) = 0 \tag{4.17}$$

という方程式を満たす p, q, r が，すべて0以外にあるかどうかを調べればよい．

(1) (4.17) $\iff p(3x-1) + q(x^2 - x + 1) + r(2x^2 + x + 1) = 0$

$$\iff (q + 2r)x^2 + (3p - q + r)x + (-p + q + r) = 0$$

これが x についての恒等式となる条件は，x^2, x, 1 の係数がすべて0になることである．

$$\begin{cases} q + 2r = 0 \\ 3p - q + r = 0 \\ -p + q + r = 0 \end{cases} \tag{4.18}$$

この方程式は，例えば $p = 1$, $q = 2$, $r = -1$ という自明でない解をもつので，与えられた $f_1(x)$, $f_2(x)$, $f_3(x)$ は1次従属である．

(2) (1)と同様の計算により，この場合の解は $p = q = r = 0$ しかないことがわかる．よって，与えられた $f_1(x)$, $f_2(x)$, $f_3(x)$ は1次独立である． ■

今度は**次元**と**基底**という概念を導入する．

定義 4.3（線形空間の次元）

線形空間 V の要素 n 個を並べた集合 $\{\boldsymbol{v}_j\}_{j=1,\cdots,n}$ が次の条件を満たすとする．

(1) $\boldsymbol{v}_1, \cdots, \boldsymbol{v}_n$ は 1 次独立．

(2) V の任意の元 $\boldsymbol{u}$ に対し，これをつけたした $\boldsymbol{v}_1, \cdots, \boldsymbol{v}_n, \boldsymbol{u}$ は 1 次従属（n 個より多くの 1 次独立なベクトルの組は存在しないということ）．

このときの自然数 n を線形空間の**次元**(dimension)といい，$\dim V$ で表す．個数が有限のとき，V は**有限次元**であるといい，そうでないときは，V は**無限次元**であるという（以下，本書では有限次元の場合のみを扱う．無限次元の線形空間[1] の取り扱いについては，[10]に解説がある）．

定義 4.4（線形空間の基底）

V を有限次元線形空間として，その次元を $n\,(=\dim V)$ とする．このとき，V の n 個の元の集合 $\{\boldsymbol{v}_i\}_{i=1,\cdots,n}$ が V の**基底**(basis)であるとは，$\{\boldsymbol{v}_i\}_{i=1,\cdots,n}$ が次の 2 つの条件を満たすことである．

(1) $\{\boldsymbol{v}_i\}_{i=1,\cdots,n}$ は 1 次独立である．

(2) V は $\{\boldsymbol{v}_i\}_{i=1,\cdots,n}$ で生成される．すなわち，V の任意の元 $\boldsymbol{x}$ に対して適当な数の組 $\{x_i\}_{i=1,\cdots,n}$ が存在し，

$$\boldsymbol{x} = x_1\boldsymbol{v}_1 + x_2\boldsymbol{v}_2 + \cdots + x_n\boldsymbol{v}_n \tag{4.19}$$

の形に表される（この形を**線形結合**あるいは**1 次結合**という）．

このとき，(4.19) の $x_1, \cdots, x_n$ を用いれば，数ベクトル $\begin{bmatrix} x_1 \\ \vdots \\ x_n \end{bmatrix}$ と対応づけることができる（図 4.9）．

このように，基底を 1 つ定めるごとに，線形空間 V の元を数ベクトルとして表すやり方が 1 つ決まる．また，基底の選び方を変えれば，対応する数ベクトルは違ってくる．この意味で，1 組の基底を定めることは，線形空間に「座標」を導入することに他ならない．

1) 電子などのミクロの世界の法則である「量子力学」を学ぶ場合などには，無限次元の線形空間が現れる．また，「フーリエ変換」の背後にも，無限次元の線形空間がある．

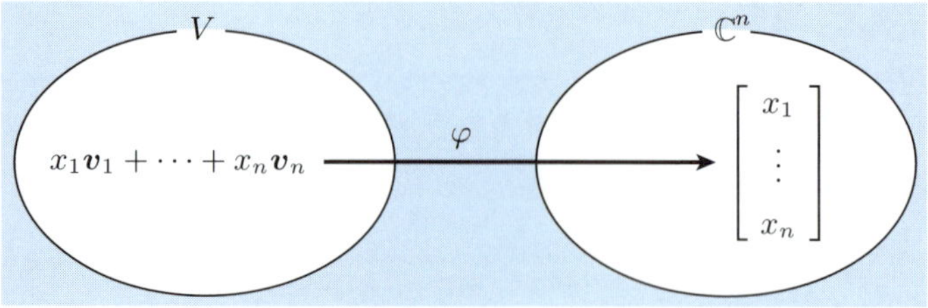

図 4.9　一般の線形空間と数ベクトルとの対応

与えられたベクトルの張る線形空間

ここまでは，まず V が与えられて，その中で基底 $\boldsymbol{v}_1, \cdots, \boldsymbol{v}_n$ を作っていくという形で説明したが，逆に $\boldsymbol{v}_1, \cdots, \boldsymbol{v}_n$ が先に与えられたと思って，それらの線形結合全体の集合

$$V = \{x_1\boldsymbol{v}_1 + x_2\boldsymbol{v}_2 + \cdots + x_n\boldsymbol{v}_n\}$$

を考えると，この集合は(4.2 節冒頭の意味で)ベクトル空間となる．このとき V を「$\boldsymbol{v}_1, \cdots, \boldsymbol{v}_n$ の**張る**空間」とよぶ．さらに，これらのうちの一部，例えば $n > 2$ としたときに $\boldsymbol{v}_1$, $\boldsymbol{v}_2$ をもってきて，これらが張る線形空間(この例では 2 次元)を考えると，上の V(n 次元)の部分線形空間となっている．この意味で，「$\boldsymbol{v}_1$, $\boldsymbol{v}_2$ の張る部分空間」という場合もある．

例題 4.4

例題 4.1(1)の線形空間 V_1 に対して基底を 1 組求め，V_1 の次元を求めよ．

【解答】　線形空間を定めている連立方程式を，掃き出し法で整理する．2.1.3 項の記法を用いて，例えば

$$\mathrm{II}(2 \leftarrow 1; -3), \quad \mathrm{I}(2; -1/5), \quad \mathrm{II}(1 \leftarrow 2; -2)$$

とすると，

$$\left[\begin{array}{cccc:c} 1 & 2 & 3 & 4 & 0 \\ 3 & 1 & 2 & 1 & 0 \end{array}\right] \longrightarrow \left[\begin{array}{cccc:c} 1 & 0 & 1/5 & -2/5 & 0 \\ 0 & 1 & 7/5 & 11/5 & 0 \end{array}\right]$$

と整理できる．よって，この連立方程式の一般解は

$$x = s - 2t, \quad y = 7s + 11t, \quad z = -5s, \quad w = -5t \quad (s, t \text{ は任意定数})$$

という形で与えられる．これを列ベクトルの形に整理すると，

$$\begin{bmatrix} x \\ y \\ z \\ w \end{bmatrix} = s\begin{bmatrix} 1 \\ 7 \\ -5 \\ 0 \end{bmatrix} + t\begin{bmatrix} -2 \\ 11 \\ 0 \\ -5 \end{bmatrix}$$

となる．

$$\boldsymbol{v}_1 = \begin{bmatrix} 1 \\ 7 \\ -5 \\ 0 \end{bmatrix}, \quad \boldsymbol{v}_2 = \begin{bmatrix} -2 \\ 11 \\ 0 \\ -5 \end{bmatrix}$$

とおくとき，$\boldsymbol{v}_1, \boldsymbol{v}_2$ が 1 次独立であることは明らかであるので，$\boldsymbol{v}_1, \boldsymbol{v}_2$ は V の基底をなす．よって，$\dim V = 2$ である．■

参考　以上により，例題 4.1(1) の V_1 は，上の $\boldsymbol{v}_1, \boldsymbol{v}_2$ の張る線形空間であることがわかる．基底のとり方はもちろん 1 通りではなく，例えば $\boldsymbol{u}_1 = \boldsymbol{v}_1 + \boldsymbol{v}_2$, $\boldsymbol{u}_2 = \boldsymbol{v}_1 - \boldsymbol{v}_2$ という $\boldsymbol{u}_1, \boldsymbol{u}_2$ でもよい．□

本節で学んだ「基底」という考え方を言葉でまとめておこう．

基底

ある線形空間 V の任意の元を

$$\boldsymbol{x} = x_1\boldsymbol{v}_1 + \cdots + x_n\boldsymbol{v}_n \quad (n = \dim V)$$

という形(「線形結合」)に表すために必要，かつ十分な個数のベクトルの組．

また，次のようにいうこともできる．

基底

抽象的な「線形空間」を数ベクトル空間の言葉(すなわち「座標」)で書き表すための道具．

4.4 1次独立性と行列式

前節では，**1次独立性**の概念を(4.16)によって導入した．数ベクトルのなす線形空間 $\mathbb{R}^n$, $\mathbb{C}^n$ において，その次元分の個数，すなわち n 個のベクトル $\boldsymbol{a}_1, \cdots, \boldsymbol{a}_n$ が与えられたとき，その1次独立性を**行列式**の計算によって判定できる．

例題 4.5

n 次正方行列 $A = [a_{ij}]_{1 \leq i,j \leq n}$ に対して，その第 j 列目の列ベクトルを $\boldsymbol{a}_j$ とおく．このとき，$\det(A) \neq 0$ であるなら，n 個のベクトル $\boldsymbol{a}_1, \cdots, \boldsymbol{a}_n$ は1次独立であることを示せ．

【解答】 次の方程式を考える．

$$k_1\boldsymbol{a}_1 + k_2\boldsymbol{a}_2 + \cdots + k_n\boldsymbol{a}_n = \boldsymbol{0}$$

$$\iff \begin{bmatrix} a_{11} & \cdots & a_{1n} \\ \vdots & \ddots & \vdots \\ a_{n1} & \cdots & a_{nn} \end{bmatrix} \begin{bmatrix} k_1 \\ \vdots \\ k_n \end{bmatrix} = \begin{bmatrix} 0 \\ \vdots \\ 0 \end{bmatrix} \tag{4.20}$$

$\det(A) \neq 0$ であれば A^{-1} が存在するので，それを(4.20)に左からかけると，自明な解 $k_1 = k_2 = \cdots = 0$ しか存在しないことがわかる． ■

参考 本問では，$\det(A) \neq 0$ であるとき $\boldsymbol{a}_1, \cdots, \boldsymbol{a}_n$ は1次独立であるという命題を示したが，実はこの逆も正しい．すなわち，

$$\det(A) \neq 0 \quad \iff \quad \boldsymbol{a}_1, \cdots, \boldsymbol{a}_n \text{は1次独立}$$

であることが証明できる． □

例題 4.6

a, b, c, d を相異なる実数とする．

(1) $\begin{vmatrix} 1 & 1 & 1 & 1 \\ a & b & c & d \\ a^2 & b^2 & c^2 & d^2 \\ a^3 & b^3 & c^3 & d^3 \end{vmatrix} \neq 0$ を示せ．

(2) $-\infty < x < \infty$ で定義された実数値関数全体の作るベクトル空間において，関数の組 $e^{ax}, e^{bx}, e^{cx}, e^{dx}$ は1次独立であることを示せ．

（金沢大・院試）

【解答】（1）例題 3.4 により，

$$\text{与えられた行列式} = (a-b)(a-c)(a-d)(b-c)(b-d)(c-d)$$

である．a, b, c, d は相異なる実数であるので，この値は 0 でない．

（2）k_1, k_2, k_3, k_4 を未知数とする方程式

$$k_1 e^{ax} + k_2 e^{bx} + k_3 e^{cx} + k_4 e^{dx} = 0 \tag{4.21}$$

を考える．この方程式を n 回微分してから $x = 0$ とおくと，

$$a^n k_1 + b^n k_2 + c^n k_3 + d^n k_4 = 0$$

が得られる．$n = 0, 1, 2, 3$ の場合をまとめて，

$$\begin{bmatrix} 1 & 1 & 1 & 1 \\ a & b & c & d \\ a^2 & b^2 & c^2 & d^2 \\ a^3 & b^3 & c^3 & d^3 \end{bmatrix} \begin{bmatrix} k_1 \\ k_2 \\ k_3 \\ k_4 \end{bmatrix} = \begin{bmatrix} 0 \\ 0 \\ 0 \\ 0 \end{bmatrix}$$

とすると，(1) より，係数行列は逆行列をもつので，それを左からかけると，

$$k_1 = k_2 = k_3 = k_4 = 0$$

が得られる．よって，方程式(4.21)は自明な解しかもたず，$e^{ax}, e^{bx}, e^{cx}, e^{dx}$ の 1 次独立性が示された．■

参考　関数の組 $f_1(x), f_2(x), \cdots, f_n(x)$ の 1 次独立性を判定する際には，本問のように，行列式

$$\begin{vmatrix} f_1 & f_2 & \cdots & f_n \\ f_1' & f_2' & \cdots & f_n' \\ \vdots & \vdots & \ddots & \vdots \\ f_1^{(n-1)} & f_2^{(n-1)} & \cdots & f_n^{(n-1)} \end{vmatrix}$$

($f^{(n-1)}(x)$ は第 $(n-1)$ 階導関数を表す) を調べることになる．この行列式を**ロンスキー行列式**(Wronskian)という．□

4.5 計量線形空間

4.1節では，幾何ベクトル，および数ベクトル $\mathbb{R}^3$ に対する内積を考えた．本節では，一般の線形空間(例えば，多項式全体のなす線形空間)に対しての「内積」を考えよう．

まず $\mathbb{R}^n$ に対する内積としては，(4.6)の拡張として，次のように定めるのが自然であろう．

$$\boldsymbol{a} = \begin{bmatrix} a_1 \\ a_2 \\ \vdots \\ a_n \end{bmatrix}, \quad \boldsymbol{b} = \begin{bmatrix} b_1 \\ b_2 \\ \vdots \\ b_n \end{bmatrix} \in \mathbb{R}^n$$

$$\boldsymbol{a} \cdot \boldsymbol{b} = a_1 b_1 + a_2 b_2 + \cdots + a_n b_n \tag{4.22}$$

この場合も，4.1.2項の最後にまとめた内積の性質(R1)〜(R4)がそのまま成立する．しかし，$a_i, b_i\ (i = 1, 2, \cdots, n)$ として複素数も許す場合には，条件(R4)が成立しない(例えば $a_1 = 1$, $a_2 = i$, $b_1 = 1$, $b_2 = 2i$ とすると，$a_1 b_1 + a_2 b_2 = -1$ となってしまう)．

そこで定義を変更して，$\mathbb{C}^n$ に対しては

$$\boldsymbol{a} = \begin{bmatrix} a_1 \\ a_2 \\ \vdots \\ a_n \end{bmatrix}, \quad \boldsymbol{b} = \begin{bmatrix} b_1 \\ b_2 \\ \vdots \\ b_n \end{bmatrix} \in \mathbb{C}^n$$

$$\boldsymbol{a} \cdot \boldsymbol{b} = a_1 \overline{b_1} + a_2 \overline{b_2} + \cdots + a_n \overline{b_n} \tag{4.23}$$

として内積を定めると，以下の性質が成り立つ．

$\mathbb{C}^n$ に対する内積(4.23)の性質

(C1) $\boldsymbol{a} \cdot \boldsymbol{b} = \overline{\boldsymbol{b} \cdot \boldsymbol{a}}$

(C2) $(\boldsymbol{a} + \boldsymbol{b}) \cdot \boldsymbol{c} = \boldsymbol{a} \cdot \boldsymbol{c} + \boldsymbol{b} \cdot \boldsymbol{c}$

(C3) $(k\boldsymbol{a}) \cdot \boldsymbol{b} = k(\boldsymbol{a} \cdot \boldsymbol{b})$, $\boldsymbol{a} \cdot (k\boldsymbol{b}) = \overline{k}(\boldsymbol{a} \cdot \boldsymbol{b})$

(C4) 任意の $\boldsymbol{a}$ に対して $\boldsymbol{a} \cdot \boldsymbol{a} \geq 0$ であり，等号が成立するのは $\boldsymbol{a} = \boldsymbol{0}$ のときのみ

より一般の線形空間 V においても，V の任意の 2 元 $\boldsymbol{a}$, $\boldsymbol{b}$ に対して複素数 $\boldsymbol{a}\cdot\boldsymbol{b}$ を対応させる規則が(C1)～(C4)を満たすとき,「**V の内積**」とよび，V を**計量線形空間**という．とくに，スカラーが複素数であるときは**複素計量線形空間**，実数であるときは**実計量線形空間**という．実計量線形空間の場合，複素共役をとっても変わらないので，(C1)～(C4)は(R1)～(R4)に一致する．

例 1　**実数を係数とする n 次以下の多項式全体の集合** $\mathbb{R}[x]_n$

$f, g \in \mathbb{R}[x]_n$ に対して，内積 (f,g) を

$$(f,g) = \int_a^b f(x)g(x)\,dx \quad (a,\ b \text{ は適当な定数})$$

と定めると，(R1)～(R4)を満たす．□

注意　関数 $f(x)$, $g(x)$ に対する内積は，$f\cdot g$ でなく (f,g) と表すことが多いので，ここではこちらの記号を用いる．□

例 2　**複素数を係数とする n 次以下の多項式全体の集合** $\mathbb{C}[x]_n$

$f, g \in \mathbb{C}[x]_n$ に対しては，内積 (f,g) を

$$(f,g) = \int_a^b f(x)\overline{g(x)}\,dx \quad (a, b \text{ は適当な実定数})$$

と定めると，(C1)～(C4)を満たす．□

(R4)と(C4)のどちらの場合でも $\boldsymbol{a}\cdot\boldsymbol{a}$ は負でない実数となるので，その平方根を考えることができる．そこで，ベクトル空間 V の元 $\boldsymbol{a}$ に対して，

$$\|\boldsymbol{a}\| = \sqrt{\boldsymbol{a}\cdot\boldsymbol{a}} \tag{4.24}$$

によって「長さ」を定める．

さらに，2 つのベクトル $\boldsymbol{a}$, $\boldsymbol{b}$ $(\in \mathbb{C}^n)$ のなす角 θ を考えるために，次の定理を準備しておく．

定理 4.1（シュワルツ(Schwarz)の不等式）

線形空間 V の任意の 2 元 $\boldsymbol{a}$, $\boldsymbol{b}$ に対し，内積 $\boldsymbol{a}\cdot\boldsymbol{b}$ が定められているとき，次が成り立つ．

$$|\boldsymbol{a}\cdot\boldsymbol{b}|^2 \leq \|\boldsymbol{a}\|^2\|\boldsymbol{b}\|^2 \tag{4.25}$$

(左辺は複素数 $\boldsymbol{a}\cdot\boldsymbol{b}$ の絶対値の二乗を意味する.)

[証明]　ここでは複素係数のときを考える．実係数でもまったく同様に証明できる．

$\boldsymbol{a}=\boldsymbol{0}$ のときに(4.25)が成立することは明らかなので，以下では $\boldsymbol{a}\neq\boldsymbol{0}$ の場合を考える．

線形空間 V の2元 $\boldsymbol{a},\boldsymbol{b}$ に対し $\boldsymbol{c}=t\boldsymbol{a}+\boldsymbol{b}$ (t は定数) とおき，条件 $\boldsymbol{a}\cdot\boldsymbol{c}=0$ が成り立つように定数 t を定めると，

$$\bar{t}=-\frac{\boldsymbol{a}\cdot\boldsymbol{b}}{\boldsymbol{a}\cdot\boldsymbol{a}}$$

となる[1)]．この t に対して，

$$\begin{aligned}\|\boldsymbol{b}\|^2&=\|\boldsymbol{c}-t\boldsymbol{a}\|^2\\&=(\boldsymbol{c}-t\boldsymbol{a})\cdot(\boldsymbol{c}-t\boldsymbol{a})\\&=\boldsymbol{c}\cdot\boldsymbol{c}+|t|^2\boldsymbol{a}\cdot\boldsymbol{a}\\&\geq|t|^2\boldsymbol{a}\cdot\boldsymbol{a}\quad((\text{C4})\text{より }\boldsymbol{c}\cdot\boldsymbol{c}\geq 0)\end{aligned}$$

ここに先ほど求めた t を代入して，整理すれば(4.25)が得られる． ■

実計量線形空間においては内積 $\boldsymbol{a}\cdot\boldsymbol{b}$ は実数であり，不等式(4.25)より，$\|\boldsymbol{a}\|,\|\boldsymbol{b}\|\neq 0$ のときは

$$-1\leq\frac{\boldsymbol{a}\cdot\boldsymbol{b}}{\|\boldsymbol{a}\|\,\|\boldsymbol{b}\|}\leq 1$$

となる．よって，

$$\cos\theta=\frac{\boldsymbol{a}\cdot\boldsymbol{b}}{\|\boldsymbol{a}\|\,\|\boldsymbol{b}\|}\quad(0\leq\theta\leq\pi)\tag{4.26}$$

となる θ が定められるので，この(4.26)によって2つのベクトル $\boldsymbol{a},\boldsymbol{b}$ のなす角 θ を定めることにする．とくに，$\boldsymbol{a}\cdot\boldsymbol{b}=0$ であるとき，**$\boldsymbol{a}$ と $\boldsymbol{b}$ は直交する**という．

以下では，計量線形空間に対するいくつかの重要な概念(正規直交基底，直交補空間) を導入しておこう．

正規直交基底

通常の2次元平面，3次元空間に座標を導入する場合には，各座標軸が直交するようにとることが普通である．より一般の線形空間 V に対しても，内積が定められている場合には，その内積の意味で「直交」するような座標系をとっておくと，さまざまな計算をするうえで都合がいい．そこで，次のような性質

1) ここでの $\boldsymbol{c}$ を求める計算法は，**グラム–シュミット**(Gram-Schmidt)**の直交化法**とよばれる．詳しくは，次節で説明する．

をもった基底を考えることにする．

定義 4.5（正規直交基底）

n 次元計量線形空間（内積の入った線形空間）V の基底 $\{\boldsymbol{e}_1, \cdots, \boldsymbol{e}_n\}$ が次の性質を満たすとき，**正規直交基底**という．

$$\boldsymbol{e}_i \cdot \boldsymbol{e}_j = \begin{cases} 1 & (i = j) \\ 0 & (i \neq j) \end{cases} \tag{4.27}$$

幾何的に言いかえると，

- 異なる i, j に対して，$\boldsymbol{e}_i$ と $\boldsymbol{e}_j$ は直交する
- すべての i に対して，$\boldsymbol{e}_i$ の長さは 1 である

という 2 条件になる．

例題 4.7

実数を係数とする 2 次以下の多項式のなす線形空間 $\mathbb{R}[x]_2$ に対して，内積 (f, g) を

$$(f, g) = \int_0^1 f(x)g(x)\,dx$$

で定める．このとき

$$f_0(x) = 1, \quad f_1(x) = a_0 + a_1 x, \quad f_2(x) = b_0 + b_1 x + b_2 x^2$$

が正規直交基底となるように，定数 a_0, a_1, b_0, b_1, b_2 を定めよ．ただし，$a_0, b_0 > 0$ とする．

【解答】　$(f_0, f_0) = 1$ は成立している．次に，$f_1(x)$ に対しては，

$$(f_0, f_1) = 0 \iff a_0 + \frac{1}{2}a_1 = 0,$$

$$(f_1, f_1) = 1 \iff a_0^2 + a_0 a_1 + \frac{1}{3}a_1^2 = 1$$

より，$a_0 = \sqrt{3}, a_1 = -2\sqrt{3}$ が得られる．同様にして，$(f_0, f_2) = (f_1, f_2) = 0$, $(f_2, f_2) = 0$ より b_0, b_1, b_2 が定められる．

（答）$a_0 = \sqrt{3}$, $a_1 = -2\sqrt{3}$, $b_0 = \sqrt{5}$, $b_1 = -6\sqrt{5}$, $b_2 = 6\sqrt{5}$ ■

注意　4.1.2 項では，$\vec{a} \cdot \vec{b} = \boldsymbol{a} \cdot \boldsymbol{b}$（左辺は幾何ベクトルの内積(4.1)，右辺は数ベクトルの内積(4.6)）が成り立つように，$\mathbb{R}^3$ の内積(4.6)を定めた．しかし，一般の線形空間に対する内積では，必ずしも $\mathbb{R}^n$, $\mathbb{C}^n$ の内積にそのままうつされるわけではない．□

直交補空間

計量線形空間 V において，1つの部分線形空間 W を考える．このとき，W のすべてのベクトルに直交する V のベクトル全体の集合は，また V の部分線形空間となる．これを，W の**直交補空間**といい，$W^{\perp}$ で表す．

$$W^{\perp} = \left\{ \boldsymbol{y} \in V \;\middle|\; \boldsymbol{y} \cdot \boldsymbol{x} = 0 \;\; (\boldsymbol{x} \in W) \right\}$$

例題 4.8

$\boldsymbol{a} = \begin{bmatrix} 3 \\ -1 \\ -1 \\ -1 \end{bmatrix}, \boldsymbol{b} = \begin{bmatrix} -1 \\ 3 \\ -1 \\ -1 \end{bmatrix}$ を $\mathbb{R}^4$ のベクトルとする．W を $\boldsymbol{a}, \boldsymbol{b}$ で張られる $\mathbb{R}^4$ の部分空間とする．このとき，$\mathbb{R}^4$ の内積 $(\boldsymbol{x}, \boldsymbol{y}) = x_1y_1 + x_2y_2 + x_3y_3 + x_4y_4$ に関する W の直交補空間 $W^{\perp}$ の正規直交基底を求めよ．ただし，$\boldsymbol{x}, \boldsymbol{y}$ の第 i 成分をそれぞれ x_i, y_i とする．（九州大・院試(改題)）

【解答】 いまの場合は，

$$W^{\perp} = \left\{ \boldsymbol{x} \in V \;\middle|\; (\boldsymbol{x}, \boldsymbol{a}) = (\boldsymbol{x}, \boldsymbol{b}) = 0 \right\}$$

である．

$$\begin{cases} (\boldsymbol{x}, \boldsymbol{a}) = 0 \\ (\boldsymbol{x}, \boldsymbol{b}) = 0 \end{cases} \iff \begin{cases} 3x_1 - x_2 - x_3 - x_4 = 0 \\ x_1 - 3x_2 + x_3 + x_4 = 0 \end{cases} \tag{4.28}$$

これを拡大係数行列で表して，行基本変形により整理する．ただし，拡大係数行列を作る際に，第1式と第2式とを上下入れかえておく．

$$\left[\begin{array}{cccc:c} 1 & -3 & 1 & 1 & 0 \\ 3 & -1 & -1 & -1 & 0 \end{array}\right] \to \left[\begin{array}{cccc:c} 1 & -3 & 1 & 1 & 0 \\ 0 & 8 & -4 & -4 & 0 \end{array}\right]$$

$$\to \left[\begin{array}{cccc:c} 1 & -3 & 1 & 1 & 0 \\ 0 & 1 & -1/2 & -1/2 & 0 \end{array}\right] \to \left[\begin{array}{cccc:c} 1 & 0 & -1/2 & -1/2 & 0 \\ 0 & 1 & -1/2 & -1/2 & 0 \end{array}\right]$$

よって，$x_1 = (x_3 + x_4)/2$，$x_2 = (x_3 + x_4)/2$ となるので，(4.28)の解 $\boldsymbol{x}$ は次の形にまとめられる．

$$\boldsymbol{x} = \begin{bmatrix} (x_3+x_4)/2 \\ (x_3+x_4)/2 \\ x_3 \\ x_4 \end{bmatrix} = \frac{x_3}{2}\begin{bmatrix} 1 \\ 1 \\ 2 \\ 0 \end{bmatrix} + \frac{x_4}{2}\begin{bmatrix} 1 \\ 1 \\ 0 \\ 2 \end{bmatrix}$$

求める正規直交基底を $\{\boldsymbol{u}_1, \boldsymbol{u}_2\}$ とすると，$\boldsymbol{u}_1$ は上の形のベクトルで長さが 1 のものなら自由に選んでよい．そこで，$x_4 = 0$ となるように $\boldsymbol{u}_1$ を選んで，

$$\boldsymbol{u}_1 = \frac{1}{\sqrt{6}}\begin{bmatrix} 1 \\ 1 \\ 2 \\ 0 \end{bmatrix}, \quad \boldsymbol{u}_2 = \begin{bmatrix} s+t \\ s+t \\ 2s \\ 2t \end{bmatrix} \tag{4.29}$$

とおく．あとは $(\boldsymbol{u}_1, \boldsymbol{u}_2) = 0$, $(\boldsymbol{u}_2, \boldsymbol{u}_2) = 1$ となるように定数 s, t を定めて，

$$s = -\frac{1}{4\sqrt{3}}, \qquad t = \frac{\sqrt{3}}{4}$$

が得られる．

（答）$\boldsymbol{u}_1 = \dfrac{1}{\sqrt{6}}\begin{bmatrix} 1 \\ 1 \\ 2 \\ 0 \end{bmatrix}, \quad \boldsymbol{u}_2 = \dfrac{1}{2\sqrt{3}}\begin{bmatrix} 1 \\ 1 \\ -1 \\ 3 \end{bmatrix}$ ■

参考　正規直交基底のとり方は 1 通りではなく，例えばいま求めた $\{\boldsymbol{u}_1, \boldsymbol{u}_2\}$ の並べ方を変えた $\{\boldsymbol{u}_2, \boldsymbol{u}_1\}$ も，別の正規直交基底である．

また，(4.29) の代わりに

$$\boldsymbol{u}_1 = \frac{1}{\sqrt{6}}\begin{bmatrix} 1 \\ 1 \\ 0 \\ 2 \end{bmatrix}, \quad \boldsymbol{u}_2 = \begin{bmatrix} s+t \\ s+t \\ 2s \\ 2t \end{bmatrix}$$

とおいて，$(\boldsymbol{u}_1, \boldsymbol{u}_2) = 0$，$(\boldsymbol{u}_2, \boldsymbol{u}_2) = 1$ となるように s，t を定めれば，別の正規直交基底が得られる．□

4.6 グラム–シュミットの直交化

計量線形空間 V に対して，正規直交基底でない V の基底 $\{\boldsymbol{v}_1, \cdots, \boldsymbol{v}_n\}$ が与えられたとき，それらを用いると以下のようにして正規直交基底が得られる（**グラム–シュミットの直交化**とよばれる）．

まず $\boldsymbol{v}_1$ から，次のようにして大きさ1のベクトルを作り，$\boldsymbol{e}_1$ とする．

$$\boldsymbol{e}_1 = \frac{1}{\|\boldsymbol{v}_1\|}\boldsymbol{v}_1$$

次に，定数 s に対して $\boldsymbol{v}_2 + s\boldsymbol{e}_1$ というベクトルを考え，$\boldsymbol{e}_1 \cdot (\boldsymbol{v}_2 + s\boldsymbol{e}_1) = 0$ となるように定数 s を定めると，$s = -\boldsymbol{e}_1 \cdot \boldsymbol{v}_2$ となる．そこで，

$$\boldsymbol{e}_2' = \boldsymbol{v}_2 - (\boldsymbol{e}_1 \cdot \boldsymbol{v}_2)\boldsymbol{e}_1$$

として $\boldsymbol{e}_2'$ を定義する．このままだと $\boldsymbol{e}_2'$ の大きさは1とは限らないので，$\boldsymbol{e}_2'$ より大きさ1のベクトルを作り，それを $\boldsymbol{e}_2$ とする．

$$\boldsymbol{e}_2 = \frac{1}{\|\boldsymbol{e}_2'\|}\boldsymbol{e}_2'$$

ここまでの構成法により，

$$\boldsymbol{e}_1 \cdot \boldsymbol{e}_1 = \boldsymbol{e}_2 \cdot \boldsymbol{e}_2 = 1, \quad \boldsymbol{e}_1 \cdot \boldsymbol{e}_2 = 0$$

となっていることに注意してもらいたい．

次に，定数 t_1, t_2 に対して $\boldsymbol{e}_3' = \boldsymbol{v}_3 + t_1\boldsymbol{e}_1 + t_2\boldsymbol{e}_2$ というベクトルを考え，

$$\boldsymbol{e}_1 \cdot (\boldsymbol{v}_3 + t_1\boldsymbol{e}_1 + t_2\boldsymbol{e}_2) = \boldsymbol{e}_2 \cdot (\boldsymbol{v}_3 + t_1\boldsymbol{e}_1 + t_2\boldsymbol{e}_2) = 0$$

となるように t_1, t_2 を定めると，

$$t_1 = -\boldsymbol{e}_1 \cdot \boldsymbol{v}_3, \quad t_2 = -\boldsymbol{e}_2 \cdot \boldsymbol{v}_3$$

となる．そこで，

$$\boldsymbol{e}_3' = \boldsymbol{v}_3 - (\boldsymbol{e}_1 \cdot \boldsymbol{v}_3)\boldsymbol{e}_1 - (\boldsymbol{e}_2 \cdot \boldsymbol{v}_3)\boldsymbol{e}_2$$

として $\boldsymbol{e}_3'$ を定義し，これをもとに $\boldsymbol{e}_3$ を作ればよい．

$$\boldsymbol{e}_3 = \frac{1}{\|\boldsymbol{e}_3'\|}\boldsymbol{e}_3'$$

このような手順を繰り返せば，得られる $\{\boldsymbol{e}_1, \boldsymbol{e}_2, \cdots, \boldsymbol{e}_n\}$ は条件(4.27)を満たす．

以上の手順をまとめておこう．

グラム–シュミットの直交化

V の基底 $\{\boldsymbol{v}_1, \cdots, \boldsymbol{v}_n\}$ から，次のようにして $\boldsymbol{e}'_j$, $\boldsymbol{e}_j$ $(j = 1, 2, \cdots, n)$ を定める．

(1) $\boldsymbol{e}_1 = \dfrac{1}{\|\boldsymbol{v}_1\|}\boldsymbol{v}_1$ により $\boldsymbol{e}_1$ を定める．

(2) $k = 2, 3, \cdots, n$ に対して，以下の手順を繰り返す．

- $\boldsymbol{v}_k, \boldsymbol{e}_1, \cdots, \boldsymbol{e}_{k-1}$ を用いて，

$$\boldsymbol{e}'_k = \boldsymbol{v}_k - \sum_{i=1}^{k-1}(\boldsymbol{e}_i \cdot \boldsymbol{v}_k)\boldsymbol{e}_i$$

  により $\boldsymbol{e}'_k$ を定める．

- 上で作った $\boldsymbol{e}'_k$ より，$\boldsymbol{e}_k = \dfrac{1}{\|\boldsymbol{e}'_k\|}\boldsymbol{e}'_k$ として $\boldsymbol{e}_k$ を定める．

例題 4.9

実数を係数とする 2 次以下の多項式のなす線形空間 $\mathbb{R}[x]_2$ に対して，内積 (f, g) を

$$(f, g) = \int_{-1}^{1} f(x)g(x)\,dx$$

で定める．このとき，$\mathbb{R}[x]_2$ の基底 $\{1, x, x^2\}$ に対してグラム–シュミットの直交化法を適用し，正規直交基底を求めよ．

【解答】 まず $(1, 1) = \displaystyle\int_{-1}^{1} dx = 2$ より，$f_0(x) = \dfrac{1}{\sqrt{2}}$ とする．次に，

$$\tilde{f}_1(x) = x - (f_0, x)f_0 = x - 0 \cdot f_0 = x$$

より，$f_1(x) = \dfrac{1}{\sqrt{(\tilde{f}_1, \tilde{f}_1)}}\tilde{f}_1(x) = \sqrt{\dfrac{3}{2}}x$ となる．さらに，

$$\tilde{f}_2(x) = x^2 - (f_0, x^2)f_0 - (f_1, x^2)f_1 = x^2 - \frac{1}{3}$$

より，$f_2(x) = \dfrac{1}{\sqrt{(\tilde{f}_2, \tilde{f}_2)}}\tilde{f}_2(x) = \sqrt{\dfrac{5}{8}}(3x^2 - 1)$ が得られる． ■

参考 より一般に，$\{1, x, x^2, x^3, \cdots\}$ に対して，このようにグラム–シュミットの直交化を施して得られる多項式の列を**ルジャンドル**(Legendre)**多項式**とよぶ．ルジャンドル多項式は，より一般の**直交多項式**の一種であり，さまざまな応用をもつ． □

数ベクトル空間 $\mathbb{R}^n$, $\mathbb{C}^n$ の場合には，直交化の操作を行列の分解としてとらえることができる．以下では簡単のため $\mathbb{R}^n$ で考えるが，$\mathbb{C}^n$ でもまったく同様に議論できる．

実数を成分とする $n \times n$ 行列 $A = [a_{ij}]_{1 \leq i,j \leq n}$ に対して，第 j 列の列ベクトルを $\boldsymbol{a}_j$ $(j = 1, \cdots, n)$ とする．$\boldsymbol{a}_1$, $\boldsymbol{a}_2$, $\boldsymbol{a}_3, \cdots$ の順にグラム–シュミットの直交化を適用して得られる正規直交基底を $\boldsymbol{u}_1$, $\boldsymbol{u}_2$, $\boldsymbol{u}_3, \cdots, \boldsymbol{u}_n$ とする．このとき，$\boldsymbol{u}_k$ は $\boldsymbol{a}_1, \cdots, \boldsymbol{a}_k$ の線形結合で表される．すなわち，適当な定数 b_{ij} $(1 \leq i < j \leq n)$ を用いて，

$$
\begin{aligned}
\boldsymbol{u}_1 &= b_{11}\boldsymbol{a}_1 \\
\boldsymbol{u}_2 &= b_{12}\boldsymbol{a}_1 + b_{22}\boldsymbol{a}_2 \\
\boldsymbol{u}_3 &= b_{13}\boldsymbol{a}_1 + b_{23}\boldsymbol{a}_2 + b_{33}\boldsymbol{a}_3 \\
&\ \ \vdots \\
\boldsymbol{u}_n &= b_{1n}\boldsymbol{a}_1 + b_{2n}\boldsymbol{a}_2 + \cdots + b_{nn}\boldsymbol{a}_n
\end{aligned}
$$

と表される．これを行列の形に表すと，

$$
\begin{aligned}
&[\boldsymbol{u}_1, \boldsymbol{u}_2, \cdots, \boldsymbol{u}_n] \\
&= [b_{11}\boldsymbol{a}_1,\ b_{12}\boldsymbol{a}_1 + b_{22}\boldsymbol{a}_2,\ b_{13}\boldsymbol{a}_1 + b_{23}\boldsymbol{a}_2 + b_{33}\boldsymbol{a}_3,\ \cdots] \\
&= [\boldsymbol{a}_1, \boldsymbol{a}_2, \cdots, \boldsymbol{a}_n]
\begin{bmatrix}
b_{11} & b_{12} & b_{13} & \cdots & b_{1n} \\
0 & b_{22} & b_{23} & \cdots & b_{2n} \\
\vdots & \ddots & b_{33} & \cdots & b_{3n} \\
\vdots & & \ddots & \ddots & \vdots \\
0 & \cdots & \cdots & 0 & b_{nn}
\end{bmatrix}
\end{aligned}
$$

$U = [\boldsymbol{u}_1, \boldsymbol{u}_2, \cdots, \boldsymbol{u}_n]$, 右辺に現れる上三角行列を B とおくと，上の式は

$$
U = AB \quad \Longleftrightarrow \quad A = UB^{-1}
$$

という形にまとめることができる．ここで，$\boldsymbol{u}_1$, $\boldsymbol{u}_2, \cdots, \boldsymbol{u}_n$ は正規直交基底なので，

$$
{}^tUU = \begin{bmatrix} {}^t\boldsymbol{u}_1 \\ {}^t\boldsymbol{u}_2 \\ \vdots \\ {}^t\boldsymbol{u}_n \end{bmatrix} [\boldsymbol{u}_1, \boldsymbol{u}_2, \cdots, \boldsymbol{u}_n]
$$

$$
= \begin{bmatrix} \boldsymbol{u}_1 \cdot \boldsymbol{u}_1 & \boldsymbol{u}_1 \cdot \boldsymbol{u}_2 & \cdots & \boldsymbol{u}_1 \cdot \boldsymbol{u}_n \\ \boldsymbol{u}_2 \cdot \boldsymbol{u}_1 & \boldsymbol{u}_2 \cdot \boldsymbol{u}_2 & \cdots & \boldsymbol{u}_2 \cdot \boldsymbol{u}_n \\ \vdots & \vdots & \ddots & \vdots \\ \boldsymbol{u}_n \cdot \boldsymbol{u}_1 & \boldsymbol{u}_n \cdot \boldsymbol{u}_2 & \cdots & \boldsymbol{u}_n \cdot \boldsymbol{u}_n \end{bmatrix}
$$

$$
= \begin{bmatrix} 1 & 0 & \cdots & 0 \\ 0 & 1 & \ddots & \vdots \\ \vdots & \ddots & \ddots & 0 \\ 0 & \cdots & 0 & 1 \end{bmatrix} = E \ (\text{単位行列})
$$

となり，U が**直交行列**($\mathbb{C}$ の内積で考えるなら，**ユニタリ行列**)であることがわかる．

一方，p.14 の参考で述べたように，上三角行列の逆行列は上三角行列となる．よって，$R = B^{-1}$ とおくと，R も上三角行列である．

以上をまとめると，グラム–シュミット法により正規直交基底を求めることは，与えられた正方行列 A に対する次の分解を実行することと同値である．

$$
A = UR \ (\text{ただし } U \text{ は直交(ユニタリ)行列}, R \text{ は上三角行列}) \tag{4.30}
$$

この形の分解は，**QR 分解**または **岩澤分解**(の特別な場合)などとよばれ，計算機で行列の固有値を求める際のアルゴリズムとして用いられる([3])．

参考　「岩澤分解」とは，数学の一分野である位相群論に現れる基本的な概念であり，(4.30)での分解はそのもっとも簡単な例となっている．本節では $n \times n$ 型の正則行列しか扱っていないが，より一般的な場合でもこのような分解が成り立つことが，1949 年に発表された岩澤健吉氏の論文で証明されている(どのように「より一般的」かを述べるには位相群論の言葉が必要なので，ここではこれ以上述べない)．　□

例題 4.10

(1) 3つのベクトル

$$\boldsymbol{u} = \begin{bmatrix} 1 \\ -1 \\ 1 \\ 1 \end{bmatrix}, \quad \boldsymbol{v} = \begin{bmatrix} 1 \\ 1 \\ 1 \\ -1 \end{bmatrix}, \quad \boldsymbol{w} = \begin{bmatrix} 2 \\ -1 \\ 0 \\ 1 \end{bmatrix}$$

によって生成される $\mathbb{R}^4$ の部分空間 V の正規直交基底を1つ与えよ.

(2) 行列 A を

$$A = \begin{bmatrix} 1 & 1 & 2 & 1 \\ -1 & 1 & -1 & 1 \\ 1 & 1 & 0 & -1 \\ 1 & -1 & 1 & 1 \end{bmatrix}$$

とおくとき, 上三角行列 B と直交行列 T を用いて $A = TB$ の形に表せ.

(千葉大・院試)

【解答】 (1) 与えられた $\boldsymbol{u}, \boldsymbol{v}, \boldsymbol{w}$ に対してグラム–シュミットの直交化法を適用すると,

$$\boldsymbol{u}_1 = \frac{1}{2}\begin{bmatrix} 1 \\ -1 \\ 1 \\ 1 \end{bmatrix}, \quad \boldsymbol{u}_2 = \frac{1}{2}\begin{bmatrix} 1 \\ 1 \\ 1 \\ -1 \end{bmatrix}, \quad \boldsymbol{u}_3 = \frac{1}{\sqrt{2}}\begin{bmatrix} 1 \\ 0 \\ -1 \\ 0 \end{bmatrix}$$

という, V の1つの正規直交基底が得られる.

(2) (1)の $\boldsymbol{u}, \boldsymbol{v}, \boldsymbol{w}$ に $\boldsymbol{x} = \begin{bmatrix} 1 \\ 1 \\ -1 \\ 1 \end{bmatrix}$ (与えられた行列 A の第4列) をつけ加えて, $\boldsymbol{u}, \boldsymbol{v}, \boldsymbol{w}, \boldsymbol{x}$ に対してグラム–シュミットの直交化法を適用する. はじめの3つ $\boldsymbol{u}_1, \boldsymbol{u}_2, \boldsymbol{u}_3$ までは(1)と同じであり, 4つめの基底 $\boldsymbol{u}_4$ については,

$$\boldsymbol{u}_4' = \boldsymbol{x} - (\boldsymbol{u}_1 \cdot \boldsymbol{x})\boldsymbol{u}_1 - (\boldsymbol{u}_2 \cdot \boldsymbol{x})\boldsymbol{u}_2 - (\boldsymbol{u}_3 \cdot \boldsymbol{x})\boldsymbol{u}_3 = \begin{bmatrix} 0 \\ 1 \\ 0 \\ 1 \end{bmatrix}$$

より，$\boldsymbol{u}_4 = \dfrac{1}{\sqrt{2}}\boldsymbol{u}_4'$ として求めることができる(この $\boldsymbol{u}_1$, $\boldsymbol{u}_2$, $\boldsymbol{u}_3$, $\boldsymbol{u}_4$ が，$\mathbb{R}^4$ の 1 つの正規直交基底を与える).

ここまでの計算をまとめて，$\boldsymbol{u}_1, \boldsymbol{u}_2, \boldsymbol{u}_3, \boldsymbol{u}_4$ と $\boldsymbol{u}, \boldsymbol{v}, \boldsymbol{w}, \boldsymbol{x}$ との関係を書き下ろしておく(グラム–シュミットの直交化の過程を振り返ればよい).

$$\begin{cases} \boldsymbol{u}_1 = \dfrac{1}{2}\boldsymbol{u} \\ \boldsymbol{u}_2 = \dfrac{1}{2}\boldsymbol{v} \\ \boldsymbol{u}_3 = \dfrac{1}{\sqrt{2}}(\boldsymbol{w} - \boldsymbol{u}) \\ \boldsymbol{u}_4 = \dfrac{1}{\sqrt{2}}(\boldsymbol{x} + \boldsymbol{u} - \boldsymbol{w}) \end{cases} \iff \begin{cases} \boldsymbol{u} = 2\boldsymbol{u}_1 \\ \boldsymbol{v} = 2\boldsymbol{u}_2 \\ \boldsymbol{w} = 2\boldsymbol{u}_1 + \sqrt{2}\,\boldsymbol{u}_3 \\ \boldsymbol{x} = \sqrt{2}\,(\boldsymbol{u}_3 + \boldsymbol{u}_4) \end{cases}$$

これを行列の形でまとめればよい.

$$\begin{aligned} A &= [\boldsymbol{u}, \boldsymbol{v}, \boldsymbol{w}, \boldsymbol{x}] \\ &= \left[2\boldsymbol{u}_1, 2\boldsymbol{u}_2, 2\boldsymbol{u}_1 + \sqrt{2}\,\boldsymbol{u}_3, \sqrt{2}\,\boldsymbol{u}_3 + \sqrt{2}\,\boldsymbol{u}_4\right] \\ &= [\boldsymbol{u}_1, \boldsymbol{u}_2, \boldsymbol{u}_3, \boldsymbol{u}_4] \begin{bmatrix} 2 & 0 & 2 & 0 \\ 0 & 2 & 0 & 0 \\ 0 & 0 & \sqrt{2} & \sqrt{2} \\ 0 & 0 & 0 & \sqrt{2} \end{bmatrix} \end{aligned}$$

$$(\text{答})\ T = \frac{1}{2}\begin{bmatrix} 1 & 1 & \sqrt{2} & 0 \\ -1 & 1 & 0 & \sqrt{2} \\ 1 & 1 & -\sqrt{2} & 0 \\ 1 & -1 & 0 & \sqrt{2} \end{bmatrix}, B = \begin{bmatrix} 2 & 0 & 2 & 0 \\ 0 & 2 & 0 & 0 \\ 0 & 0 & \sqrt{2} & \sqrt{2} \\ 0 & 0 & 0 & \sqrt{2} \end{bmatrix}$$ ■

4章の問題

□**1** 4次元ユークリッド空間の部分空間 V_1, V_2 を

$V_1 \equiv \{$ 条件 $x_1 - x_2 + 2x_3 - x_4 = 0$ と $x_1 + 2x_2 - x_3 = 0$

をともに満足するベクトル $\vec{x} = [x_1, x_2, x_3, x_4]$ の集合 $\}$

$V_2 \equiv \{$ 条件 $2x_1 + x_2 + 2x_3 - 2x_4 = 0$ と $3x_1 + 2x_3 - x_4 = 0$

をともに満足するベクトル $\vec{x} = [x_1, x_2, x_3, x_4]$ の集合 $\}$

とする．

(1) V_1, V_2 はそれぞれ何次元の空間か．

(2) V_1, V_2 に共通に含まれるベクトルを求めよ．

(3) 空間 $V_1 \cap V_2$ は何次元か． (東京大・院試)

□**2** x の高々 n 次の実係数多項式全体が作るベクトル空間を P_n とする．x^n の係数が 0 でないような $f(x) \in P_n$ を 1 つとるとき，

$$f(x), f'(x), f''(x), \cdots, f^{(n)}(x)$$

は，P_n の基底をなすことを示せ． (金沢大・院試)

□**3** 複素数 x について行列 A_x を次で定義するとき，以下の問に答えよ．

$$A_x = \begin{bmatrix} x & x & x \\ x & 1-x & 1 \\ x & 1 & 1-x \end{bmatrix}$$

(1) A_x の行列式を計算せよ．

(2) A_x の階数を求めよ．

(3) 複素数 x に対して A_x と可換な複素 3 次行列全体

$$V_x = \{B \in M_3(\mathbb{C}) \mid A_x B = BA_x\}$$

は，複素 3 次行列全体 $M_3(\mathbb{C})$ の部分ベクトル空間をなすことを示せ．

(4) A_x の階数が最小になる x に対して，V_x の次元を求めよ． (神戸大・院試)

5 線形写像

本章では，「線形写像」,「線形変換」という概念について学ぶ．4 章で学んだ「線形空間」という集合において，ある要素を他のものにうつすことを考えるのだが，他のものにうつす規則のうち，「線形性」とよばれる性質をもつものを考えることになる．本文中で，より詳しく述べるが,「線形性」とは

	原因 1	⟶	結果 1
＋)	原因 2	⟶	結果 2
	原因 1＋原因 2	⟶	結果 1＋結果 2

という性質が成り立つことをいう．このような性質があるときは，簡単な要因について調べておくと，それをたし合わせることで，より複雑な場合が理解できるので，理工学への応用の際にはとくに重要になる．

説明の都合上，まずは抽象的な定義を述べたあと，5.2 節で幾何的なものを扱っているが，わかりにくければ，まずは 5.1 節は飛ばして，5.2 節から読んだほうがわかりやすいかもしれない．

5 章で学ぶ概念・キーワード

- **線形写像，線形変換**
- 線形写像の**像空間，核空間**
- 線形写像の**表現行列**
- **直交変換，ユニタリ変換**

5.1 線形写像とは

2章では連立1次方程式の解法を学んだ．本節では，そこで考察した方程式の，**線形写像**[1]としての意味を考えてみよう．まずは2変数の場合

$$\begin{cases} x' = ax + by \\ y' = cx + dy \end{cases} \tag{5.1}$$

を考えよう．

$$\boldsymbol{x} = \begin{bmatrix} x \\ y \end{bmatrix}, \quad \boldsymbol{x}' = \begin{bmatrix} x' \\ y' \end{bmatrix}, \quad A = \begin{bmatrix} a & b \\ c & d \end{bmatrix}$$

とおいて(5.1)を行列を用いて表すと，

$$\boldsymbol{x}' = A\boldsymbol{x} \tag{5.2}$$

となり，実数の変数 x, x' が比例している場合，つまり $x' = ax$ (a は比例定数)の自然な拡張になっている．

ここで，$f(\boldsymbol{x}) = A\boldsymbol{x}$ とおけば，

$$f(\boldsymbol{x}_1 + \boldsymbol{x}_2) = f(\boldsymbol{x}_1) + f(\boldsymbol{x}_2), \quad f(k\boldsymbol{x}) = kf(\boldsymbol{x}) \tag{5.3}$$

という性質をもつことは容易にわかる(比例の場合に $f(x) = ax$ とおくと，もちろん(5.3)が成立する)．この性質を**線形性**という．

一般に，線形空間 V から線形空間 W への写像が性質(5.3)をもつとき，**線形写像**とよばれる．とくに，$V = W$ ならば**線形変換**または**1次変換**という．

参考 性質(5.3)の最初の式を工学的な言葉で言いかえると，

	入力1	$\longrightarrow$	出力1
+)	入力2	$\longrightarrow$	出力2
	入力1+入力2	$\longrightarrow$	出力1+出力2

となる．また，(5.3)2番目の式については，

入力を k 倍にすると出力も k 倍になる

と言いかえられる．これらの性質が成り立つときには，簡単な入力に対する出力を調べておけば，より複雑な入出力を簡単な場合の**重ね合わせ**として理解できる．これが，線形代数の概念が理工学でも活躍することの一つの理由である． □

1) **写像**とは，2つの集合の対応づけにおいて，ある元をうつす先がただ1つに決まることを意味する．

像空間・核空間

線形空間 V から線形空間 W への線形写像 f が与えられたとき，次のような線形部分空間を考えることができる．

像空間

線形写像 f に対して，V のすべての元の行き先は W の部分線形空間となる．これを f の**像空間**(image)といい，$\mathrm{Im}\ f$ で表す(図 5.1(a))．

核空間

線形写像 f に対して，$f(x) = 0$ $(x \in V)$となる x 全体は V の部分線形空間となる．これを f の**核空間**(kernel)といい，$\mathrm{Ker}\ f$ で表す(図 5.1(b))．

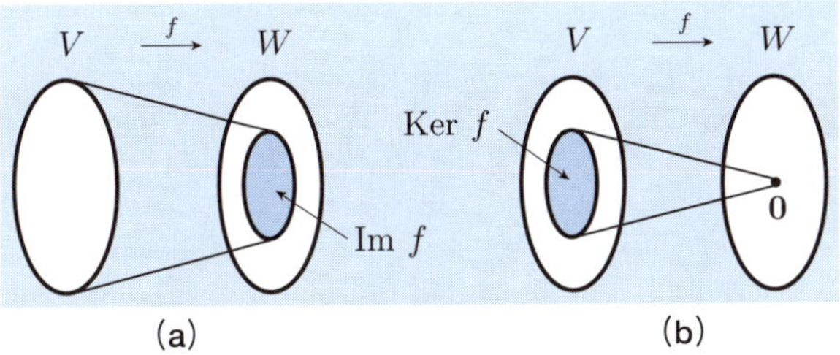

図 5.1　像空間(a)と核空間(b)

例　$m \times n$ 行列 A に対して，

$$A = [\boldsymbol{a}_1, \boldsymbol{a}_2, \cdots, \boldsymbol{a}_n] \quad (\boldsymbol{a}_j \text{ は } m \text{ 次列ベクトル，} j = 1, 2, \cdots, n)$$

とおくと，$\boldsymbol{x} = \begin{bmatrix} x_1 \\ x_2 \\ \vdots \\ x_n \end{bmatrix}$ に対して，

$$f(\boldsymbol{x}) = A\boldsymbol{x} = x_1\boldsymbol{a}_1 + x_2\boldsymbol{a}_2 + \cdots + x_n\boldsymbol{a}_n$$

は線形写像である．このとき，

$$\mathrm{Im}\ A = \{x_1\boldsymbol{a}_1 + x_2\boldsymbol{a}_2 + \cdots + x_n\boldsymbol{a}_n\} \quad (\boldsymbol{a}_1, \cdots, \boldsymbol{a}_n \text{の張る線形空間})$$

であり，(p.37の注意3でも述べたように)$\mathrm{rank}(A) = \dim(\mathrm{Im}\ A)$と表される．

□

5.1.1 線形写像の表現行列

以下に示すように，線形写像は必ず行列を用いて表すことができる．まずは平面上の線形写像を考えよう．

例題 5.1

座標平面上の点 (x, y) を (x', y') にうつす写像 f が性質(5.3)をもつとき，行列の積の形(5.2)に表されることを示せ．

【解答】 $\mathbb{R}^2$ の基底として，$\boldsymbol{e}_1 = \begin{bmatrix} 1 \\ 0 \end{bmatrix}, \boldsymbol{e}_2 = \begin{bmatrix} 0 \\ 1 \end{bmatrix}$ をとって考える．

$$\boldsymbol{x} = \begin{bmatrix} x \\ y \end{bmatrix} = x\boldsymbol{e}_1 + y\boldsymbol{e}_2$$

を $f(\boldsymbol{x})$ に代入して，線形性(5.3)を用いると，

$$f(\boldsymbol{x}) = f(x\boldsymbol{e}_1 + y\boldsymbol{e}_2) = x\,f(\boldsymbol{e}_1) + y\,f(\boldsymbol{e}_2) \tag{5.4}$$

となる．ここで，$f(\boldsymbol{e}_j)$ $(j = 1, 2)$ は $\mathbb{R}^2$ の元であるので，

$$f(\boldsymbol{e}_1) = \begin{bmatrix} a \\ c \end{bmatrix}, \quad f(\boldsymbol{e}_2) = \begin{bmatrix} b \\ d \end{bmatrix}$$

という形に表される．これを(5.4)に用いて，

$$f(\boldsymbol{x}) = x\begin{bmatrix} a \\ c \end{bmatrix} + y\begin{bmatrix} b \\ d \end{bmatrix} = \begin{bmatrix} ax + by \\ cx + dy \end{bmatrix} = \begin{bmatrix} a & b \\ c & d \end{bmatrix}\begin{bmatrix} x \\ y \end{bmatrix}$$

となり，行列の積の形にまとめられることがわかる． ■

より一般的に $\mathbb{R}^m$ から $\mathbb{R}^n$ への線形写像 f に対しても，この解答と同様の議論ができる．すなわち，$\mathbb{R}^m$ の基底として

$$\boldsymbol{e}_1 = \begin{bmatrix} 1 \\ 0 \\ \vdots \\ 0 \end{bmatrix}, \quad \boldsymbol{e}_2 = \begin{bmatrix} 0 \\ 1 \\ \vdots \\ 0 \end{bmatrix}, \cdots, \quad \boldsymbol{e}_m = \begin{bmatrix} 0 \\ 0 \\ \vdots \\ 1 \end{bmatrix}$$

をとり(この基底を，$\mathbb{R}^m$ の**標準基底**という)，これらの像 $f(\boldsymbol{e}_j)$ $(j = 1, \cdots, m)$ が次の形で表されるとする．

$$f(\boldsymbol{e}_j) = \sum_{k=1}^{n} a_{kj}\boldsymbol{e}_k = \begin{bmatrix} a_{1j} \\ a_{2j} \\ \vdots \\ a_{nj} \end{bmatrix} \quad (j = 1, \cdots, m)$$

このとき，線形写像 f が

$$\begin{bmatrix} x'_1 \\ \vdots \\ x'_n \end{bmatrix} = \begin{bmatrix} a_{11} & a_{12} & \cdots & a_{1m} \\ \vdots & \vdots & \ddots & \vdots \\ a_{n1} & a_{n2} & \cdots & a_{nm} \end{bmatrix} \begin{bmatrix} x_1 \\ x_2 \\ \vdots \\ x_m \end{bmatrix} \tag{5.5}$$

のように $n \times m$ 行列として表されることが，例題 5.1 と同様にして示される．

さらに一般の（有限次元）線形空間 V, W（$V = W$ でもよい）に対して，写像 $f : V \to W$ が条件(5.3)を満たすときにも，同様の議論ができる．すなわち，V, W の基底を適当に定めれば，前章で述べたように数ベクトルと対応づけることができるので，線形写像 f は行列の形に表される．このときに現れる行列 $A = [a_{ij}]$ を，線形写像 f の**表現行列**という．

線形空間 V, W の次元がそれぞれ m, n であるとき，線形写像 $f : V \to W$ の表現行列を A として，これらの関係を模式的に表しておこう．

$$\begin{array}{ccc} V & \xrightarrow{\varphi} & \mathbb{R}^m \ (\text{または}\ \mathbb{C}^m) \\ f\downarrow & & \downarrow A \\ W & \xrightarrow{\varphi} & \mathbb{R}^n \ (\text{または}\ \mathbb{C}^n) \end{array} \tag{5.6}$$

表現行列 A は，(5.5)の $n \times m$ 行列である．(5.5)を求める際の議論と同様に，V の基底の f による行き先を求めれば，A の具体的な形がわかる．

注意　本節での議論は，やや抽象的で難解に感じるかもしれない．まずは以下の例題 5.2～5.4 をながめてみるとよいであろう．大切なことは，

> **線形写像**という抽象的なものを，座標を入れる（基底を定める）ことによって，**行列**という具体的な，計算しやすいもので表す

という考え方である．□

例題 5.2

V を

$$V = \left\{ \begin{bmatrix} x \\ y \\ z \end{bmatrix} \in \mathbb{R}^3 \;\middle|\; x + y + z = 0 \right\}$$

により定義される $\mathbb{R}^3$ の線形部分空間とする．

(1) V の基底を 1 組求めよ．

(2) $\begin{bmatrix} x \\ y \\ z \end{bmatrix} \in V$ に対し $\begin{bmatrix} y \\ z \\ x \end{bmatrix} \in V$ を対応させる V の線形変換を f とする．(1)で求めた基底に関する f の行列表示を求めよ．(名古屋大・院試)

【解答】 (1) 与えられた式から，$z = -x - y$ となるので，V の任意の元は，

$$\begin{bmatrix} x \\ y \\ z \end{bmatrix} = \begin{bmatrix} x \\ y \\ -x-y \end{bmatrix} = x \begin{bmatrix} 1 \\ 0 \\ -1 \end{bmatrix} + y \begin{bmatrix} 0 \\ 1 \\ -1 \end{bmatrix}$$

という形に表すことができる．すなわち，V の基底として，

$$\boldsymbol{e}_1 = \begin{bmatrix} 1 \\ 0 \\ -1 \end{bmatrix}, \quad \boldsymbol{e}_2 = \begin{bmatrix} 0 \\ 1 \\ -1 \end{bmatrix}$$

をとることができる．

(2) (1)の $\boldsymbol{e}_1, \boldsymbol{e}_2$ に対して，$f(\boldsymbol{e}_1) = -\boldsymbol{e}_2$, $f(\boldsymbol{e}_2) = \boldsymbol{e}_1 - \boldsymbol{e}_2$ であるので，

$$f(x\boldsymbol{e}_1 + y\boldsymbol{e}_2) = x(-\boldsymbol{e}_2) + y(\boldsymbol{e}_1 - \boldsymbol{e}_2) = y\boldsymbol{e}_1 + (-x-y)\boldsymbol{e}_2$$

となる．ここで，$\varphi(\boldsymbol{e}_1) = \begin{bmatrix} 1 \\ 0 \end{bmatrix}, \varphi(\boldsymbol{e}_2) = \begin{bmatrix} 0 \\ 1 \end{bmatrix}$ によって V の元と $\mathbb{R}^2$ の元とを対応づけ，f を 2×2 行列の形に書き直すと，

$$f \begin{bmatrix} x \\ y \end{bmatrix} = \begin{bmatrix} y \\ -x-y \end{bmatrix} = \begin{bmatrix} 0 & 1 \\ -1 & -1 \end{bmatrix} \begin{bmatrix} x \\ y \end{bmatrix}$$

となる．この 2×2 行列が，求める行列表示である． ■

以上の議論を模式的にまとめておく．

$$\begin{array}{ccc} x\boldsymbol{e}_1 + y\boldsymbol{e}_2 & \xrightarrow{\varphi} & \begin{bmatrix} x \\ y \end{bmatrix} \\ f\downarrow & & \downarrow \begin{bmatrix} 0 & 1 \\ -1 & -1 \end{bmatrix} \\ y\boldsymbol{e}_1 + (-x-y)\boldsymbol{e}_2 & \xrightarrow{\varphi} & \begin{bmatrix} y \\ -x-y \end{bmatrix} \end{array}$$

例題 5.3

2 次以下の実係数多項式全体が作る線形空間を $\mathbb{R}[x]_2$ とする．$\mathbb{R}[x]_2$ から $\mathbb{R}[x]_2$ 自身への線形写像 F を

$$F(f)(x) = f(2x+1), \quad f \in \mathbb{R}[x]_2$$

（x を $2x+1$ に置きかえる）で定める．$\mathbb{R}[x]_2$ の基底を $\{1, x, x^2\}$ とするとき，F の表現行列 A を求めよ．

【解答】　F が線形写像であることは明らかであろう．まずは，$\mathbb{R}[x]_2$ の基底 $\{1, x, x^2\}$ の，F による像を求めよう．

$$\begin{aligned} F(1) &= 1 \\ F(x) &= 2x+1 \\ F(x^2) &= (2x+1)^2 = 4x^2+4x+1 \end{aligned}$$

よって，$a + bx + cx^2 \in \mathbb{R}[x]_2$ の像は，

$$\begin{aligned} F(a+bx+cx^2) &= a\,F(1) + b\,F(x) + c\,F(x^2) \\ &= (a+b+c) + (2b+4c)x + 4cx^2 \end{aligned}$$

となる．これらを数ベクトルに書き直せば，求める表現行列が得られる．

$$\begin{array}{ccc} a+bx+cx^2 & \longrightarrow & \begin{bmatrix} a \\ b \\ c \end{bmatrix} \\ F\downarrow & & \downarrow A \\ \begin{array}{l}(a+b+c) \\ +(2b+4c)x \\ +4cx^2\end{array} & \longrightarrow & \begin{bmatrix} a+b+c \\ 2b+4c \\ 4c \end{bmatrix} = \begin{bmatrix} 1 & 1 & 1 \\ 0 & 2 & 4 \\ 0 & 0 & 4 \end{bmatrix} \begin{bmatrix} a \\ b \\ c \end{bmatrix} \end{array}$$

右辺に現れた 3×3 行列が，求める表現行列である．■

この例からもわかるように，線形変換の様子は，線形空間の基底への作用を調べれば完全に決まってしまう．ただし，表現行列の具体的な形は基底をとりかえれば変わってくる．

注意 例題 5.3 において,「$F(f)(x)$」という記法を用いた．多項式 $f(x)$ を写像 F でうつすのだから,「$F(f(x))$」と書くべきと感じるかもしれないが,

記号 $f(x)$ は，ある関数 f の x における値を表す

と考えて，まず関数 f を写像 F でうつし，その像 $F(f)$（新たな関数）の x における値を表すという意味で,「$F(f)(x)$」としているのである．本章の章末問題 2 でも，同様の記号を用いる． □

例題 5.4

n 次以下の実係数多項式の空間 $\mathbb{R}[x]_n$ の基底として $\{1, x, x^2, \cdots, x^n\}$ をとる．このとき，以下に与える線形写像の表現行列を求めよ．

(1) $\mathbb{R}[x]_2$ から $\mathbb{R}[x]_2$ への線形変換

$$F_1(f)(x) = \frac{df(x)}{dx} \quad (\text{「}x\text{ で微分する」という写像})$$

(2) $\mathbb{R}[x]_2$ から $\mathbb{R}[x]_3$ への線形写像

$$F_2(f)(x) = xf(x) \quad (\text{「}x\text{ をかける」という写像})$$

【解答】 考え方は例題 5.3 とまったく同様であるので，ここでは答のみ示しておく．

$$(1) \begin{bmatrix} 0 & 1 & 0 \\ 0 & 0 & 2 \\ 0 & 0 & 0 \end{bmatrix} \quad (2) \begin{bmatrix} 0 & 0 & 0 \\ 1 & 0 & 0 \\ 0 & 1 & 0 \\ 0 & 0 & 1 \end{bmatrix}$$

■

参考 例題 5.4(2) の F_2 は，3 次元の空間 $\mathbb{R}[x]_2$ から 4 次元の空間 $\mathbb{R}[x]_3$ への線形写像となっている．このため，対応する表現行列は 4×3 行列となる． □

コラム 線型，線形，非線形

本節の冒頭でも述べた通り，線形写像のもっとも簡単な例は，1 次式 $f(x) = ax$ (a は定数) である．このとき $y = ax$ のグラフは直線であり，そのことが「線形性」という言葉の語源であろう．しかし，原点を通らない $y = ax + b$ $(b \neq 0)$ の場合，グラフは直線であっても，$f(x) = ax + b$ は線形写像でないので注意が必要である．

直線は英語では "line" であり，日本語の「線形」は英語の "linear" の訳語である．「線型」と書く場合もあるが，どちらも同じ意味である．本書を書くにあたって，書店に並んでいる本の書名を一通りながめてみたのだが，いまのところ「線形」と表記している本が多いようであり，本書でもその傾向に迎合した．数学の専門家の中では，「線型」という訳語を用いるべきだという意見も根強い．また国語学的な観点からすると，「形」は個々の具体的なカタチを表し，そこから抽象化された結果としての「型」とは区別されるものであるから，「線型」のほうがよいとの声もあるそうだ [1)]．

本書でも繰り返し述べているが，理工学において線形性の考え方が有用であるのは，

一見複雑な対象を，簡単な要素に分解して考える

という思考法を用いるためである．線形写像でいうと，一般のベクトルの行き先は，基底に対する作用 $f(\boldsymbol{e}_j)$ を用いて表すことができるということに対応している．

$$f(a_1\boldsymbol{e}_1 + \cdots + a_n\boldsymbol{e}_n) = a_1 f(\boldsymbol{e}_1) + \cdots + a_n f(\boldsymbol{e}_n)$$

しかし，実際の現象では，「線形性」のように都合のいい性質は成り立たない場合も多い．すなわち，実際の現象に対しては，p.112 の参考とは違って，「入力 1+ 入力 2$\not\to$ 出力 1+ 出力 2」となってしまうのである．そのような現象を**非線形現象**という．

身近な例で，線形性が成り立たないものをいくつかあげてみよう．

- ある人が 100 メートルを 12 秒で走れるからといって，300 メートルを 36 秒で走れるとは限らない(疲れてくる)．
- テスト前に 30 分勉強して 50 点とれたからといって，60 分勉強すれば 100 点とれるとは限らない．
- ハンバーガーが 100 円，フライポテトが 267 円，コーラが 216 円であっても，セットで買えば 494 円($\neq 100 + 267 + 216$)．

非線形現象に対して，それを一般的に扱う数学の枠組みはいまのところ知られていない．そこで，何かの現象を数式を用いて考察する場合，まずは近似的に線形性が成り立つと仮定することが多い．例えば，物理学で学ぶ「フックの法則」では，ばねの伸びはつるした重りの質量に比例すると考えるが，現実のばねでは，厳密には成り立たない．しかし，そうすると数式が複雑になりすぎるので，「フックの法則」が近似的に成り立つと仮定して考えるのである．

1) 齋藤正彦,《線型》か《線形》か，数学セミナー 1986 年 6 月号，日本評論社，p.13.

5.2 幾何学的意味

4.1 節で述べたように，2 次元数ベクトル空間 $\mathbb{R}^2$ は平面上の幾何ベクトルに対応する．この考え方を用いて，$\mathbb{R}^2$ の線形写像(5.1)のもつ幾何学的な意味を考えてみよう．

まず，線形写像(5.1)を次のようにまとめ直す．

$$\begin{bmatrix} x' \\ y' \end{bmatrix} = \begin{bmatrix} a & b \\ c & d \end{bmatrix} \begin{bmatrix} x \\ y \end{bmatrix} = x \begin{bmatrix} a \\ c \end{bmatrix} + y \begin{bmatrix} b \\ d \end{bmatrix}$$

すなわち，この線形写像は，

$$x \begin{bmatrix} 1 \\ 0 \end{bmatrix} + y \begin{bmatrix} 0 \\ 1 \end{bmatrix} \mapsto x \begin{bmatrix} a \\ c \end{bmatrix} + y \begin{bmatrix} b \\ d \end{bmatrix} \tag{5.7}$$

のように，

> 基底となるベクトルを $\boldsymbol{e}_1 = \begin{bmatrix} 1 \\ 0 \end{bmatrix}$，$\boldsymbol{e}_2 = \begin{bmatrix} 0 \\ 1 \end{bmatrix}$ から
>
> $\boldsymbol{u}_1 = \begin{bmatrix} a \\ c \end{bmatrix}$，$\boldsymbol{u}_2 = \begin{bmatrix} b \\ d \end{bmatrix}$ にとりかえた

ものとして理解できる．これが実際にどのような意味をもつかは，図に描いてみるとわかりやすい．

① $\boldsymbol{u}_1$ から反時計まわりに θ $(0 < \theta < \pi)$ に回った方向に $\boldsymbol{u}_2$ がある場合
もとの図が「ゴム膜」のようなものに描かれていると思って，それを適当に引っ張って歪めることをイメージすればよい(図 5.2)．

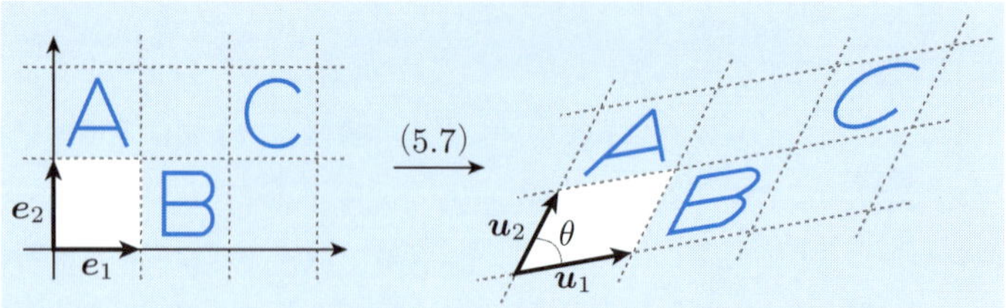

図 5.2 $\boldsymbol{u}_1$ から反時計まわりに θ 回った方向に $\boldsymbol{u}_2$ がある場合

② $\boldsymbol{u}_1$ から時計まわりに θ $(0 < \theta < \pi)$ 回った方向に $\boldsymbol{u}_2$ がある場合

この場合には，図の表裏が反転する．すなわち，図 5.3 のようになる．

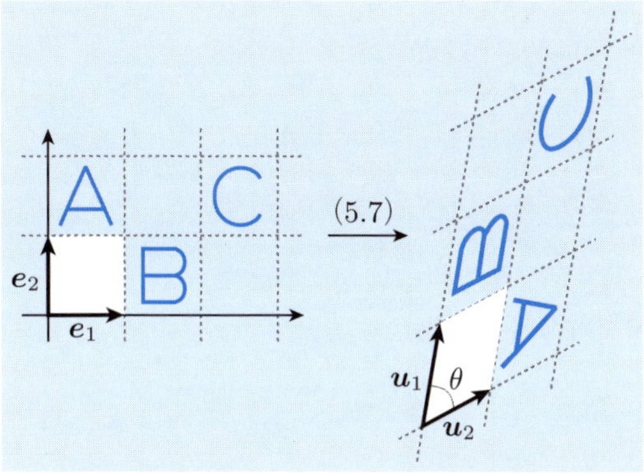

図 5.3　$\boldsymbol{u}_1$ から時計まわりに θ 回った方向に $\boldsymbol{u}_2$ がある場合

変換行列 $A = \begin{bmatrix} a & b \\ c & d \end{bmatrix}$ が与えられたとき，①, ②どちらのタイプであるかを判定するには，A の**行列式**の正負を調べればよい．すなわち，

$$①のタイプ \iff |A| > 0, \quad ②のタイプ \iff |A| < 0$$

という関係がある．$|A| = 0$ のときは $\boldsymbol{u}_1$, $\boldsymbol{u}_2$ が平行になり，全平面は $\boldsymbol{u}_1$ を方向ベクトルとして原点を通る直線上にうつされる．

また，行列式の絶対値 $|ad - bc|$ は，図 5.4 の平行四辺形の面積を表している．

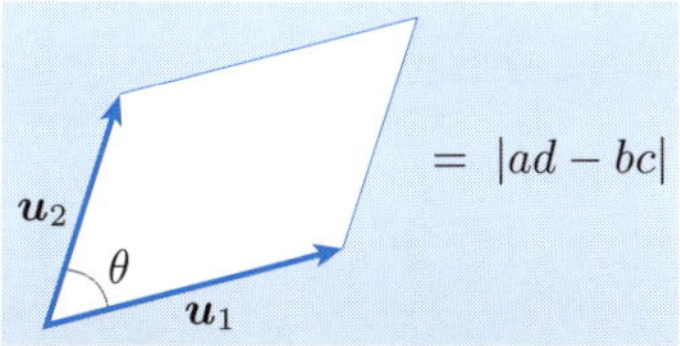

図 5.4　平行四辺形の面積

[証明]　$\boldsymbol{u}_1$ と $\boldsymbol{u}_2$ のなす角を θ とすれば，

$$
\begin{aligned}
(\text{平行四辺形の面積})^2 &= |\boldsymbol{u}_1|^2|\boldsymbol{u}_2|^2 \sin^2\theta \qquad (5.8)\\
&= |\boldsymbol{u}_1|^2|\boldsymbol{u}_2|^2(1 - \cos^2\theta)\\
&= |\boldsymbol{u}_1|^2|\boldsymbol{u}_2|^2 - (\boldsymbol{u}_1 \cdot \boldsymbol{u}_2)^2\\
&= (a^2 + c^2)(b^2 + d^2) - (ab + cd)^2\\
&= (ad - bc)^2
\end{aligned}
$$

■

このような幾何学的な見方からすると，$|AB| = |A|\,|B|$ が成り立つのは当然のことになる．すなわち，行列の積 AB で表される線形変換によって面積は $|AB|$ 倍(符号つきで考える)になるが，これを次のように2段階に分けて考えれば $|A|\,|B|$ 倍と等しいことがわかる．

$$\begin{bmatrix} x \\ y \end{bmatrix} \underset{\text{面積は } |B| \text{ 倍}}{\overset{B}{\longrightarrow}} B\begin{bmatrix} x \\ y \end{bmatrix} \underset{\text{面積は } |A| \text{ 倍}}{\overset{A}{\longrightarrow}} AB\begin{bmatrix} x \\ y \end{bmatrix}$$

同様のことを3次元座標空間の場合に考えてみよう．次の 3×3 行列 A で表される，$\mathbb{R}^3$ の線形変換を考える．

$$A = \begin{bmatrix} a_1 & b_1 & c_1 \\ a_2 & b_2 & c_2 \\ a_3 & b_3 & c_3 \end{bmatrix}$$

このとき，$\mathbb{R}^3$ の標準基底 $\boldsymbol{e}_1, \boldsymbol{e}_2, \boldsymbol{e}_3$ の像は

$$A\boldsymbol{e}_1 = \boldsymbol{a} = \begin{bmatrix} a_1 \\ a_2 \\ a_3 \end{bmatrix}, \quad A\boldsymbol{e}_2 = \boldsymbol{b} = \begin{bmatrix} b_1 \\ b_2 \\ b_3 \end{bmatrix}, \quad A\boldsymbol{e}_3 = \boldsymbol{c} = \begin{bmatrix} c_1 \\ c_2 \\ c_3 \end{bmatrix}$$

となり，像の様子は $\boldsymbol{a}, \boldsymbol{b}, \boldsymbol{c}$ によって定められる(図5.5)．

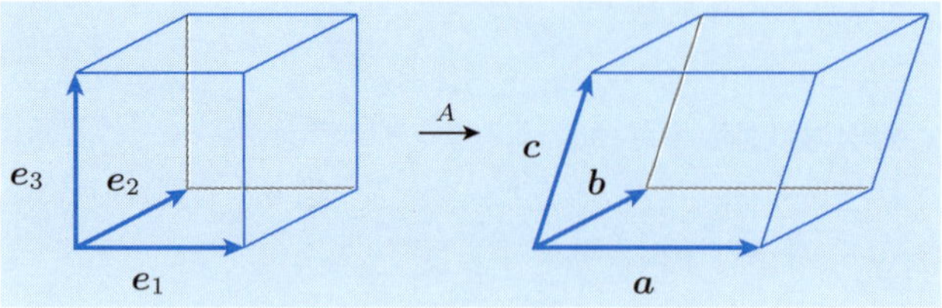

図5.5　A で表される平行六面体

このとき，変換した結果として現れる，$\boldsymbol{a}, \boldsymbol{b}, \boldsymbol{c}$ によって定められる平行六面体の体積は，A の行列式の絶対値 $|\det(A)|$ で与えられる．

［証明］ 3つのベクトル $\boldsymbol{a}, \boldsymbol{b}, \boldsymbol{c}$ $(\in \mathbb{R}^3)$が与えられたとき，

$$\boldsymbol{p} = \begin{bmatrix} p_1 \\ p_2 \\ p_3 \end{bmatrix} = \begin{bmatrix} a_2b_3 - a_3b_2 \\ a_3b_1 - a_1b_3 \\ a_1b_2 - a_2b_1 \end{bmatrix} \tag{5.9}$$

として $\boldsymbol{p}$ を定めると，例題 3.1 により $\boldsymbol{p} \perp \boldsymbol{a}, \boldsymbol{b}$ となる．また，$\boldsymbol{p}$ の大きさは，

$$|\boldsymbol{p}|^2 = (a_2b_3 - a_3b_2)^2 + (a_3b_1 - a_1b_3)^2 + (a_1b_2 - a_2b_1)^2.$$

一方，$\boldsymbol{a}, \boldsymbol{b}$ の張る平行四辺形の面積を S とすると，(5.9)と同様にして，

$$\begin{aligned} S^2 &= |\boldsymbol{a}|^2|\boldsymbol{b}|^2 - (\boldsymbol{a} \cdot \boldsymbol{b})^2 \\ &= (a_1^2 + a_2^2 + a_3^2)(b_1^2 + b_2^2 + b_3^2) - (a_1b_1 + a_2b_2 + a_3b_3)^2 \end{aligned}$$

実際に計算すれば，$|\boldsymbol{p}|^2 = S^2$ となることが示される．

ここで，図 5.6 のように，原点を通って $\boldsymbol{p}$ 方向の直線と，ベクトル $\boldsymbol{c}$ とのなす角を γ $(0 \leq \gamma \leq \pi/2)$とおく．このとき，$\boldsymbol{a}, \boldsymbol{b}, \boldsymbol{c}$ によって定められる平行六面体の体積を V とすると，

$$\begin{aligned} V^2 &= (S|\boldsymbol{c}|\cos\gamma)^2 \\ &= |\boldsymbol{p}|^2|\boldsymbol{c}|^2\cos^2\gamma \\ &= (\boldsymbol{p} \cdot \boldsymbol{c})^2 \end{aligned}$$

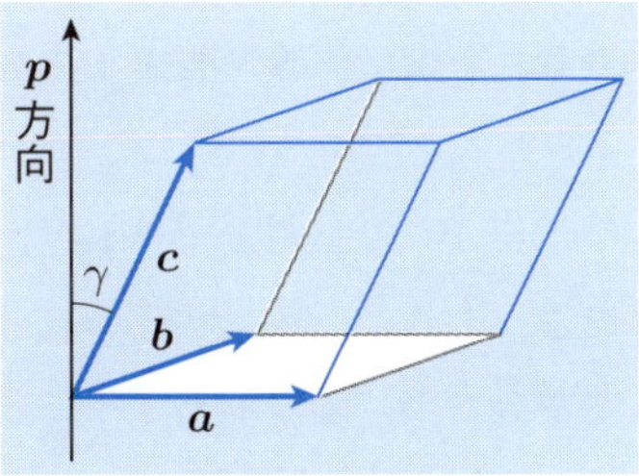

図 5.6 $\boldsymbol{p}$ 方向の直線とベクトル $\boldsymbol{c}$ とのなす角 γ

となり，ここで，行列式の展開公式(3.8)を用いると，

$$\begin{aligned} \boldsymbol{p} \cdot \boldsymbol{c} &= c_1 \begin{vmatrix} a_2 & b_2 \\ a_3 & b_3 \end{vmatrix} - c_2 \begin{vmatrix} a_1 & b_1 \\ a_3 & b_3 \end{vmatrix} + c_3 \begin{vmatrix} a_1 & b_1 \\ a_2 & b_2 \end{vmatrix} \\ &= \begin{vmatrix} c_1 & c_2 & c_3 \\ a_1 & a_2 & a_3 \\ b_1 & b_2 & b_3 \end{vmatrix} = \det(A) \end{aligned}$$

とまとめられる．よって，$V = |\det(A)|$ である． ■

参考 (5.9)で定められるベクトル $\boldsymbol{p}$ を $\boldsymbol{a}$ と $\boldsymbol{b}$ の**外積**とよび，$\boldsymbol{a} \times \boldsymbol{b}$ で表す． □

5.3 直交変換・ユニタリ変換

線形空間 V から V 自身への線形写像は，とくに**線形変換**とよばれる．実線形空間 V が内積 $\boldsymbol{x}\cdot\boldsymbol{y}$ $(\boldsymbol{x}, \boldsymbol{y} \in V)$ をもつとき，次の条件を満たす線形変換 f を**直交変換**という．

$$\text{任意の } \boldsymbol{x}, \boldsymbol{y} \in V \text{ に対して，} f(\boldsymbol{x})\cdot f(\boldsymbol{y}) = \boldsymbol{x}\cdot\boldsymbol{y} \tag{5.10}$$

実計量線形空間 $\mathbb{R}^n$ の場合に，より具体的に考えてみよう．$\mathbb{R}^n$ に対する内積(4.22)は，

$$\boldsymbol{x}\cdot\boldsymbol{y} = {}^t\boldsymbol{x}\boldsymbol{y} = [x_1, \cdots, x_n]\begin{bmatrix} y_1 \\ \vdots \\ y_n \end{bmatrix}$$

と表されるので，線形変換 f の表現行列(いまの場合，n 次正方行列)を A とすると，

$$(5.10)\text{の左辺} = f(\boldsymbol{x})\cdot f(\boldsymbol{y}) = {}^t(A\boldsymbol{x})(A\boldsymbol{y}) = {}^t\boldsymbol{x}\,{}^tAA\boldsymbol{y} = {}^t\boldsymbol{x}({}^tAA)\boldsymbol{y}$$

となる．これが ${}^t\boldsymbol{x}\boldsymbol{y}$ と一致する条件は ${}^tAA = E$ であり，A が**直交行列**であることがわかる．すなわち，

$\mathbb{R}^n$ の直交変換は直交行列で表される

ということがいえる．

複素計量線形空間 $\mathbb{C}^n$ に対しては，条件(5.10)を満たす線形変換は**ユニタリ変換**とよばれる．$\mathbb{C}^n$ に対する内積(4.23)は，

$$\boldsymbol{x}\cdot\overline{\boldsymbol{y}} = {}^t\boldsymbol{x}\overline{\boldsymbol{y}} = [x_1, \cdots, x_n]\begin{bmatrix} \overline{y_1} \\ \vdots \\ \overline{y_n} \end{bmatrix}$$

となるので，この場合は，

$$(5.10)\text{の左辺} = f(\boldsymbol{x})\cdot f(\boldsymbol{y}) = {}^t(A\boldsymbol{x})(\overline{A\boldsymbol{y}}) = {}^t\boldsymbol{x}\,{}^tA\overline{A}\overline{\boldsymbol{y}} = {}^t\boldsymbol{x}({}^tA\overline{A})\overline{\boldsymbol{y}}$$

となる．これが ${}^t\boldsymbol{x}\overline{\boldsymbol{y}}$ と一致する条件は ${}^tA\overline{A} = E$ であり，A が**ユニタリ行列**であることがわかる．すなわち，

$\mathbb{C}^n$ のユニタリ変換はユニタリ行列で表される

ということがいえる．

実 2 次元の場合 $\mathbb{R}^2$ に戻って，より詳しく見てみよう．

$$A = \begin{bmatrix} u_1 & u_2 \\ v_1 & v_2 \end{bmatrix}, \quad \boldsymbol{u}_1 = \begin{bmatrix} u_1 \\ v_1 \end{bmatrix}, \quad \boldsymbol{u}_2 = \begin{bmatrix} u_2 \\ v_2 \end{bmatrix}$$

とおくと，行列 A で定められる $\mathbb{R}^2$ の線形変換により，$\mathbb{R}^2$ の標準基底 $\boldsymbol{e}_1, \boldsymbol{e}_2$ は

$$A\boldsymbol{e}_1 = \boldsymbol{u}_1, \quad A\boldsymbol{e}_2 = \boldsymbol{u}_2$$

とうつされる．2×2 行列 A が直交行列である条件は，

$$^tAA = E \quad \Longleftrightarrow \quad \boldsymbol{u}_1 \cdot \boldsymbol{u}_1 = \boldsymbol{u}_2 \cdot \boldsymbol{u}_2 = 1, \quad \boldsymbol{u}_1 \cdot \boldsymbol{u}_2 = 0 \qquad (5.11)$$

となり，$\boldsymbol{u}_1, \boldsymbol{u}_2$ が $\mathbb{R}^2$ の正規直交基底となっていることがわかる．

次に，条件(5.11)を幾何学的にとらえてみよう．条件(5.11)を満たす $\boldsymbol{u}_1, \boldsymbol{u}_2$ は，次の 2 種類に分類される．

① $\boldsymbol{u}_1$ から見て反時計まわり方向に $\boldsymbol{u}_2$ がある場合

② $\boldsymbol{u}_1$ から見て時計まわり方向に $\boldsymbol{u}_2$ がある場合

この分類は 5.2 節のものと同じであるが，いまの場合はより強い条件(5.11)がかされているので，$\boldsymbol{u}_1, \boldsymbol{u}_2$ の具体的な形を，より詳しく調べることができる．

まず，条件 $|\boldsymbol{u}_1| = 1$ より，パラメータ $\theta (0 \leq \theta < 2\pi)$を用いて $\boldsymbol{u}_1 = \begin{bmatrix} \cos\theta \\ \sin\theta \end{bmatrix}$ とおくことができる．次に，条件 $|\boldsymbol{u}_2| = 1, \boldsymbol{u}_1 \perp \boldsymbol{u}_2$ より，①, ② のそれぞれに対して $\boldsymbol{u}_2$ は次の形に表される．

$$① : \boldsymbol{u}_2 = \begin{bmatrix} \cos(\theta + \pi/2) \\ \sin(\theta + \pi/2) \end{bmatrix} = \begin{bmatrix} -\sin\theta \\ \cos\theta \end{bmatrix}$$

$$② : \boldsymbol{u}_2 = \begin{bmatrix} \cos(\theta - \pi/2) \\ \sin(\theta - \pi/2) \end{bmatrix} = \begin{bmatrix} \sin\theta \\ -\cos\theta \end{bmatrix}$$

それぞれの場合に，線形写像の様子を図示すると，図 5.7 のようになる．図 5.7 からわかるように，①の場合はもとの図を角度 θ だけ回転させたもので，②の場合は表裏ひっくり返っている．

以上により，2×2 の直交行列は表 5.1 のように分類されることがわかる．

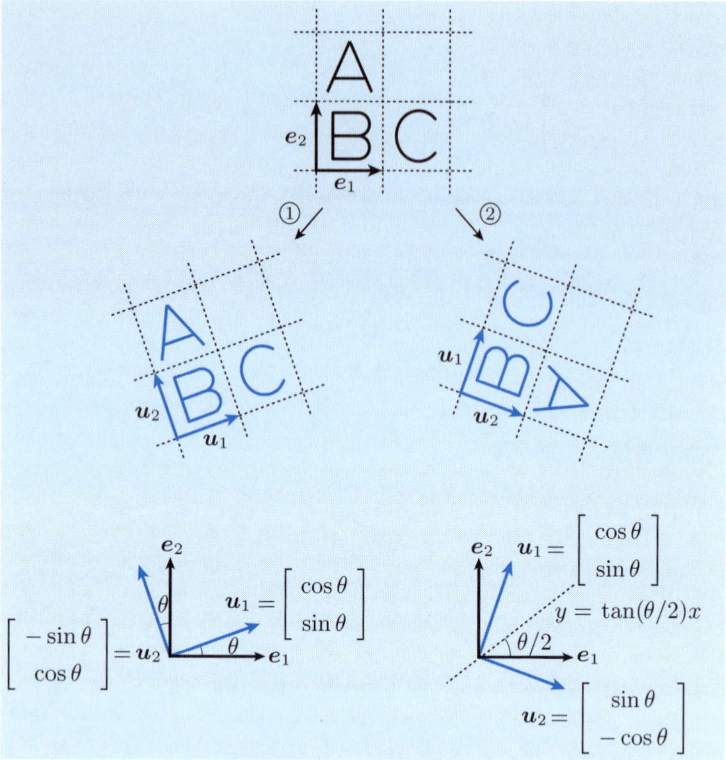

図 5.7 回転と鏡映

表 5.1 直交行列の分類

	行列の具体形	幾何学的意味	行列式の値
①	$\begin{bmatrix} \cos\theta & -\sin\theta \\ \sin\theta & \cos\theta \end{bmatrix}$	原点まわりの角度 θ 回転	$+1$
②	$\begin{bmatrix} \cos\theta & \sin\theta \\ \sin\theta & -\cos\theta \end{bmatrix}$	直線 $y = \tan(\theta/2)x$ に関する鏡映(折り返し)	-1

例題 3.5 で示したように，直交行列においては，行列式の値は ±1 のいずれかである．また，表 5.1 にまとめたように，$+1$ か -1 かで，変換としての性質が違ってくる．

例題 5.5

2 次正方行列 $R(\theta)$, $S(\theta)$ を

$$R(\theta) = \begin{bmatrix} \cos\theta & -\sin\theta \\ \sin\theta & \cos\theta \end{bmatrix}, \quad S(\theta) = \begin{bmatrix} \cos\theta & \sin\theta \\ \sin\theta & -\cos\theta \end{bmatrix} \qquad (5.12)$$

で定める．このとき，以下の関係式が成り立つことを示せ．

(1) $R(\theta)^{-1} = R(-\theta)$

(2) $R(\alpha)R(\beta) = R(\beta)R(\alpha) = R(\alpha+\beta)$

(3) $S(\theta)^2 = E$

(4) $S(2\theta) = R(\theta)S(0)R(-\theta)$

【解答】 関係式が成り立つこと自体は，成分計算をして三角関数の加法定理を用いることで容易に証明できる．ここでは，上の関係式の幾何学的意味を述べておく．

(1) 角度 θ だけ回転したあと，$-\theta$ だけ回転すればもとに戻る．

(2) 「角度 α だけ回転」,「角度 β だけ回転」という操作は，どちらを先に実行しても，結果としては $\alpha+\beta$ だけ回転させることになる．

(3) 直線 $y = \tan(\theta/2)x$ に関する鏡映を 2 回繰り返せばもとに戻る．

(4) 行列 $S(2\theta)$ は，直線 $y = (\tan\theta)x$ に関する鏡映を表す．一方，まず $-\theta$ だけ回転すると直線 $y = (\tan\theta)x$ は x 軸に一致するので，そのあとに x 軸に関する鏡映をとり，θ だけ回転させて，もとに戻せば，左辺と同じ結果となる(図 5.8 参照)． ■

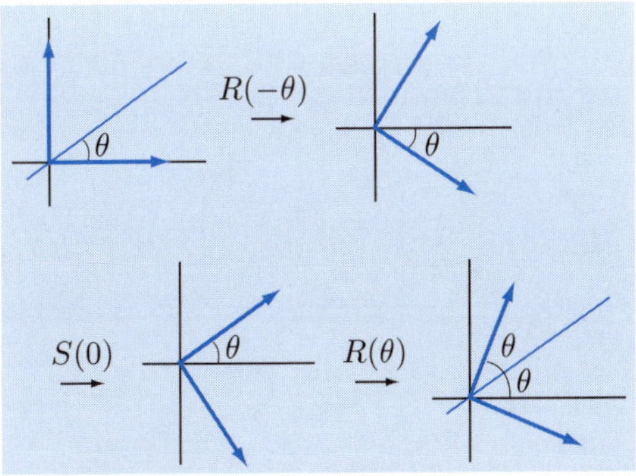

図 5.8 $S(2\theta) = R(\theta)S(0)R(-\theta)$

例題 5.6

2つの行列

$$A = \begin{bmatrix} a_1 & -a_2 \\ a_2 & a_1 \end{bmatrix}, \quad B = \begin{bmatrix} b_1 & -b_2 \\ b_2 & b_1 \end{bmatrix}$$

を考える．ただし，(a_1, a_2) と (b_1, b_2) はともに円 $x^2 + y^2 = 1$ の上にあり，a_1, a_2, b_1, b_2 はすべて負でない数である．次の等式

$$A^3 = B^2, \quad AB = \begin{bmatrix} -\sqrt{3}/2 & -1/2 \\ 1/2 & -\sqrt{3}/2 \end{bmatrix}$$

が成り立つ A, B を求めよ． （千葉大・大学入試）

【解答】 与えられた条件より，行列 A, B は(5.12)の $R(\theta)$ を用いて

$$A = R(\alpha), \quad B = R(\beta) \ (0 \leq \alpha, \beta \leq \pi/2)$$

と表すことができる．このとき，A, B に対する条件を書きかえると，

$$A^3 = B^2 \iff R(3\alpha) = R(2\beta) \iff R(3\alpha - 2\beta) = E,$$

$$AB = \begin{bmatrix} -\sqrt{3}/2 & -1/2 \\ 1/2 & -\sqrt{3}/2 \end{bmatrix} \iff R(\alpha + \beta) = R(5\pi/6)$$

となり，$0 \leq \alpha, \beta \leq \pi/2$ より，

$$0 \leq \alpha + \beta \leq \pi, \quad -\pi \leq 3\alpha - 2\beta \leq 3\pi/2$$

なので，

$$3\alpha - 2\beta = 0, \quad \alpha + \beta = 5\pi/6$$

となる．よって

$$\alpha = \pi/3, \quad \beta = \pi/2$$

が得られる．

（答）$A = R(\pi/3) = \dfrac{1}{2}\begin{bmatrix} 1 & -\sqrt{3} \\ \sqrt{3} & 1 \end{bmatrix}$, $B = R(\pi/2) = \begin{bmatrix} 0 & -1 \\ 1 & 0 \end{bmatrix}$ ■

$\mathbb{R}^3$ の場合にも，行列

$$A = [\boldsymbol{u}_1, \boldsymbol{u}_2, \boldsymbol{u}_3] \quad (\boldsymbol{u}_j \in \mathbb{R}^3,\ j = 1, 2, 3)$$

で表される線形変換を f とするとき，

線形変換 f が直交変換

$\Longleftrightarrow$ A が直交行列

$\Longleftrightarrow$ $\{\boldsymbol{u}_1, \boldsymbol{u}_2, \boldsymbol{u}_3\}$ が $\mathbb{R}^3$ の正規直交基底

$(\|\boldsymbol{u}_1\| = \|\boldsymbol{u}_2\| = \|\boldsymbol{u}_3\| = 1,\ \boldsymbol{u}_1 \cdot \boldsymbol{u}_2 = \boldsymbol{u}_2 \cdot \boldsymbol{u}_3 = \boldsymbol{u}_3 \cdot \boldsymbol{u}_1 = 0)$

といいかえられ，行列式の値の正負によって変換の様子が変わってくる．

この場合，$\boldsymbol{u}_1$, $\boldsymbol{u}_2$, $\boldsymbol{u}_3$ の配置として考えられるのは，図 5.9 の 2 通りのいずれかである．

3 つのベクトル $\boldsymbol{u}_1$, $\boldsymbol{u}_2$, $\boldsymbol{u}_3$ が,「右手系」の場合はそれぞれ右手の親指，人差し指，中指に対応し,「左手系」の場合は左手のそれぞれの指に対応する．

また，3 次元の直交変換に対しても，2 次元のときと同様に，

行列式の値が正：空間内での原点まわりの回転

行列式の値が負：空間内での適当な平面についての鏡映

となることが示される(証明は省略する)．

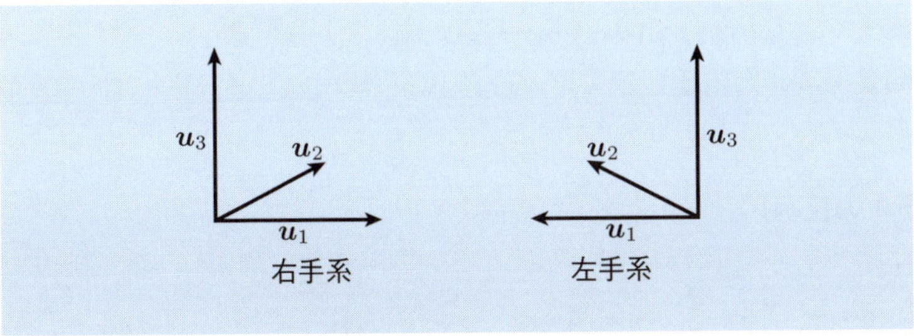

図 5.9　右手系と左手系

5.4 次元定理

線形写像の章のまとめとして，本節では「次元定理」なる定理を扱う．本節の内容はやや抽象的で程度が高いので，難解に感じる場合はとりあえず先に進み，一通り学んでから再度挑戦してみてもらいたい．

定理 5.1

V, W を，体 $\mathbb{R}$ 上の有限次元ベクトル空間とする．f を V から W への実線形写像とするとき，次が成り立つ：

$$\dim(\operatorname{Ker} f) + \dim(\operatorname{Im} f) = \dim V.$$

この定理は**次元定理**[1] とよばれる．

定理の証明に向けて，まずは $n = \dim V$, $k = \dim(\operatorname{Ker} f)$ とおく．$\operatorname{Ker} f$ は V の部分空間であるので $k \leq n$ であり，$\{\boldsymbol{v}_1, \boldsymbol{v}_2, \cdots, \boldsymbol{v}_k\}$ が $\operatorname{Ker} f$ の基底，$\{\boldsymbol{v}_1, \cdots, \boldsymbol{v}_k, \boldsymbol{v}_{k+1}, \cdots, \boldsymbol{v}_n\}$ が V の基底となるように $\boldsymbol{v}_1$, $\cdots$, $\boldsymbol{v}_n$ をとることができる[2]．

このとき，$(n-k)$ 個のベクトル $\{f(\boldsymbol{v}_{k+1}), f(\boldsymbol{v}_{k+2}), \cdots, f(\boldsymbol{v}_n)\}$ が $\operatorname{Im} f$ の基底を与えることを示せばよい．そのためには，以下の2つを示すことになる．

補題 1: $\{f(\boldsymbol{v}_{k+1}), f(\boldsymbol{v}_{k+2}), \cdots, f(\boldsymbol{v}_n)\}$ は1次独立．

補題 2: $\operatorname{Im} f$ の任意の元は，$\{f(\boldsymbol{v}_{k+1}), f(\boldsymbol{v}_{k+2}), \cdots, f(\boldsymbol{v}_n)\}$ の線形結合として表すことができる．

[補題1の証明]

$c_1, c_2, \cdots, c_{n-k}$ に対して

$$c_1 f(\boldsymbol{v}_{k+1}) + c_2 f(\boldsymbol{v}_{k+2}) + \cdots + c_{n-k} f(\boldsymbol{v}_n) = \boldsymbol{0}$$

が成り立つとする．f は線形写像であるので，これは

$$f(c_1 \boldsymbol{v}_{k+1} + c_2 \boldsymbol{v}_{k+2} + \cdots + c_{n-k} \boldsymbol{v}_n) = \boldsymbol{0}$$

---

1) 本節とは異なり,「任意の有限次元線形空間に対して，基底をなすベクトルの個数は，基底の取り方によらず一意的に定められる」という定理を「次元定理」とよぶときもある．

2) ここはうるさくいうと,「ベクトル空間の基底の存在定理」「基底の延長定理」を使っていることになる．これらの定理については，例えば [4] などを参照せよ．

と同値である．よってこのとき $c_1\boldsymbol{v}_{k+1}+c_2\boldsymbol{v}_{k+2}+\cdots+c_{n-k}\boldsymbol{v}_n$ は $\mathrm{Ker}\,f$ の元であり，$\mathrm{Ker}\,f$ の基底 $\{\boldsymbol{v}_1,\boldsymbol{v}_2,\cdots,\boldsymbol{v}_k\}$ の線形結合として表すことができる：

$$c_1\boldsymbol{v}_{k+1}+c_2\boldsymbol{v}_{k+2}+\cdots+c_{n-k}\boldsymbol{v}_n=a_1\boldsymbol{v}_1+\cdots+a_k\boldsymbol{v}_k.$$

$\{\boldsymbol{v}_1,\cdots,\boldsymbol{v}_k,\boldsymbol{v}_{k+1},\cdots,\boldsymbol{v}_n\}$ は V の基底であり 1 次独立であるので，$c_1=c_2=\cdots=c_{n-k}=0$ が得られ，$\{f(\boldsymbol{v}_{k+1}),f(\boldsymbol{v}_{k+2}),\cdots,f(\boldsymbol{v}_n)\}$ の 1 次独立性が示された．■

[補題 2 の証明]

$\mathrm{Im}\,f$ の任意の元は，V の元 $\boldsymbol{x}$ を用いて $f(\boldsymbol{x})$ という形に表される．このとき，$\boldsymbol{x}$ を V の基底 $\{\boldsymbol{v}_1,\cdots,\boldsymbol{v}_k,\boldsymbol{v}_{k+1},\cdots,\boldsymbol{v}_n\}$ を用いて展開すれば，

$$\boldsymbol{x}=x_1\boldsymbol{v}_1+\cdots+x_k\boldsymbol{v}_k+x_{k+1}\boldsymbol{v}_{k+1}+\cdots+x_n\boldsymbol{v}_n$$

と表すことができる．このとき，f の線形性と，$\{\boldsymbol{v}_1,\boldsymbol{v}_2,\cdots,\boldsymbol{v}_k\}$ が $\mathrm{Ker}\,f$ の元であることに注意すれば，

$$f(\boldsymbol{x})=x_{k+1}\,(\boldsymbol{v}_{k+1})+\cdots+x_n\,(\boldsymbol{v}_n)$$

が得られる．これは，$f(\boldsymbol{v})$ が $\{f(\boldsymbol{v}_{k+1}),f(\boldsymbol{v}_{k+2}),\cdots,f(\boldsymbol{v}_n)\}$ の線形結合として表されることを意味している．■

以上で補題 1，補題 2 が示され，定理の証明が完結したことになる．

次元定理の内容は，図 5.10 のように図示することができる．

すなわち，線形写像 f によって消える部分（$\mathrm{Ker}\,f$）と残る部分（$\mathrm{Im}\,f$）との"大きさ"（より正確には「次元」）を合わせると，もともとの V の大きさ（次元）となることを意味している．これをより正確に述べたのが，上述の証明である．

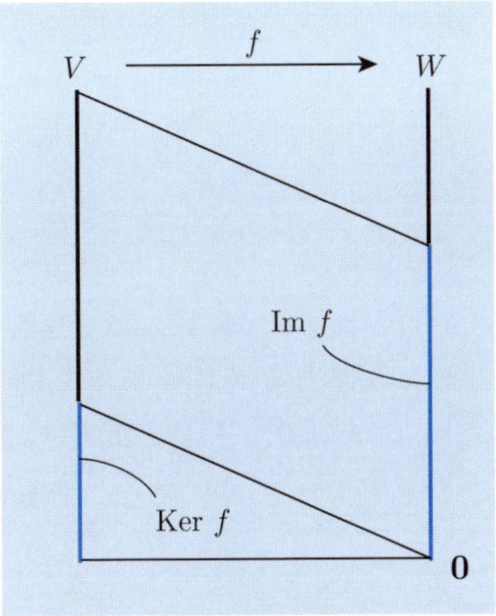

図 5.10　次元定理のイメージ

5章の問題

□**1**　行列 $A = \begin{bmatrix} -1 & 1 & 2 \\ 1 & -1 & -2 \\ 0 & 2 & 2 \end{bmatrix}$ とおき，A によって定まる $\mathbb{R}^3$ から $\mathbb{R}^3$ への線形写像：

$$\begin{bmatrix} x \\ y \\ z \end{bmatrix} \to A \begin{bmatrix} x \\ y \\ z \end{bmatrix}$$

も A で表す．

(1)　Im A の基底を1つ与えよ．

(2)　Ker A の基底を1つ与えよ．

(3)　Im A^2 の基底を1つ与えよ．

(4)　$\mathbb{R}^3$ のベクトル $\boldsymbol{v}$ を適当に選び，$\boldsymbol{v}$, $A\boldsymbol{v}$, $A^2\boldsymbol{v}$ が $\mathbb{R}^3$ の基底になるようにせよ．

(5)　3次の可逆(正則)行列 S で $S^{-1}AS = \begin{bmatrix} 0 & 1 & 0 \\ 0 & 0 & 1 \\ 0 & 0 & 0 \end{bmatrix}$ となるものを1つ与えよ．ただし，S のかわりに S によって定まる $\mathbb{R}^3$ から $\mathbb{R}^3$ への線形写像を与えてもよい．

(千葉大・院試)

□**2**　変数 x に関する n 次以下の実多項式のなすベクトル空間を V_n とする．実数 a, b に対して，写像 $F_{a,b} : V_n \to V_n$ を

$$(F_{a,b}(f))(x) = f(ax + b) \quad (f \in V_n)$$

で定める．さらに，$f, g \in V_n$ に対して，

$$(f, g) = \int_{-1}^{1} f(x)g(x)dx$$

と定義する．

(1)　ベクトル空間 V_n の次元を求めよ．

(2)　写像 $F_{a,b}$ は V_n の線形変換であることを示せ．

(3)　上に定義された (f, g) は V_n の内積であることを示せ．

(4)　$n = 1$ のとき，V_n の正規直交基底を1組求めよ．

(5)　$n = 1$ のとき，(4)で求めた基底に関する変換 $F_{a,b}$ の表現行列を求めよ．

(6)　$n = 1$ のとき，$F_{a,b}$ が直交変換となるような a と b の組をすべて求めよ．

(広島大・院試)

6 固有値・固有ベクトル

本章では,「固有値・固有ベクトル」という考え方を学ぶ．ここで学ぶ考え方は,

複雑な物事を理解しやすい(扱いやすい)ものに分解して理解する

という普遍的な考え方の一例であり，理工学のさまざまな分野に応用される．簡単な応用例については，7.2 節，7.5 節，7.6 節を見ていただきたい．

なお，本書では固有値・固有ベクトルを求める計算ができるようになることを主な目的としたため，例えば「一般の線形変換は，適当な基底をとればジョルダン標準形の形に表される」などという一般的な事実の証明を述べていない．そういった数学的な証明については，[4]などを参照していただきたい．

6 章で学ぶ概念・キーワード

- **固有値，固有ベクトル，固有空間**
- **固有多項式，固有方程式**
- 行列の**対角化**
- 行列の**ジョルダン標準形**

6.1 固有値・固有ベクトル

例として，次の線形変換を考えよう．

$$\begin{bmatrix} x' \\ y' \end{bmatrix} = \frac{1}{2}\begin{bmatrix} 5 & -1 \\ -1 & 5 \end{bmatrix}\begin{bmatrix} x \\ y \end{bmatrix} \tag{6.1}$$

この変換により，例えば点 A(2,1) は点 A′(9/2,3/2) にうつされる．この動きを，次のように有向線分 $\overrightarrow{\mathrm{AA'}}$ によって表してみよう(図6.1)．このようにして，移動を表す有向線分を各点ごとに描くことによって，平面上の点の動きの様子を表したのが図6.2である．

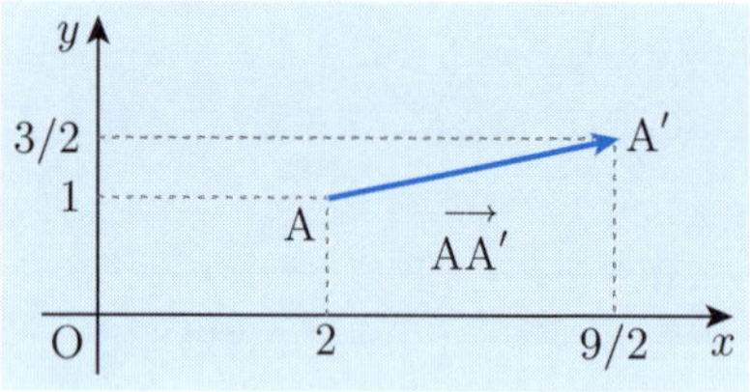

図 6.1 (6.1)による A(2,1) の様子

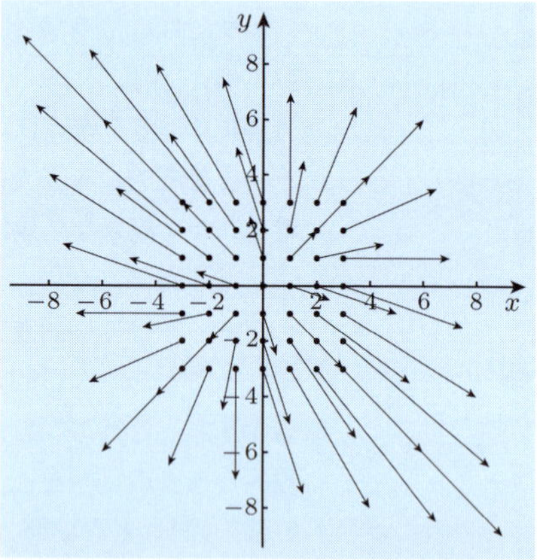

図 6.2 (6.1)による点の移動の様子

図6.2をよく見ると，2直線 $y=x$, $y=-x$ 上の点は，その直線に沿って動いていることが予想されるであろう．実際，

$$\frac{1}{2}\begin{bmatrix} 5 & -1 \\ -1 & 5 \end{bmatrix}\begin{bmatrix} 1 \\ 1 \end{bmatrix} = \begin{bmatrix} 2 \\ 2 \end{bmatrix} = 2\begin{bmatrix} 1 \\ 1 \end{bmatrix}, \tag{6.2}$$

$$\frac{1}{2}\begin{bmatrix} 5 & -1 \\ -1 & 5 \end{bmatrix}\begin{bmatrix} 1 \\ -1 \end{bmatrix} = \begin{bmatrix} 3 \\ -3 \end{bmatrix} = 3\begin{bmatrix} 1 \\ -1 \end{bmatrix} \tag{6.3}$$

であるので，この予想は正しいことがわかる．

より一般に，与えられた正方行列 A(2×2 とは限らない)に対して，

$$A\boldsymbol{x} = \lambda\boldsymbol{x} \tag{6.4}$$

を満たす定数 λ，および $\mathbf{0}$ でないベクトル $\boldsymbol{x}$ が存在するとき[1]，λ を行列 A の**固有値**，$\boldsymbol{x}$ を**固有ベクトル**という．1 つの固有値 λ に対し，(6.4)を満たすベクトル $\boldsymbol{x}$ 全体の集合は，線形部分空間となる[2]．この線形部分空間を，固有値 λ に対する A の**固有空間**という．

実際に固有値を求めるために，まず(6.4)を次のように書き直す[3]．

$$(6.4) \iff (\lambda E - A)\boldsymbol{x} = \mathbf{0} \tag{6.5}$$

この方程式において，$(\lambda E - A)$ の逆行列 $(\lambda E - A)^{-1}$ が存在するならば，それを左からかけることで $\boldsymbol{x} = \mathbf{0}$ となってしまう．よって，$\mathbf{0}$ でないものが存在するためには，

$$\det(\lambda E - A) = 0 \tag{6.6}$$

でなければならない(必要条件)．この方程式を，行列 A の**固有方程式**あるいは**特性方程式**といい，固有値はこの方程式を解くことで求められる．また，(6.6)の左辺に現れている変数 λ の多項式

$$\varPhi_A(\lambda) = \det(\lambda E - A)$$

を，行列 A の**固有多項式**あるいは**特性多項式**という．正方行列 A が n 次である場合，固有多項式 $\varPhi_A(\lambda)$ は n 次多項式になり，最高次係数は 1，定数項は $(-1)^n \det(A)$ に等しい．また，λ^{n-1} の係数は $-\mathrm{Tr}\,A$ となる．

$$\varPhi_A(\lambda) = \lambda^n - (\mathrm{Tr}\,A)\lambda^{n-1} + \cdots + (-1)^n \det(A)$$

[例]　$n = 2$ のとき，$A = \begin{bmatrix} a & b \\ c & d \end{bmatrix}$ に対しては次のようになる．

$$\begin{aligned}\det(\lambda E - A) &= \begin{vmatrix} \lambda - a & -b \\ -c & \lambda - d \end{vmatrix} \\ &= \lambda^2 - (a+d)\lambda + (ad - bc)\end{aligned}$$

□

---

1) $\boldsymbol{x} = \mathbf{0}$ のとき (6.4) が成立するのはあたりまえなので，$\mathbf{0}$ でないものを探す．また，λ は「ラムダ」と読む．この大文字は Λ である．

2) 各自でチェックしてみてほしい．

3) $(A - \lambda E)\boldsymbol{x} = \mathbf{0}$ としてもよい．

例題 6.1

行列 $A = \dfrac{1}{2}\begin{bmatrix} 5 & -1 \\ -1 & 5 \end{bmatrix}$ に対して，固有値・固有ベクトルの組をすべて求めよ．

【解答】 与えられた A に対して，

$$\Phi_A(\lambda) = \begin{vmatrix} \lambda - 5/2 & 1/2 \\ 1/2 & \lambda - 5/2 \end{vmatrix} = \lambda^2 - 5\lambda + 6 = (\lambda - 2)(\lambda - 3)$$

であるので，A の固有値は 2, 3 である．対応する固有ベクトルは，

① $\lambda = 2$ のとき

$$(\lambda E - A)\boldsymbol{x} = \boldsymbol{0} \iff \frac{1}{2}\begin{bmatrix} -1 & 1 \\ 1 & -1 \end{bmatrix}\begin{bmatrix} x \\ y \end{bmatrix} = \begin{bmatrix} 0 \\ 0 \end{bmatrix} \tag{6.7}$$

よって，固有値 $\lambda = 2$ に対応する固有ベクトルとして，$\boldsymbol{x}_{\lambda=2} = \begin{bmatrix} 1 \\ 1 \end{bmatrix}$ をとることができる[1]．

② $\lambda = 3$ のとき

$$(\lambda E - A)\boldsymbol{x} = \boldsymbol{0} \iff \frac{1}{2}\begin{bmatrix} 1 & 1 \\ 1 & 1 \end{bmatrix}\begin{bmatrix} x \\ y \end{bmatrix} = \begin{bmatrix} 0 \\ 0 \end{bmatrix} \tag{6.8}$$

よって，固有値 $\lambda = 3$ に対応する固有ベクトルとして，$\boldsymbol{x}_{\lambda=3} = \begin{bmatrix} 1 \\ -1 \end{bmatrix}$ をとることができる． ■

以上により，図 6.2 から予想した結果(6.2), (6.3)を，計算から求めることができたわけである．

例題 6.1 では，固有値 $\lambda = 2, 3$ に対する固有ベクトルは，連立 1 次方程式(6.7), (6.8)から求めることができた．より一般に，α が固有方程式(6.6)の解であるときに，対応する固有ベクトル $\boldsymbol{x}$ が必ず存在することが，以下のようにして示される．

---

1) 0 でない定数をかけたもの，例えば $\boldsymbol{x}_{\lambda=2} = \begin{bmatrix} 2 \\ 2 \end{bmatrix}$ でもよい．

α を固有方程式(6.6)の解として，(6.5)で $\lambda = \alpha$ とおいた連立1次方程式

$$(\alpha E - A)\boldsymbol{x} = \mathbf{0} \tag{6.9}$$

を考える．A を n 次正方行列とするとき，2.3 節にまとめてあるように，連立1次方程式(6.9)の解の様子は，係数行列 $(\alpha E - A)$ および拡大係数行列 $\left[\begin{array}{c|c} \alpha E - A & \mathbf{0} \end{array}\right]$ の階数によって，次のいずれかになる．

- ただ1つの解をもつ．
- 無限に多くの解をもつ(**解不定**)．
- 解をもたない(**解不能**)．

いま，$\lambda = \alpha$ とおくと(6.6)が成り立つので，$\det(\alpha E - A) = 0$ である．このとき，係数行列 $(\alpha E - A)$ の逆行列は存在しないので,「解不定」,「解不能」のいずれかである．ここで，(6.9)は自明な解 $\boldsymbol{x} = \mathbf{0}$ をもつことは明らかであるので,「解不能」ではない．よって，連立1次方程式(6.9)は無限に多くの解をもつので，自明でない解 $\boldsymbol{x} \neq \mathbf{0}$ をもつことがわかる．

以上により，α が固有方程式(6.6)の解であるならば，対応する固有ベクトル $\boldsymbol{x}$ $(\neq \mathbf{0})$が必ず存在することがわかった．すなわち，λ が方程式(6.6)を満たすことが，$\mathbf{0}$ でない固有ベクトルが存在するための十分条件でもあることがわかったことになる．

ここまで述べたことを，定理の形にまとめておく．

定理 6.1

与えられた n 次正方行列 A に対して，$A\boldsymbol{x} = \alpha\boldsymbol{x}$ を満たす $\mathbf{0}$ でないベクトル $\boldsymbol{x}$，定数 α が存在するための必要十分条件は，α が固有方程式

$$\det(\alpha E - A) = 0 \quad (\alpha \text{ に関する } n \text{ 次方程式})$$

を満たすことである．

参考 与えられた正方行列に対して，固有方程式の解 α に対して固有ベクトルが必ず存在することは上に示した通りであるが，そこでの議論はややわかりにくいかもしれない．

線形代数をはじめて学ぶ際には，まずは具体的な計算ができるようになることがもっとも大切なので，証明がわかりにくければそこはあとまわしにして，ある程度計算ができるようになってから再度考えてみることをお勧めする． □

固有値・固有ベクトルの一般的な性質を，次の例題を通して見ておこう．

例題 6.2

A を n 次正方行列とする．

(1) A の固有値，固有ベクトルの定義を述べよ．また，λ が A の固有値になるための必要十分条件を1つあげよ．

(2) $\lambda_1, \cdots, \lambda_k$ を A の固有値とし，$\boldsymbol{x}_1, \cdots, \boldsymbol{x}_k$ を $\lambda_1, \cdots, \lambda_k$ に対応する A の固有ベクトルとする．$\lambda_1, \cdots, \lambda_k$ が互いに相異なるとき $(i \neq j \Rightarrow \lambda_i \neq \lambda_j)$，$\boldsymbol{x}_1, \cdots, \boldsymbol{x}_k$ は1次独立であることを示せ．

(3) λ を A の固有値とし，$\boldsymbol{x}$ を λ に対応する A の固有ベクトルとする．また B は $AB = BA$ を満たす n 次正方行列であるとする．このとき，$B\boldsymbol{x}$ も A の固有ベクトルであることを示せ．（津田塾大・院試(改題)）

【解答】 (1) 定義については，本節前半を参照．また，λ が A の固有値になるための必要十分条件は，固有方程式 $\det(\lambda E - A) = 0$ の解となることである．

(2) $c_1, c_2, \cdots, c_k$ を未知数として，方程式

$$c_1\boldsymbol{x}_1 + c_2\boldsymbol{x}_2 + \cdots + c_k\boldsymbol{x}_k = \boldsymbol{0} \tag{6.10}$$

を考える．(6.10)に A^l $(l = 0, 1, \cdots, k-1)$ を作用させると，

$$c_1\lambda_1^l\boldsymbol{x}_1 + c_2\lambda_2^l\boldsymbol{x}_2 + \cdots + c_k\lambda_k^l\boldsymbol{x}_k = \boldsymbol{0} \tag{6.11}$$

となる．ここで，列ベクトル $\boldsymbol{x}_i$ $(i = 1, \cdots, k)$ の第 j 行の成分を x_{ij} と表すと，第 m 行 $(m = 1, \cdots, n)$ に注目すれば，

$$c_1\lambda_1^l x_{1m} + c_2\lambda_2^l x_{2m} + \cdots + c_k\lambda_k^l x_{km} = 0$$

となる．これが $l = 0, 1, \cdots, k-1$ に対して成立するので，

$$\begin{bmatrix} 1 & 1 & \cdots & 1 \\ \lambda_1 & \lambda_2 & \cdots & \lambda_k \\ \vdots & \vdots & \ddots & \vdots \\ \lambda_1^{k-1} & \lambda_2^{k-1} & \cdots & \lambda_k^{k-1} \end{bmatrix} \begin{bmatrix} c_1 x_{1m} \\ c_2 x_{2m} \\ \vdots \\ c_k x_{km} \end{bmatrix} = \begin{bmatrix} 0 \\ 0 \\ \vdots \\ 0 \end{bmatrix}$$

この方程式の係数行列の行列式は，p.73 の参考1，参考2で述べたように，

$$\begin{vmatrix} 1 & 1 & \cdots & 1 \\ \lambda_1 & \lambda_2 & \cdots & \lambda_k \\ \vdots & \vdots & \ddots & \vdots \\ \lambda_1^{k-1} & \lambda_2^{k-1} & \cdots & \lambda_k^{k-1} \end{vmatrix} = \prod_{k \geq i > j \geq 1} (\lambda_i - \lambda_j)$$

となるので(ヴァンデルモンドの行列式)，固有値が互いに相異なるという条件のもとでは 0 にならず，係数行列は逆行列をもつ．ゆえに，

$$c_1 x_{1m} = c_2 x_{2m} = \cdots = c_k x_{km} = 0 \quad (m = 1, \cdots, n)$$

となる．ここで，固有ベクトル $\boldsymbol{x}_i$ $(i = 1, \cdots, k)$は零ベクトル $\mathbf{0}$ ではないので，少なくとも 1 つの 0 でない成分をもつ．すなわち，各 i に対して，x_{i1}, $x_{i2}, \cdots, x_{in}$ のうち少なくとも 1 つは 0 でない．よって，

$$c_1 = c_2 = \cdots = c_k = 0$$

となり，方程式(6.10)が自明な解しかもたないことが示された．すなわち，$\boldsymbol{x}_1, \cdots, \boldsymbol{x}_k$ は 1 次独立である．

(3)　$\boldsymbol{x}$ は固有値 λ に対する A の固有ベクトルであるので，$A\boldsymbol{x} = \lambda\boldsymbol{x}$ である．$AB = BA$ が成り立つとき，

$$A(B\boldsymbol{x}) = BA\boldsymbol{x} = \lambda(B\boldsymbol{x})$$

となる．よって $B\boldsymbol{x}$ も，固有値 λ に対する A の固有ベクトルであることがわかる．■

参考　例題 6.2(3)と関連して，条件 $AB = BA$ が成り立つとき，

$$A\boldsymbol{x} = \lambda\boldsymbol{x}, \quad B\boldsymbol{x} = \mu\boldsymbol{x}$$

を同時に満たすベクトル $\boldsymbol{x}$ $(\neq \mathbf{0})$が存在する．この $\boldsymbol{x}$ を，A, B の**同時固有ベクトル**という．□

6.2 行列の対角化

5.1 節で述べたように，別の基底をとると線形変換の表現行列の具体的な形は変わってくる．そこで，固有ベクトルを基底としてとった場合の表現行列を求め，その意味を考えてみよう．

まずは 2×2 行列で考えよう．2×2 行列 A の固有値を α, β，対応する固有ベクトルを $\boldsymbol{v}_\alpha = \begin{bmatrix} v_{\alpha 1} \\ v_{\alpha 2} \end{bmatrix}, \boldsymbol{v}_\beta = \begin{bmatrix} v_{\beta 1} \\ v_{\beta 2} \end{bmatrix}$ とすると，

$$A\boldsymbol{v}_\alpha = \alpha \boldsymbol{v}_\alpha, \quad A\boldsymbol{v}_\beta = \beta \boldsymbol{v}_\beta. \tag{6.12}$$

ここで，$\boldsymbol{v}_\alpha, \boldsymbol{v}_\beta$ を並べて 2×2 行列 P を作る．

$$P = \begin{bmatrix} v_{\alpha 1} & v_{\beta 1} \\ v_{\alpha 2} & v_{\beta 2} \end{bmatrix} \tag{6.13}$$

$\boldsymbol{v}_\alpha$ と $\boldsymbol{v}_\beta$ とが 1 次独立であると仮定すると，P は正則行列となる．

この P を用いれば，(6.12) の 2 つの式を 1 つにまとめて表すことができる．

$$AP = \begin{bmatrix} \alpha v_{\alpha 1} & \beta v_{\beta 1} \\ \alpha v_{\alpha 2} & \beta v_{\beta 2} \end{bmatrix} \tag{6.14}$$

また，(6.14) の右辺は，次のように分解することができる．

$$\begin{bmatrix} \alpha v_{\alpha 1} & \beta v_{\beta 1} \\ \alpha v_{\alpha 2} & \beta v_{\beta 2} \end{bmatrix} = \begin{bmatrix} v_{\alpha 1} & v_{\beta 1} \\ v_{\alpha 2} & v_{\beta 2} \end{bmatrix} \begin{bmatrix} \alpha & 0 \\ 0 & \beta \end{bmatrix} = P \begin{bmatrix} \alpha & 0 \\ 0 & \beta \end{bmatrix}$$

これを (6.14) に用いて，P^{-1} を左からかけると，

$$P^{-1}AP = \begin{bmatrix} \alpha & 0 \\ 0 & \beta \end{bmatrix} (= D \text{ とおく}) \tag{6.15}$$

となる．このように (6.12) を満たす $\boldsymbol{v}_\alpha, \boldsymbol{v}_\beta$ が 1 次独立ならば，正則行列 P を用いて $P^{-1}AP$ を対角行列 D にすることができる．この手続きを**対角化**という．

対角化とは何をやったことになるのかを述べるために，まずは行列 P の意味を考えよう．仮定により，$\boldsymbol{v}_\alpha$ と $\boldsymbol{v}_\beta$ とは 1 次独立なので $\mathbb{R}^2$ の基底となり，任意の $\begin{bmatrix} x \\ y \end{bmatrix}$ は $\boldsymbol{v}_\alpha$ と $\boldsymbol{v}_\beta$ の線形結合で表すことができる．すなわち，

$$\begin{bmatrix} x \\ y \end{bmatrix} = s \begin{bmatrix} v_{\alpha 1} \\ v_{\alpha 2} \end{bmatrix} + t \begin{bmatrix} v_{\beta 1} \\ v_{\beta 2} \end{bmatrix} \tag{6.16}$$

この式は次の形に書き直すことができる.

$$\begin{bmatrix} x \\ y \end{bmatrix} = \begin{bmatrix} v_{\alpha 1} & v_{\beta 1} \\ v_{\alpha 2} & v_{\beta 2} \end{bmatrix} \begin{bmatrix} s \\ t \end{bmatrix} = P \begin{bmatrix} s \\ t \end{bmatrix} \tag{6.17}$$

右辺に現れる 2×2 行列は固有ベクトルを並べたもの，すなわち，先ほどの P そのものである.

一方，2×2 行列 A で定められる $\mathbb{R}^2$ の線形変換による $\begin{bmatrix} x \\ y \end{bmatrix}$ の像を $\begin{bmatrix} x' \\ y' \end{bmatrix}$ とすると，

$$\begin{bmatrix} x' \\ y' \end{bmatrix} = A \begin{bmatrix} x \\ y \end{bmatrix} \tag{6.18}$$

となる．さらに，$\begin{bmatrix} x' \\ y' \end{bmatrix}$ を，(6.16)のように $\boldsymbol{v}_\alpha$ と $\boldsymbol{v}_\beta$ の線形結合で表す際の係数を s', t' とする．このとき，(6.17)と同様にして，

$$\begin{bmatrix} x' \\ y' \end{bmatrix} = P \begin{bmatrix} s' \\ t' \end{bmatrix} \tag{6.19}$$

が得られる.

以上の準備のもとで，$\begin{bmatrix} s \\ t \end{bmatrix}$ と $\begin{bmatrix} s' \\ t' \end{bmatrix}$ との関係式を求めてみよう.

$$\begin{bmatrix} s' \\ t' \end{bmatrix} \overset{(6.19)}{=} P^{-1} \begin{bmatrix} x' \\ y' \end{bmatrix} \overset{(6.18)}{=} P^{-1}A \begin{bmatrix} x \\ y \end{bmatrix} \overset{(6.17)}{=} P^{-1}AP \begin{bmatrix} s \\ t \end{bmatrix}$$

(6.15)を用いて整理すれば，

$$\begin{bmatrix} s' \\ t' \end{bmatrix} = D \begin{bmatrix} s \\ t \end{bmatrix} \tag{6.20}$$

となる．すなわち，$\mathbb{R}^2$ に対して(6.16)で定められる s, t という座標系を導入すれば，もとの座標系では行列 A で表されていた線形変換が，新たな座標系では対角行列 D で表されるということである.

以上の結果を，(5.6)と同様の図式でまとめておこう．

$$\begin{array}{ccc} \begin{bmatrix} x \\ y \end{bmatrix} & \xleftarrow{P} & \begin{bmatrix} s \\ t \end{bmatrix} \\ A\downarrow & & \downarrow D \\ \begin{bmatrix} x' \\ y' \end{bmatrix} & \xleftarrow{P} & \begin{bmatrix} s' \\ t' \end{bmatrix} \end{array}$$

はじめの座標系 (x, y) では A という複雑な行列で表されていた線形変換が，固有ベクトルを基底として作られる座標系 (s, t) では，対角行列という簡単な形になるというのが，**対角化**という手続きの意味である．固有ベクトルを並べた行列 P は，もとの座標系と新たな座標系とをつなぐものとして現れている．

以上の手続きは，一般の $n \times n$ 行列に対しても，まったく同様にして拡張できる．ただし，本節はじめの仮定と同様に，1次独立な固有ベクトルが n 個存在するという仮定をおく必要がある．そうでない場合については，6.4節で扱う．

対角化の手続き

(1) A を $n \times n$ 行列として，A の固有方程式 $\det(\lambda E - A) = 0$ の n 個の根を $\alpha_1, \alpha_2, \cdots, \alpha_n$ とする．対応する固有ベクトルを，それぞれ $\boldsymbol{v}_j$ $(j = 1, \cdots, n)$ としておく．ただし，$\boldsymbol{v}_j$ は1次独立であると仮定する．

(2) 固有ベクトル $\boldsymbol{v}_j$ を左から順に並べた行列を P とすると，

$$AP = P \begin{bmatrix} \alpha_1 & & 0 \\ & \ddots & \\ 0 & & \alpha_n \end{bmatrix} \quad (\text{対角成分以外は } 0).$$

(3) 1次独立性の仮定により P^{-1} が存在するので(4.4節参照)，これを左からかけて，

$$P^{-1}AP = \begin{bmatrix} \alpha_1 & & 0 \\ & \ddots & \\ 0 & & \alpha_n \end{bmatrix} \tag{6.21}$$

と対角化される．

与えられた行列が対角化可能であるための条件をまとめておこう．

定理 6.2

n 次正方行列が対角化可能であるための必要十分条件は，n 個の 1 次独立な固有ベクトルをもつことである．その際，対角化された行列の対角要素は固有値になり，変換に用いる行列は固有ベクトルを並べたものである．

与えられた行列が対角化できれば，その m 乗を求めることは，以下のように簡単にできる．(6.21) の両辺を m 乗するとき，

$$\begin{aligned}(\text{左辺})^m &= (P^{-1}AP)(P^{-1}AP)(P^{-1}AP)\cdots(P^{-1}AP)\\ &= P^{-1}A(PP^{-1})A(PP^{-1})A(PP^{-1})\cdots(PP^{-1})AP\\ &= P^{-1}A^mP, \end{aligned} \tag{6.22}$$

$$(\text{右辺})^m = \begin{bmatrix} \alpha_1^m & & 0 \\ & \ddots & \\ 0 & & \alpha_n^m \end{bmatrix} \tag{6.23}$$

となる．よって，

$$A^m = P\begin{bmatrix} \alpha_1^m & & 0 \\ & \ddots & \\ 0 & & \alpha_n^m \end{bmatrix}P^{-1}$$

として A^m が求められる．

6.3 実対称行列の場合

理工学における応用に際しては，正方行列 A が**実対称行列**，すなわち成分がすべて実数で ${}^tA = A$ を満たす場合の固有値問題がよく現れる．本節では，そのような場合の固有値・固有ベクトルの性質を調べる．

まずは準備として，エルミート内積

$$(\boldsymbol{x}, \boldsymbol{y}) = {}^t\overline{\boldsymbol{x}}\boldsymbol{y} = \overline{x}_1 y_1 + \overline{x}_2 y_2 + \cdots + \overline{x}_n y_n$$

を調べておこう(本節では，内積の記号として $(\boldsymbol{x}, \boldsymbol{y})$ を使うことにする)．このとき，複素数を成分とする $n \times n$ 行列 A に対して，

$$(\boldsymbol{x}, A\boldsymbol{y}) = {}^t\overline{\boldsymbol{x}}A\boldsymbol{y} = {}^t(\overline{A^*\boldsymbol{x}})\boldsymbol{y} = (A^*\boldsymbol{x}, \boldsymbol{y}) \tag{6.24}$$

が成立する．とくに，A が実対称行列である場合には，

$$(\boldsymbol{x}, A\boldsymbol{y}) = (A\boldsymbol{x}, \boldsymbol{y}) \tag{6.25}$$

となる．このことから，実対称行列の固有値・固有ベクトルの性質が導かれる．次の例題を見てみよう．

例題 6.3

(1) A を $n \times n$ 実対称行列とする．このとき，A の固有値は実数であることを示せ．

(2) α, β を A の異なる固有値($\alpha \neq \beta$) とし，$\boldsymbol{p}, \boldsymbol{q}$ をそれぞれ α, β に属する固有ベクトルとする．

$$A\boldsymbol{p} = \alpha\boldsymbol{p}, \quad A\boldsymbol{q} = \beta\boldsymbol{q}$$

このとき，$\boldsymbol{p}$ と $\boldsymbol{q}$ のなす角を求めよ． (電気通信大・院試(改題))

【解答】 (1) A の固有値の1つを λ とし，対応する固有ベクトルを $\boldsymbol{x}_\lambda (\neq \boldsymbol{0})$ とおいて内積 $(A\boldsymbol{x}_\lambda, \boldsymbol{x}_\lambda)$ を計算すると，

$$(A\boldsymbol{x}_\lambda, \boldsymbol{x}_\lambda) = \lambda(\boldsymbol{x}_\lambda, \boldsymbol{x}_\lambda) = \lambda\|\boldsymbol{x}_\lambda\|^2 \tag{6.26}$$

一方，A が実対称行列ならば(6.25)が成立するので，

$$(A\boldsymbol{x}_\lambda, \boldsymbol{x}_\lambda) = (\boldsymbol{x}_\lambda, A\boldsymbol{x}_\lambda) = \overline{\lambda}(\boldsymbol{x}_\lambda, \boldsymbol{x}_\lambda) = \overline{\lambda}\|\boldsymbol{x}_\lambda\|^2 \tag{6.27}$$

(6.26), (6.27)において，$\|\boldsymbol{x}_\lambda\| \neq 0$ であるので，$\lambda = \overline{\lambda}$ である．これから，固有値 λ が実数であることがわかる．

(2) (1)より α, β は実数である．(6.25)を用いて，

$$\begin{aligned}&(A\boldsymbol{p}, \boldsymbol{q}) = \alpha(\boldsymbol{p}, \boldsymbol{q})\\ &\quad (6.25) \parallel \\ &(\boldsymbol{p}, A\boldsymbol{q}) = \overline{\beta}(\boldsymbol{p}, \boldsymbol{q}) = \beta(\boldsymbol{p}, \boldsymbol{q})\end{aligned}$$

となる．よって，$(\alpha-\beta)(\boldsymbol{p}, \boldsymbol{q}) = 0$ であるが，条件 $\alpha \neq \beta$ により，$(\boldsymbol{p}, \boldsymbol{q}) = 0$ となる．すなわち，$\boldsymbol{p}, \boldsymbol{q}$ のなす角は直角である． ■

参考1 例題 6.2(2)と例題 6.3 の結果を比較してまとめておこう．

- 正方行列 A の相異なる固有値 α, β $(\alpha \neq \beta)$に対し，対応する固有ベクトルは 1 次独立である．
- 正方行列 A が実対称行列であるときは，相異なる固有値 α, β $(\alpha \neq \beta)$に対し，対応する固有ベクトルは互いに直交する．

すなわち，実対称行列という条件をおくことで，1 次独立であるのみでなく，直交するようになったわけである． □

参考2 エルミート行列に対しても，例題 6.3 と同様にして以下を示すことができる．

- 正方行列 A がエルミート行列であれば，A の固有値は実数である．
- 相異なる固有値 α, β $(\alpha \neq \beta)$に対し，対応する固有ベクトルは，内積(4.23)に関して互いに直交する．

証明は例題 6.3 の場合と同様にすればよいが，内積はエルミート内積(4.23)を用いるところが異なる．

エルミート行列の固有値が実数であることは，ミクロの世界の物理法則である量子力学において，重要な意味をもつ(固有値が実際に観測される物理量に対応する．詳しくは，量子力学の本を参照してもらいたい)． □

例題 6.3 からわかるように，n 次実対称行列 A の固有値 $\alpha_1, \cdots, \alpha_n$ がすべて相異なるなら，対応する固有ベクトル $\boldsymbol{v}_1, \cdots, \boldsymbol{v}_n$ は互いに直交する．固有ベクトルを定数倍したものもまた固有ベクトルであるので，$\|\boldsymbol{v}_1\| = \cdots = \|\boldsymbol{v}_n\| = 1$ とおいてよい．すなわち，固有ベクトルを並べた $\{\boldsymbol{v}_1, \cdots, \boldsymbol{v}_n\}$ は正規直交基底である(以下で示す定理 6.3 からわかるように，固有方程式が**重解**をもつ場合でもまったく同じ事実が成り立つ)．

まずは，簡単な場合の具体例を見てみよう．

例題 6.4

例題 6.1 の実対称行列

$$A = \frac{1}{2}\begin{bmatrix} 5 & -1 \\ -1 & 5 \end{bmatrix}$$

の固有値は 2, 3 であった．これらの固有値に対する大きさ 1 の固有ベクトルを，それぞれ $\boldsymbol{u}_2, \boldsymbol{u}_3$ とする．このとき，以下の問に答えよ．

(1) 列ベクトル $\boldsymbol{u}_2, \boldsymbol{u}_3$ を並べて作られる行列 $P = [\boldsymbol{u}_2, \boldsymbol{u}_3]$ は，直交行列であることを示せ．

(2) (1)の P に対して，${}^tPAP$ は対角行列であることを示せ．

【解答】 (1) 例題 6.1 の解答より，

$$\boldsymbol{u}_2 = \frac{1}{\sqrt{2}}\begin{bmatrix} 1 \\ 1 \end{bmatrix}, \quad \boldsymbol{u}_3 = \frac{1}{\sqrt{2}}\begin{bmatrix} -1 \\ 1 \end{bmatrix}$$

である．これを並べた $P = \frac{1}{\sqrt{2}}\begin{bmatrix} 1 & -1 \\ 1 & 1 \end{bmatrix}$ が

$${}^tPP = P\,{}^tP = E$$

を満たすことは，容易に確かめられる．

(2) $P = \frac{1}{\sqrt{2}}\begin{bmatrix} 1 & -1 \\ 1 & 1 \end{bmatrix}$ に対して，具体的に計算すれば，

$${}^tPAP = \begin{bmatrix} 2 & 0 \\ 0 & 3 \end{bmatrix}$$

となり，対角行列であることがわかる．■

参考　(1)において，$|P| = +1$ であるので，回転行列 $\left(\frac{\pi}{4}\text{回転}\right)$ である．これに対して，$\boldsymbol{u}_3 = \frac{1}{\sqrt{2}}\begin{bmatrix} 1 \\ -1 \end{bmatrix}$ とおけば，$|P| = -1$ となり，直線 $y = \left(\tan\frac{\pi}{8}\right)x$ に関する鏡映を表す．□

例題 6.4 の結果は次のように一般化される．

定理 6.3

n 次実対称行列 A の固有値(実数)を $\alpha_1, \cdots, \alpha_n$ とおく(どれかが等しくてもよい)．このとき，A は適当な直交行列 P によって次の形に対角化される．

$$
{}^tPAP = \begin{bmatrix} \alpha_1 & & & 0 \\ & \alpha_2 & & \\ & & \ddots & \\ 0 & & & \alpha_n \end{bmatrix}
$$

[証明]　数学的帰納法で示す．

$n = 1$ のときは自明であるので，$(n-1)$ 次実対称行列に対して命題が成立することを仮定して，n 次実対称行列が対角化できることを示せばよい．

A の固有値 α_1 に対する固有ベクトルで，大きさ 1 のものを $\boldsymbol{u}_1$ とおいて，この $\boldsymbol{u}_1$ を含む $\mathbb{C}^n$ の正規直交基底 $\{\boldsymbol{u}_1, \boldsymbol{p}_2, \boldsymbol{p}_3, \cdots, \boldsymbol{p}_n\}$ を考える($\boldsymbol{p}_2, \cdots, \boldsymbol{p}_n$ は A の固有ベクトルとは限らない)．このとき，n 次正方行列

$$
P_1 = [\boldsymbol{u}_1, \boldsymbol{p}_2, \boldsymbol{p}_3, \cdots, \boldsymbol{p}_n]
$$

は直交行列である．

このように行列 P_1 を定めると，

$$
\begin{aligned}
AP_1 &= [A\boldsymbol{u}_1, A\boldsymbol{p}_2, \cdots, A\boldsymbol{p}_n] \\
&= [\alpha_1\boldsymbol{u}_1, A\boldsymbol{p}_2, \cdots, A\boldsymbol{p}_n]
\end{aligned}
$$

となるが，$\{\boldsymbol{u}_1, \boldsymbol{p}_2, \boldsymbol{p}_3, \ldots, \boldsymbol{p}_n\}$ は基底であるので，適当な定数 b_{ij} $(0 \leq i \leq n,$ $1 \leq j \leq n)$ が存在して，

$$
\begin{aligned}
A\boldsymbol{p}_2 &= b_{12}\boldsymbol{u}_1 + b_{22}\boldsymbol{p}_2 + \cdots + b_{n2}\boldsymbol{p}_n \\
A\boldsymbol{p}_3 &= b_{13}\boldsymbol{u}_1 + b_{23}\boldsymbol{p}_2 + \cdots + b_{n3}\boldsymbol{p}_n \\
&\vdots \\
A\boldsymbol{p}_n &= b_{1n}\boldsymbol{u}_1 + b_{2n}\boldsymbol{p}_2 + \cdots + b_{nn}\boldsymbol{p}_n
\end{aligned}
$$

と表すことができる．これらの数式は，

$$AP_1 = [\boldsymbol{u}_1, \boldsymbol{p}_2, \boldsymbol{p}_3, \cdots, \boldsymbol{p}_n] \left[\begin{array}{c|ccc} \alpha_1 & b_{12} & \cdots & b_{1n} \\ \hline 0 & b_{22} & \cdots & b_{2n} \\ \vdots & \vdots & \ddots & \vdots \\ 0 & b_{n2} & \cdots & b_{nn} \end{array}\right]$$

とまとめられるので，

$$ {}^tP_1AP_1 \ (= P_1^{-1}AP_1) = \left[\begin{array}{c|ccc} \alpha_1 & b_{12} & \cdots & b_{1n} \\ \hline 0 & b_{22} & \cdots & b_{2n} \\ \vdots & \vdots & \ddots & \vdots \\ 0 & b_{n2} & \cdots & b_{nn} \end{array}\right] \qquad (6.28)$$

となる．A は実対称行列であるので，

$$ {}^t({}^tP_1AP_1) = {}^tP_1\,{}^tAP_1 = {}^tP_1AP_1$$

であり，(6.28)の $n \times n$ 行列もまた実対称行列となる．よって，

$$b_{12} = \cdots = b_{1n} = 0, \quad b_{ji} = b_{ij} \ (2 \leq i < j \leq n)$$

がいえた．ここで，

$$B = [b_{ij}]_{2 \leq i,j \leq n} \quad ((n-1) \text{ 次実対称行列})$$

とおくと，

$$ {}^tP_1AP_1 = \left[\begin{array}{c|c} \alpha_1 & {}^t\mathbf{0} \\ \hline \mathbf{0} & B \end{array}\right]$$

と，ブロック分けされた形にまとめられる．

ここで，帰納法の仮定により，適当な $(n-1)$ 次直交行列 $\tilde{P}_2$ が存在し，${}^t\tilde{P}_2B\tilde{P}_2$ を対角行列にすることができる．このとき，n 次直交行列 P_2 を

$$P_2 = \left[\begin{array}{c|c} 1 & {}^t\mathbf{0} \\ \hline \mathbf{0} & \tilde{P}_2 \end{array}\right]$$

で定めると，

$$
\begin{aligned}
{}^t(P_1P_2)A(P_1P_2) &= {}^tP_2({}^tP_1AP_1)P_2 \\
&= \left[\begin{array}{c:c} 1 & {}^t\mathbf{0} \\ \hdashline \mathbf{0} & {}^t\tilde{P}_2 \end{array}\right]
\left[\begin{array}{c:c} \alpha_1 & {}^t\mathbf{0} \\ \hdashline \mathbf{0} & B \end{array}\right]
\left[\begin{array}{c:c} 1 & {}^t\mathbf{0} \\ \hdashline \mathbf{0} & \tilde{P}_2 \end{array}\right] \\
&= \left[\begin{array}{c:c} \alpha_1 & {}^t\mathbf{0} \\ \hdashline \mathbf{0} & {}^t\tilde{P}_2B\tilde{P}_2 \end{array}\right]
\end{aligned}
$$

となる．ここで，仮定により ${}^t\tilde{P}_2B\tilde{P}_2$ は対角行列であるので，n 次実対称行列 A が直交行列 $P = P_1P_2$ で対角化されたことになる． ■

ここまでに得られた実対称行列の性質をまとめておこう．

実対称行列の固有値・固有ベクトル

A を $n \times n$ 実対称行列とする．このとき，以下が成立する．

- A の固有値は実数．
- A の異なる固有値に対する固有ベクトルは直交する．
- 適当な直交行列 P が存在し，${}^tPAP$ が対角行列となる．

実対称行列が直交行列によって対角化されるという事実は，**2 次形式の標準化**という応用をもつ．これについては，7.2 節を参照してほしい．

エルミート行列に対しても，同様の性質が成立する．

エルミート行列の固有値・固有ベクトル

A を $n \times n$ エルミート行列($A^*A = AA^* = E$)とする．このとき，以下が成立する．

- A の固有値は実数．
- A の異なる固有値に対する固有ベクトルは直交する．
- 適当なユニタリ行列 U が存在し，U^*AU が対角行列となる．

証明は読者の演習問題とする(実対称行列の場合とほぼ同じ)．

参考　より一般的に，$A^*A = AA^*$ を満たす正方行列を**正規行列**とよぶ．実対称行列，実直交行列，エルミート行列，ユニタリ行列はすべて正規行列である．

一般の正規行列に対しても，エルミート行列のもつ第 3 の性質はそのまま成立する．すなわち，A を $n \times n$ 正規行列とするとき，適当なユニタリ行列 U が存在し，U^*AU が対角行列となる(対角成分には A の固有値が並ぶ)． □

6.4 対角化ができない場合(ジョルダン標準形)

前節までに述べた「対角化」の議論は，$n \times n$ 行列 A に対して，n 個の1次独立な固有ベクトルが存在するときにしか使えない(そうでないと，固有ベクトルを並べて作った行列 P に対して，逆行列 P^{-1} が存在しなくなってしまう)．そのような場合には，固有ベクトルの概念を拡張した**一般固有ベクトル**の考え方を用いれば，前節と似たような議論を行うことが可能である．

ここでもまず 2×2 行列の例から始めよう．

例題 6.5

2×2 行列 $A = \begin{bmatrix} 5 & -1 \\ 1 & 3 \end{bmatrix}$ に対し，固有値，固有ベクトルを求めよ．

【解答】 固有多項式 $\Phi_A(\lambda)$ を計算すると，

$$\Phi_A(\lambda) = \begin{vmatrix} \lambda - 5 & 1 \\ -1 & \lambda - 3 \end{vmatrix} = \lambda^2 - 8\lambda + 16 = (\lambda - 4)^2$$

となり，固有値は4であることがわかる[1]．対応する固有ベクトルは，

$$\begin{aligned} A\boldsymbol{x} = 4\boldsymbol{x} \quad &\Longleftrightarrow \quad (A - 4E)\boldsymbol{x} = \boldsymbol{0} \\ &\Longleftrightarrow \quad \begin{bmatrix} 1 & -1 \\ 1 & -1 \end{bmatrix} \begin{bmatrix} x \\ y \end{bmatrix} = \begin{bmatrix} 0 \\ 0 \end{bmatrix} \end{aligned}$$

となることから，固有ベクトルとして，$\boldsymbol{v}_0 = \begin{bmatrix} 1 \\ 1 \end{bmatrix}$ をとることができる． ■

この A に対して，固有ベクトルは $\boldsymbol{v}_0$，および $\boldsymbol{v}_0$ の定数倍しかありえないので，1次独立な2つの固有ベクトルは存在しない．すなわち，この A を対角化することはできない．

ここで，固有ベクトルとは何だったかをもう一度振り返ってみよう．固有値4に対する固有ベクトル $\boldsymbol{v}_0$ とは，方程式

$$(A - 4E)\boldsymbol{v}_0 = \boldsymbol{0} \tag{6.29}$$

1) 固有方程式 $\Phi_A(\lambda) = 0$ の重解となっていることに注意してもらいたい．

を満たすものであった．例題 6.5 の場合，そのようなベクトルは，先ほど求めた $\boldsymbol{v}_0$ の定数倍のみであるが，(6.29)を拡張して，

$$(A-4E)^2\boldsymbol{x}=\boldsymbol{0} \tag{6.30}$$

としてみよう．$\boldsymbol{x}=\boldsymbol{v}_0$ とすれば(6.30)はもちろん満たされるが，これ以外にも

$$(A-4E)\boldsymbol{v}_1=\boldsymbol{v}_0 \tag{6.31}$$

となる $\boldsymbol{v}_1$ も(6.30)を満たす．まとめると，次のようになる．

$$\boldsymbol{v}_1 \overset{(A-4E)}{\longrightarrow} \boldsymbol{v}_0 \overset{(A-4E)}{\longrightarrow} \boldsymbol{0}$$

このように，固有値 λ に対して $(A-\lambda E)^n\boldsymbol{x}=\boldsymbol{0}$ を満たす $\boldsymbol{0}$ でないベクトル $\boldsymbol{x}$ を，**一般固有ベクトル**という($n=1$ のときが普通の固有ベクトルである)．

$\boldsymbol{v}_1$ を具体的に求めると，

$$(6.31) \iff \begin{bmatrix} 1 & -1 \\ 1 & -1 \end{bmatrix}\begin{bmatrix} x \\ y \end{bmatrix}=\begin{bmatrix} 1 \\ 1 \end{bmatrix} \iff x-y=1$$

よって，例えば $\boldsymbol{v}_1=\begin{bmatrix} 1 \\ 0 \end{bmatrix}$ とおくことができる[1)]．

より一般に，与えられた 2×2 行列 A に対して，固有多項式が $\Phi_A(\lambda)=(\lambda-\alpha)^2$ という形になり，

$$(A-\alpha E)\boldsymbol{v}_0=\boldsymbol{0} \tag{6.32}$$

を満たす $\boldsymbol{v}_0=\begin{bmatrix} v_1^{(0)} \\ v_2^{(0)} \end{bmatrix}$ が定数倍を除いて，ただ 1 つしかないとき，

$$(A-\alpha E)\boldsymbol{v}_1=\boldsymbol{v}_0 \tag{6.33}$$

となり，かつ $\boldsymbol{v}_0, \boldsymbol{v}_1$ が 1 次独立となるようなベクトル $\boldsymbol{v}_1=\begin{bmatrix} v_1^{(1)} \\ v_2^{(1)} \end{bmatrix}$ を求めることができる(証明略．[3], [4], [5]などを参照せよ)．

---

1) より一般的には，t を任意定数として

$$\boldsymbol{v}_1=\begin{bmatrix} 1 \\ 0 \end{bmatrix}+t\begin{bmatrix} 1 \\ 1 \end{bmatrix}$$

となる．

対角化の場合と同様に，求めた $\boldsymbol{v}_0, \boldsymbol{v}_1$ を並べて 2×2 行列 P を作ってみよう．

$$P = [\boldsymbol{v}_0, \boldsymbol{v}_1] = \begin{bmatrix} v_1^{(0)} & v_1^{(1)} \\ v_2^{(0)} & v_2^{(1)} \end{bmatrix}$$

$\boldsymbol{v}_0, \boldsymbol{v}_1$ の満たす式(6.32), (6.33)を1つにまとめると，次のようになる．

$$\begin{cases} A\boldsymbol{v}_0 = \alpha\boldsymbol{v}_0 \\ A\boldsymbol{v}_1 = \boldsymbol{v}_0 + \alpha\boldsymbol{v}_1 \end{cases} \iff A\begin{bmatrix} v_1^{(0)} & v_1^{(1)} \\ v_2^{(0)} & v_2^{(1)} \end{bmatrix} = \begin{bmatrix} \alpha v_1^{(0)} & v_1^{(0)} + \alpha v_1^{(1)} \\ \alpha v_2^{(0)} & v_2^{(0)} + \alpha v_2^{(1)} \end{bmatrix}$$

$$\iff AP = P\begin{bmatrix} \alpha & 1 \\ 0 & \alpha \end{bmatrix}$$

$\boldsymbol{v}_0, \boldsymbol{v}_1$ との1次独立性より P の逆行列が存在するので，結局

$$P^{-1}AP = \begin{bmatrix} \alpha & 1 \\ 0 & \alpha \end{bmatrix} \tag{6.34}$$

が得られる．

このとき，対角化できる場合と同様に，行列 A の m 乗を容易に求めることができる．

$$(\text{左辺})^m = P^{-1}A^mP \qquad ((6.22)\text{と同様})$$

$$(\text{右辺})^m = \begin{bmatrix} \alpha^m & m\alpha^{m-1} \\ 0 & \alpha^m \end{bmatrix} \qquad (\text{帰納法により容易に証明できる})$$

よって，

$$A^m = P\begin{bmatrix} \alpha^m & m\alpha^{m-1} \\ 0 & \alpha^m \end{bmatrix}P^{-1}$$

として A^m が求められる．

参考 2×2 行列 $N = \begin{bmatrix} 0 & 1 \\ 0 & 0 \end{bmatrix}$ を用いると，(6.34)の右辺は $\alpha E + N$ と表される．単位行列 E と N とは可換であることに注意して2項定理を用いれば，$N^2 = O$ なので，$(\alpha E + N)^m = \alpha^m E + m\alpha^{m-1}N$ が得られる． □

以上の考え方は，一般の $n\times n$ 行列に対しても容易に拡張できる．ここでは 3×3 行列の場合を見ておこう．

例題 6.6

以下の行列 A_1, A_2 に対する固有値，一般固有ベクトルをすべて求めよ．また，(1), (2)での一般固有ベクトルを並べた行列を，それぞれ P_1, P_2 とするとき，$P_j^{-1}A_jP_j$ $(j=1,2)$を求めよ．

(1) $A_1 = \begin{bmatrix} 5 & -1 & -1 \\ 1 & 2 & 0 \\ 3 & -1 & 1 \end{bmatrix}$ (2) $A_2 = \begin{bmatrix} 5 & -8 & 5 \\ 1 & 0 & 1 \\ 0 & 1 & 1 \end{bmatrix}$

【解答】 (1) $\Phi_{A_1}(\lambda) = \det(\lambda E - A_1) = (\lambda-3)^2(\lambda-2)$

したがって，固有値は 2, 3 であり，3 は固有方程式の重解となっている．

①固有値 $\lambda = 2$ に対する固有ベクトルを求める．

$$(A_1 - 2E)\boldsymbol{x} = \mathbf{0} \iff \begin{bmatrix} 3 & -1 & -1 \\ 1 & 0 & 0 \\ 3 & -1 & -1 \end{bmatrix}\begin{bmatrix} x \\ y \\ z \end{bmatrix} = \begin{bmatrix} 0 \\ 0 \\ 0 \end{bmatrix}$$

よって，固有ベクトルを $\boldsymbol{u} = \begin{bmatrix} 0 \\ 1 \\ -1 \end{bmatrix}$ ととることができる．

②固有値 $\lambda = 3$ に対する固有ベクトルを求める．

$$(A_1 - 3E)\boldsymbol{x} = \mathbf{0} \iff \begin{bmatrix} 2 & -1 & -1 \\ 1 & -1 & 0 \\ 3 & -1 & -2 \end{bmatrix}\begin{bmatrix} x \\ y \\ z \end{bmatrix} = \begin{bmatrix} 0 \\ 0 \\ 0 \end{bmatrix}$$

この連立方程式を，掃き出し法によって解く．

$$\left[\begin{array}{ccc:c} 2 & -1 & -1 & 0 \\ 1 & -1 & 0 & 0 \\ 3 & -1 & -2 & 0 \end{array}\right] \xrightarrow{\mathrm{III}(1\leftrightarrow 2)} \xrightarrow[\mathrm{II}(3\leftarrow 1;-3)]{\mathrm{II}(2\leftarrow 1;-2)} \left[\begin{array}{ccc:c} 1 & -1 & 0 & 0 \\ 0 & 1 & -1 & 0 \\ 0 & 2 & -2 & 0 \end{array}\right]$$

よって，固有ベクトルを $\boldsymbol{v} = \begin{bmatrix} 1 \\ 1 \\ 1 \end{bmatrix}$ ととることができる．

次に，固有値 $\lambda = 3$ に対する一般固有ベクトル $\boldsymbol{w}$ で，

$$(A_1 - 3E)\boldsymbol{w} = \boldsymbol{v} \iff \begin{bmatrix} 2 & -1 & -1 \\ 1 & -1 & 0 \\ 3 & -1 & -2 \end{bmatrix}\begin{bmatrix} x \\ y \\ z \end{bmatrix} = \begin{bmatrix} 1 \\ 1 \\ 1 \end{bmatrix}$$

を満たすものを求める．先ほどと同様にして，

$$\left[\begin{array}{ccc:c} 2 & -1 & -1 & 1 \\ 1 & -1 & 0 & 1 \\ 3 & -1 & -2 & 1 \end{array}\right] \xrightarrow{\text{III}(1\leftrightarrow 2)} \overset{\substack{\text{II}(2\leftarrow 1;-2)\\ \text{II}(3\leftarrow 1;-3)}}{\longrightarrow} \left[\begin{array}{ccc:c} 1 & -1 & 0 & 1 \\ 0 & 1 & -1 & -1 \\ 0 & 2 & -2 & -2 \end{array}\right]$$

となる．よって，例えば $\boldsymbol{w} = \begin{bmatrix} 0 \\ -1 \\ 0 \end{bmatrix}$ としてよい．

①, ②のように $\boldsymbol{u}, \boldsymbol{v}, \boldsymbol{w}$ を定めるとき，

$$A_1\boldsymbol{u} = 2\boldsymbol{u}, \quad A_1\boldsymbol{v} = 3\boldsymbol{v}, \quad A_1\boldsymbol{w} = \boldsymbol{v} + 3\boldsymbol{w}$$

$$\left(\boldsymbol{u} \overset{(A_1-2E)}{\longrightarrow} \boldsymbol{0}, \quad \boldsymbol{w} \overset{(A_1-3E)}{\longrightarrow} \boldsymbol{v} \overset{(A_1-3E)}{\longrightarrow} \boldsymbol{0} \right)$$

を満たす．よって，$P_1 = [\boldsymbol{u}, \boldsymbol{v}, \boldsymbol{w}]$ とおいてまとめると，

$$P_1^{-1}A_1P_1 = \left[\begin{array}{c:cc} 2 & 0 & 0 \\ \hdashline 0 & 3 & 1 \\ 0 & 0 & 3 \end{array}\right] \quad \left(\begin{array}{l}\text{点線の意味については，}\\ \text{この解答のあとで述べる}\end{array}\right) \tag{6.35}$$

(2)　$\varPhi_{A_2}(\lambda) = \det(\lambda E - A_2) = (\lambda - 2)^3$ となり，固有値2が3重解である．まず，固有値 $\lambda = 2$ に対する固有ベクトル $\boldsymbol{u}$ を求める．

$$(A_2 - 2E)\boldsymbol{x} = \boldsymbol{0} \iff \begin{bmatrix} 3 & -8 & 5 \\ 1 & -2 & 1 \\ 0 & 1 & -1 \end{bmatrix}\begin{bmatrix} x \\ y \\ z \end{bmatrix} = \begin{bmatrix} 0 \\ 0 \\ 0 \end{bmatrix}$$

この連立方程式を掃き出し法で解けば，固有ベクトルを $\boldsymbol{u} = \begin{bmatrix} 1 \\ 1 \\ 1 \end{bmatrix}$ ととることができる（計算省略）．

次に，一般固有ベクトルを $\boldsymbol{v}$ として，

$$(A_2 - 2E)\boldsymbol{v} = \boldsymbol{u} \iff \begin{bmatrix} 3 & -8 & 5 \\ 1 & -2 & 1 \\ 0 & 1 & -1 \end{bmatrix} \begin{bmatrix} x \\ y \\ z \end{bmatrix} = \begin{bmatrix} 1 \\ 1 \\ 1 \end{bmatrix}$$

を満たすものを求めると，例えば $\boldsymbol{v} = \begin{bmatrix} 3 \\ 1 \\ 0 \end{bmatrix}$ としてよいことがわかる．

さらに，$\boldsymbol{w}$ として，

$$(A_2 - 2E)\boldsymbol{w} = \boldsymbol{v} \iff \begin{bmatrix} 3 & -8 & 5 \\ 1 & -2 & 1 \\ 0 & 1 & -1 \end{bmatrix} \begin{bmatrix} x \\ y \\ z \end{bmatrix} = \begin{bmatrix} 3 \\ 1 \\ 0 \end{bmatrix}$$

を満たすものを求めると，例えば $\boldsymbol{v} = \begin{bmatrix} 1 \\ 0 \\ 0 \end{bmatrix}$ ととることができる．

以上をまとめると，

$$A_2\boldsymbol{u} = 2\boldsymbol{u}, \quad A_2\boldsymbol{v} = \boldsymbol{u} + 2\boldsymbol{v}, \quad A_2\boldsymbol{w} = \boldsymbol{v} + 2\boldsymbol{w}$$

$$\left(\quad \boldsymbol{w} \overset{(A_2-2E)}{\longrightarrow} \boldsymbol{v} \overset{(A_2-2E)}{\longrightarrow} \boldsymbol{u} \overset{(A_2-2E)}{\longrightarrow} \boldsymbol{0} \quad \right)$$

であり，$P_2 = [\boldsymbol{u},\ \boldsymbol{v},\ \boldsymbol{w}]$ とおいてまとめると，

$$P_2^{-1} A_2 P_2 = \begin{bmatrix} 2 & 1 & 0 \\ 0 & 2 & 1 \\ 0 & 0 & 2 \end{bmatrix}. \tag{6.36}$$

■

以上の例からわかるように，固有方程式が重解をもつ場合でも，一般の行列 A に対して，うまく正則行列 P をとれば，$P^{-1}AP$ を次の条件を満たす形にすることができる[1)]．

1）一般の場合に，$P^{-1}AP$ がジョルダン標準形になるような正則行列 P が必ず存在することの証明については，例えば[4], [5]などを参照．

ジョルダン標準形

$P^{-1}AP$ はブロック分けされた構造をもち，対角線のブロックは

$$J(\alpha;n)=\begin{bmatrix}\alpha & 1 & & \text{\Large 0}\\ 0 & \alpha & \ddots & \\ & \ddots & \ddots & 1\\ \text{\Large 0} & & 0 & \alpha\end{bmatrix}$$

という形の n 次正方行列であり，それ以外はすべて O(零行列)で

$$P^{-1}AP=\left[\begin{array}{c:c:c:c}J(\alpha_1;n_1) & O & \cdots & O\\ \hdashline O & J(\alpha_2;n_2) & \ddots & \vdots\\ \hdashline \vdots & \ddots & \ddots & O\\ \hdashline O & \cdots & O & J(\alpha_k;n_k)\end{array}\right]$$

(ただし，α_j は A の固有値であり，n_j はその重複度)

この形は**ジョルダン標準形**とよばれる．(6.35)での点線は，この意味でのブロック分けを表したものであり，対角ブロックに現れる $J(\alpha;n)$ を**ジョルダンブロック**または**ジョルダン細胞**という．

参考　前節および本節での例から推測できるように，

固有方程式が重解をもたない　$\Longrightarrow$　対角化可能

ということが言える．しかし，この逆は成り立たない．すなわち，対角化可能な行列であっても，対応する固有方程式が重解をもつことがある．そのような例としては，単位行列 E の定数倍が挙げられる．別の例としては，

$$A=\begin{bmatrix}0 & 1 & 1 & 1\\ 1 & 0 & 0 & 0\\ 1 & 0 & 0 & 0\\ 1 & 0 & 0 & 0\end{bmatrix}$$

が挙げられる．この行列に対する特性多項式は

$$\Phi_A(\lambda) = \lambda^4 - 3\lambda^2 = \lambda^2(\lambda - \sqrt{3}\,)(\lambda + \sqrt{3}\,)$$

であるので，固有値は 0(重解), $\pm\sqrt{3}$ である．対応する固有ベクトルは，それぞれ次のようにとることができる．

$$\text{固有値}\,0: \begin{bmatrix} 0 \\ s+t \\ -s \\ -t \end{bmatrix} \left(\begin{array}{l} s, t \text{ は} \\ \text{任意} \end{array} \right)$$

$$\text{固有値}\sqrt{3}: \begin{bmatrix} \sqrt{3} \\ 1 \\ 1 \\ 1 \end{bmatrix}$$

$$\text{固有値}-\sqrt{3}: \begin{bmatrix} -\sqrt{3} \\ 1 \\ 1 \\ 1 \end{bmatrix}$$

この場合には，固有値 0 に対する固有ベクトルとして，例えば

$$\begin{bmatrix} 0 \\ 1 \\ -1 \\ 0 \end{bmatrix}, \quad \begin{bmatrix} 0 \\ 1 \\ 0 \\ -1 \end{bmatrix}$$

のように，1 次独立なものを 2 つとることができる．よって，固有方程式

$$\det(\lambda E - A) = 0$$

が重解をもっても，この場合は行列 A は対角化可能である．

同様に，3 重解だからといって，必ずしも(6.36)のような形になるわけではない．こちらについては，章末問題 5 を参照してもらいたい(一般固有ベクトルを求める際に，やや工夫を要する)． □

6.5 ケーリー–ハミルトンの定理と最小多項式

第1章では，2次正方行列 $A = \begin{bmatrix} a & b \\ c & d \end{bmatrix}$ に対して

$$A^2 - (a+d)A + (ad-bc)E = O$$

が成り立つことを扱った．本節では，このことの一般化を扱う．

まず，変数 x の n 次多項式

$$f(x) = c_0x^n + c_1x^{n-1} + c_2x^{n-2} + \cdots + c_{n-1}x + c_n$$

に，正方行列 A を「代入」することを考える．単に x を A で置き換えるだけだと，定数項 c_n の部分が行列にならず，うまくない．そこで，

$$f(A) = c_0A^n + c_1A^{n-1} + c_2A^{n-2} + \cdots + c_{n-1}A + c_nE$$

と，定数項のところに単位行列 E をつけて，これを「$f(A)$ の定義」として採用する．

定理 6.4（ケーリー–ハミルトンの定理）

正方行列 A の固有多項式 $\Phi_A(x) = \det(xE - A)$ に対して，$\Phi_A(A) = O$ が成り立つ．

注意　「$\Phi_A(x) = \det(xE - A)$」の右辺の x を A で置き換えると

$$\det(AE - A) = \det O = 0$$

となるが，これでは定理の証明にはならない．この計算だと結果は行列ではなくスカラーとなるのに対し，示したい「$\Phi_A(A) = O$」は正方行列の関係式である．　□

第1章で扱った2次正方行列の場合には，直接計算することで証明することができたが，そのやり方だと3次の場合ですら困難である．まずは，対角化できることを仮定して，定理の意味をつかんでおこう．

例題 6.7

複素数を成分とする n 次正方行列 A が対角化可能であるとする．すなわち，適当な可逆行列 P が存在して，次のようになるとする．

$$P^{-1}AP = D, \quad D = \begin{bmatrix} \alpha_1 & & & \\ & \alpha_2 & & \\ & & \ddots & \\ & & & \alpha_n \end{bmatrix}$$ （$\alpha_1, \alpha_2, \cdots, \alpha_n$ は A の固有値）

この場合に，定理 6.4 が成り立つことを証明せよ．

【解答】 A の固有値は $\alpha_1,\ \alpha_2, \cdots, \alpha_n$ であるので，A の固有多項式は

$$\Phi_A(x) = (x - \alpha_1)(x - \alpha_2)\cdots(x - \alpha_n)$$

である．このとき，

$$\Phi_A(A) = (A - \alpha_1 E)(A - \alpha_2 E)\cdots(A - \alpha_n E).$$

一方，固有値 $\alpha_1,\ \alpha_2, \cdots, \alpha_n$ に対応する固有ベクトルを，それぞれ $\boldsymbol{p}_1$, $\boldsymbol{p}_2, \cdots, \boldsymbol{p}_n$ とすると，$(A - \alpha_j E)\boldsymbol{p}_j = \mathbf{0} \quad (j = 1, 2, \cdots, n)$ が成り立つ．$(A - \alpha_1 E),\ (A - \alpha_2 E), \cdots, (A - \alpha_n E)$ は可換なので，$\Phi_A(A)\boldsymbol{p}_j = \mathbf{0}$ $(j = 1, 2, \cdots, n)$ が成り立つことが分かる．$\{\boldsymbol{p}_1, \boldsymbol{p}_2, \cdots, \boldsymbol{p}_n\}$ は $\mathbb{C}^n$ の基底であるので，$\mathbb{C}^n$ の任意の元 $\boldsymbol{x}$ に対して $\Phi_A(A)\boldsymbol{x} = \mathbf{0}$ となる．ゆえに，$\Phi_A(A) = O$ である． ■

対角化できるとは限らない一般の正方行列に対して「ケーリー–ハミルトンの定理」を証明するには，さまざまな手法がある．ここでは，行列の余因子を用いた方法を紹介しておく．

[定理 6.4 の証明] 正方行列 A に対して，多項式を成分とする行列 $B(x) = xE - A$ を考える．このとき，行列 $B(x)$ の (j, k) 余因子 $\tilde{b}_{jk}(x)$ は高々$n-1$ 次の多項式となる．さらに，

$$\tilde{B}(x)\begin{bmatrix} \tilde{b}_{11}(x) & \tilde{b}_{21}(x) & \cdots & \tilde{b}_{n1}(x) \\ \tilde{b}_{12}(x) & \tilde{b}_{22}(x) & \cdots & \tilde{b}_{n2}(x) \\ \vdots & \vdots & \ddots & \vdots \\ \tilde{b}_{1n}(x) & \tilde{b}_{2n}(x) & \cdots & \tilde{b}_{nn}(x) \end{bmatrix}$$

とすると，各成分が高々$n-1$ 次の多項式であることから，

$$\tilde{B}(x) = x^{n-1}\tilde{B}_0 + x^{n-2}\tilde{B}_1 + \cdots + x\tilde{B}_{n-2} + \tilde{B}_{n-1}$$

という形に表される（$\tilde{B}_0,\ \tilde{B}_1, \cdots, \tilde{B}_{n-1}$ は定数行列）．

定理 3.3（逆行列の公式）より，

$$B(x)\tilde{B}(x) = (\det B(x))\, E$$

となるが，上の式，および

$$\det B(x) = \Phi_A(x) = x^n + c_1 x^{n-1} + c_2 x^{n-2} + \cdots + c_{n-1}x + c_n$$

を代入すると，

$$(xE-A)\left(x^{n-1}\tilde{B}_0+x^{n-2}\tilde{B}_1+\cdots+x\tilde{B}_{n-2}+\tilde{B}_{n-1}\right)$$
$$=\left(x^n+c_1x^{n-1}+c_2x^{n-2}+\cdots+c_{n-1}x+c_n\right)E$$

となる．x の次数ごとに比較すると，

$$\tilde{B}_0=E,\quad -A\tilde{B}_{j-1}+\tilde{B}_j=c_jE\ \ (j=1,2,\ldots,n),\quad -A\tilde{B}_{n-1}=c_nE$$

が得られる．よって，次が得られる．

$$\begin{aligned}\Phi_A(A)&=A^n+c_1A^{n-1}+c_2A^{n-2}+\cdots+c_{n-1}A+c_nE\\&=A^n\tilde{B}_0+A^{n-1}\left(-A\tilde{B}_0+\tilde{B}_1\right)+A^{n-2}\left(-A\tilde{B}_1+\tilde{B}_2\right)\\&\quad+\cdots+A\left(-A\tilde{B}_{n-2}+\tilde{B}_{n-1}\right)-A\tilde{B}_{n-1}=O\end{aligned}$$

■

n 次正方行列に対して固有多項式 $\Phi_A(x)$ は n 次多項式であるが，より次数の低い多項式 $f(x)$ に対して $f(A)=O$ が成立することもある．そこで,「最小多項式」という概念を導入する．

定義 6.1（最小多項式）

正方行列 A に対して，多項式 $f(x)$ が次の性質を満たすものとする：

- $f(A)=O$
- 最高次の係数が 1

この 2 つの性質を満たす多項式のうちで次数が最小のものを**最小多項式**という．

参考 多項式 $f(x)$ の最高次の係数が 1 のとき,「$f(x)$ は monic」という．

例題 6.8

正方行列 A に対して，上の定義 6.1 の条件を満たす多項式 $f(x)$ はただ 1 つであることを示せ．

【解答】 同じ次数の多項式 $f(x)$, $g(x)$ が，どちらも上の条件を満たすとする．$h(x)=f(x)-g(x)$ とおくと $h(A)=f(A)-g(A)=O$ が成り立つが，$f(x)$, $g(x)$ はどちらも最高次の係数が 1 であるので，$h(x)$ の次数は $f(x)$, $g(x)$ の次数よりも小さくなる．これは次数の最小性と矛盾する．ゆえに，定義 6.1 を満たす多項式はただ 1 つである．

例題 6.9

n 次正方行列 A の最小多項式が $f(x) = x^2 - 3x + 2$ であるとする．このとき，n 次元実ベクトル空間 $\mathbb{R}^n$ の部分集合 W_1, W_2 を

$$W_1 = \{A\boldsymbol{x} - 2\boldsymbol{x} \mid x \in \mathbb{R}^n\}, \quad W_2 = \{A\boldsymbol{x} - \boldsymbol{x} \mid x \in \mathbb{R}^n\}$$

のように定める．以下の問に答えよ．

(1) A の固有値 α は $f(\alpha) = 0$ を満たすことを示せ．

(2) W_1, W_2 はそれぞれ A の固有空間と一致することを示せ．

（早稲田大・院試(改題)）

【解答】 (1) 固有値 α に対する A の固有ベクトルを $\boldsymbol{u}$ $(\neq \boldsymbol{0})$ とする．このとき，$A\boldsymbol{u} = \alpha\boldsymbol{u}$ なので，

$$f(\alpha)\boldsymbol{u} = f(A)\boldsymbol{u} = \boldsymbol{0}$$

となる．$\boldsymbol{u} \neq \boldsymbol{0}$ より，$f(\alpha) = 0$ である．

(2) (1) より，A の固有値は 1, 2 のいずれかである．固有値 1, 2 に対する固有空間を，それぞれ $\tilde{W}_1, \tilde{W}_2$ とおき，$W_j = \tilde{W}_j$ $(j = 1, 2)$ を示す．

W_1 の元 $\boldsymbol{y} = A\boldsymbol{x} - 2\boldsymbol{x} = (A - 2E)\boldsymbol{x}$ に対して，

$$(A - E)\boldsymbol{y} = (A - E)(A - 2E)\boldsymbol{x} = f(A)\boldsymbol{x} = \boldsymbol{0}$$

となるので，$W_1 \subseteq \tilde{W}_1$ である．

次に，$\boldsymbol{x} \in \tilde{W}_1$ とすると，$A\boldsymbol{x} = \boldsymbol{x}$ であるので，$\boldsymbol{y} = -\boldsymbol{x}$ とおけば，

$$(A - 2E)\boldsymbol{y} = (A - 2E)(-\boldsymbol{x}) = \boldsymbol{x}$$

が成立する．よって

$$\boldsymbol{x} \in \mathrm{Im}(A - 2E) = W_1$$

であり，$\tilde{W}_1 \subseteq W_1$ が得られる．以上により $W_1 = \tilde{W}_1$ が示された．

$W_2 = \tilde{W}_2$ についても，同様にして示すことができる（略）． ■

参考 例題 6.9 (1) より，任意の正方行列 A に対して，その固有値 α を最小多項式に代入すると 0 となる．また，固有多項式 $\Phi_A(x)$ は $\Phi_A(A) = O$ を満たし，最小多項式は $f(A) = O$ を満たす多項式のうちで次数が最小のものであるから，最小多項式は固有多項式を割り切る．

6章の問題

□**1**　行列 $A = \begin{bmatrix} 1 & 9 \\ 9 & 1 \end{bmatrix}$ について，次の問に答えよ．

(1)　行列 A の固有値および固有ベクトルを求めよ．

(2)　$n \geq 1$ に対して，行列 A^n を求めよ．　　　　（お茶の水女子大・院試）

□**2**　a, b を実数，$A = \begin{bmatrix} 1 & 0 & 0 \\ -1 & 1 & 4a^2 \\ 0 & 1 & b \end{bmatrix}$ とする．

(1)　A の固有値はすべて実数であることを示せ．

(2)　$b = 3a + 1$ が成り立つとき，A の固有値をすべて求めよ．

(3)　$a \neq 0$ のとき，(2)で求めた固有値に対する固有ベクトルを求めよ．

（九州大・院試）

□**3**　4 次正方行列 $\begin{bmatrix} 1 \\ 2 \\ 3 \\ 4 \end{bmatrix} \begin{bmatrix} 5, 6, 7, 8 \end{bmatrix}$ の行列式，固有値，固有ベクトルを求めよ．

（金沢大・院試）

□**4**　$A = \begin{bmatrix} 2 & t & -1 \\ 1 & 3 & -1 \\ 2 & 4 & -1 \end{bmatrix}$ とおく．

(1)　A が対角化できるためのパラメータ t の条件を求めよ．

(2)　A が対角化できない場合の t に対して，A のジョルダン標準形を求めよ．

(3)　複素成分の 3×3 行列 B で $AB = BA$ となるもの全体のなす線形空間を V とおく．V の複素次元が最大になるようにパラメータ t の値を求めよ．

（東京大・院試(改題)）

□**5**　次の 3 次正方行列 A の固有値は 2 のみであるという．

$$A = \begin{bmatrix} 1 & 1 & -1 \\ -3 & a & -3 \\ -2 & 2 & 0 \end{bmatrix}$$

(1)　a の値を求めよ．

(2)　固有値 2 の固有空間の基底を 1 つ求めよ．

(3)　A のジョルダン標準形を求めよ．　　　　（立教大・院試(改題)）

（原題は 4 次正方行列）

7 さまざまな応用

まえがきでも述べたように，線形代数の考え方は理工学のさまざまな分野での基礎となっている．本章では，これまでに学んだ線形代数の考え方が使われる，いくつかの例を見ていくことにしよう．

本書は線形代数の入門書であるので，それぞれの話題については簡単な紹介程度に過ぎない．興味をもたれた方は，巻末の参考文献などにより，さらに理解を深めていただきたい．

線形代数の重要な応用例である「線形計画法」については，本書では述べる余裕がなかった．それについては，適当な成書を参照していただきたい．[12]にも，簡単な解説がある．

7 章で扱う題材

- **空間における直線・平面**…連立 1 次方程式の幾何学的意味
- **2 次式で表される曲線・曲面**…対称行列の対角化
- **補間多項式**…連立 1 次方程式，多項式のなす線形空間
- **最小二乗法**…多項式のなす線形空間，ベクトルの直交性
- **漸化式への応用**…固有値・固有ベクトル
- **微分方程式への応用**…固有値・固有ベクトル

7.1 空間における直線・平面

空間における直線，平面を数式で表すにはいくつかの方法がある．以下では①ベクトル方程式で表す方法と，②連立方程式で表す方法とを紹介し，2.2節での結果の幾何学的な意味を紹介する．

本書では詳しく述べる余裕がないが，コンピュータ・グラフィックス(CG)の理論においては，本節で述べる考え方が基礎となっている[1]．

直線の方程式

空間において，定点Aを通って，$\vec{0}$でない幾何ベクトル$\vec{u}$に平行な直線をlとする(このとき，$\vec{u}$をlの**方向ベクトル**という)．

原点Oを固定するとき，直線l上の点Pに対する位置ベクトル$\vec{p}=\overrightarrow{\mathrm{OP}}$は，適当な定数$t$を用いて，

$$\vec{p}=\vec{a}+t\vec{u} \quad (\vec{a}=\overrightarrow{\mathrm{OA}})$$

という形に表される(図7.1)．これを，直線lの**媒介変数表示**(**パラメータ表示**)という．

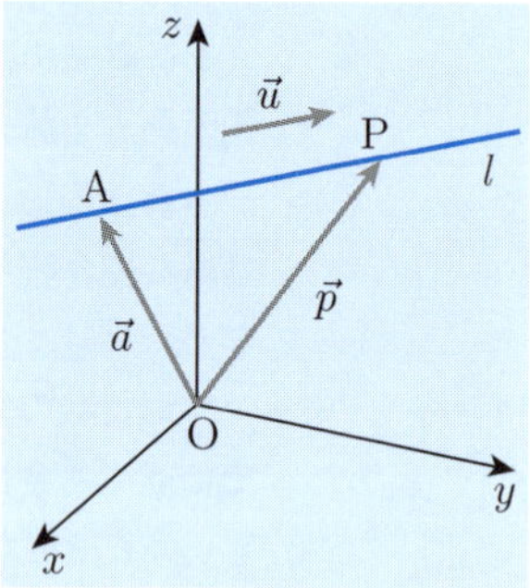

図7.1　直線lの媒介変数表示

ここで，幾何ベクトル$\vec{p}, \vec{a}, \vec{u}$の成分表示を以下のように定める[2]．

$$\vec{p}=\begin{bmatrix} x \\ y \\ z \end{bmatrix}, \ \vec{a}=\begin{bmatrix} a \\ b \\ c \end{bmatrix}, \ \vec{u}=\begin{bmatrix} u_1 \\ u_2 \\ u_3 \end{bmatrix}$$

方向ベクトル$\vec{u}$の座標成分u_1, u_2, u_3がすべて0でない場合には，

$$\frac{x-a}{u_1}=\frac{y-b}{u_2}=\frac{z-c}{u_3} \ (=t),$$

すなわち，直線lを

---

1) コンピュータ・グラフィックスの立場からの線形代数の解説書として，
　郡山　彬・原　正雄・峯崎俊哉，CGのための線形代数，森北出版，2000
がある．

2) 本節では，4.1.2項での対応づけを用いて，空間における幾何ベクトルと数ベクトル($\mathbb{R}^3$の元)を同一視して考える．

$$\frac{x-a}{u_1}=\frac{y-b}{u_2} \quad \text{かつ} \quad \frac{y-b}{u_2}=\frac{z-c}{u_3}$$

という連立方程式の解としてとらえていることになる．

u_1, u_2, u_3のいずれかが0のときには場合分けが必要となり，例えば$u_3=0$なら

$$\frac{x-a}{u_1}=\frac{y-b}{u_2} \quad \text{かつ} \quad z=c$$

となる．他の場合にも，同様の形でとらえられる．

平面の方程式

空間において，定点Aを通って，$\vec{0}$でない2つの幾何ベクトル$\vec{u}, \vec{v}$で張られる平面をSとする（図7.2）．

このとき，平面S上の点Pに対する位置ベクトル$\vec{p}=\overrightarrow{\mathrm{OP}}$は，適当な2つの定数$s, t$を用いて，

$$\vec{p}=\vec{a}+s\vec{u}+t\vec{v} \qquad (7.1)$$

という形に表される．これを，平面Sの**媒介変数表示**（**パラメータ表示**）という．

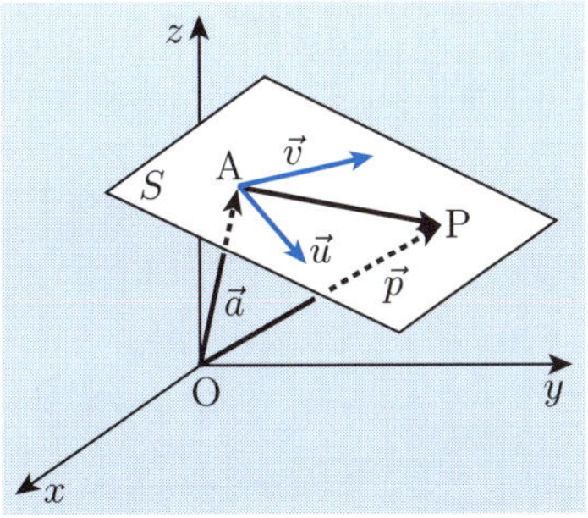

図 7.2　平面Sの媒介変数表示

座標成分による表示を

$$\vec{p}=\begin{bmatrix} x \\ y \\ z \end{bmatrix}, \quad \vec{a}=\begin{bmatrix} a \\ b \\ c \end{bmatrix}, \quad \vec{u}=\begin{bmatrix} u_1 \\ u_2 \\ u_3 \end{bmatrix}, \quad \vec{v}=\begin{bmatrix} v_1 \\ v_2 \\ v_3 \end{bmatrix}$$

とするとき，3つのベクトル$\vec{p}-\vec{a}, \vec{u}, \vec{v}$を並べて作った行列式を考えると，

$$\det[\vec{p}-\vec{a}, \vec{u}, \vec{v}] \overset{(7.1)}{=} \det[s\vec{u}+t\vec{v}, \vec{u}, \vec{v}] = \det[\vec{0}, \vec{u}, \vec{v}] = 0$$

ここで第2の「=」では，第2列$\vec{u}$のs倍，および第2列$\vec{v}$のt倍を第1列から引いた．

ここに成分を代入すると，

$$\begin{vmatrix} x-a & u_1 & v_1 \\ y-b & u_2 & v_2 \\ z-c & u_3 & v_3 \end{vmatrix} = 0$$

となり，第1列に関して展開すると，

$$(x-a)\begin{vmatrix} u_2 & v_2 \\ u_3 & v_3 \end{vmatrix} - (y-b)\begin{vmatrix} u_1 & v_1 \\ u_3 & v_3 \end{vmatrix} + (z-c)\begin{vmatrix} u_1 & v_1 \\ u_2 & v_2 \end{vmatrix} = 0 \quad (7.2)$$

となる．ここで，

$$n_1 = \begin{vmatrix} u_2 & v_2 \\ u_3 & v_3 \end{vmatrix}, \quad n_2 = -\begin{vmatrix} u_1 & v_1 \\ u_3 & v_3 \end{vmatrix}, \quad n_3 = \begin{vmatrix} u_1 & v_1 \\ u_2 & v_2 \end{vmatrix}$$

と定め，$\vec{n} = \begin{bmatrix} n_1 \\ n_2 \\ n_3 \end{bmatrix}$ とおけば，$\vec{n}$ は

$$\vec{n} \cdot \vec{u} = \vec{n} \cdot \vec{v} = 0,$$

すなわち，$\vec{n} \perp \vec{u}, \vec{n} \perp \vec{v}$ を満たす(実際に計算して，確認してもらいたい)．このとき，ベクトル $\vec{n}$ は平面 S と垂直な方向を表すので，**法線ベクトル**とよばれる．

このように n_1, n_2, n_3 を定めると，(7.2)は

$$n_1(x-a) + n_2(y-b) + n_3(z-c) = 0 \quad (7.3)$$

となる．このようにして，空間における点 A(a, b, c) を通り，$\vec{n}$ を法線ベクトルとする平面の方程式が得られる．逆にいえば，3変数 x, y, z の1次式は，座標空間における平面を表していることがわかる．

また，空間内に3点 P(p_1, p_2, p_3), Q(q_1, q_2, q_3), R(r_1, r_2, r_3) をとると，それらを通る平面はただ1つに定められる．その平面の方程式は，次のような行列式の形で与えられる．

$$\begin{vmatrix} x & y & z & 1 \\ p_1 & p_2 & p_3 & 1 \\ q_1 & q_2 & q_3 & 1 \\ r_1 & r_2 & r_3 & 1 \end{vmatrix} = 0$$

第1行に関して展開すれば，x, y, z についての1次式であることはすぐにわかる．また，$x = p_1$, $y = p_2$, $z = p_3$ のときは第1行と第2行が等しくなり，行列式の値は0である．すなわち，点Pを通ることがわかる．同様にして，点Q，点Rを通ることも示される．

例　座標軸上の 3 点 $(a,0,0)$，$(0,b,0)$，$(0,0,c)$（ただし $a,b,c \neq 0$）を通る平面（すなわち，図 7.3 の三角形を含む平面）の方程式は，

$$\frac{x}{a}+\frac{y}{b}+\frac{z}{c}=1$$

で与えられる．この形の方程式は**切片形**とよばれる．□

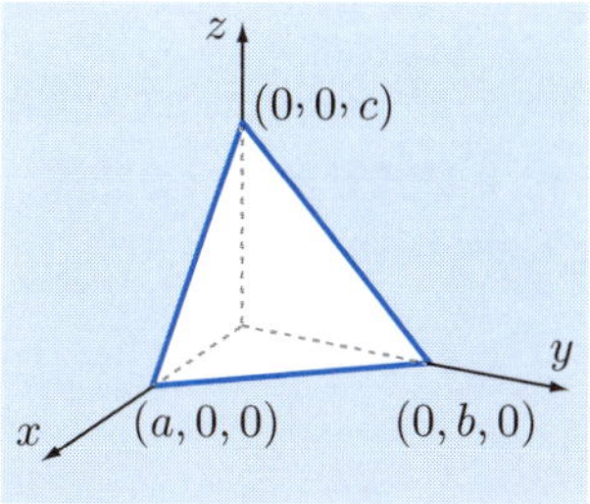

図 7.3　切片形による平面

参考　連立方程式の解の様子と平面の配置

本節の考え方を用いると，2.2 節での結果を幾何学的にとらえることができる．例題 2.2(1)～(4)に対応する平面の配置の様子は，図 7.4 のようになる．

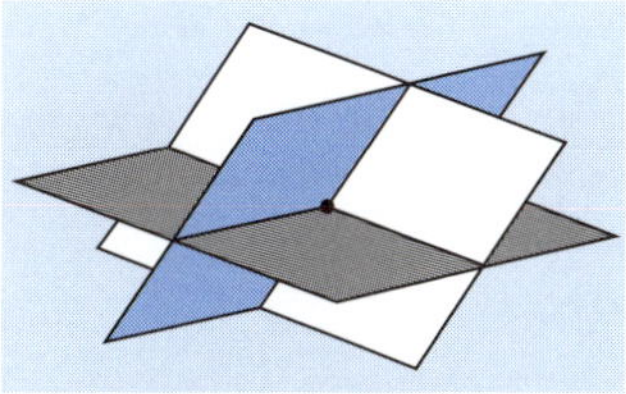

(1) $\mathrm{rank}\,(\tilde{A}) = \mathrm{rank}\,(A) = 3$
交点がただ 1 つ存在

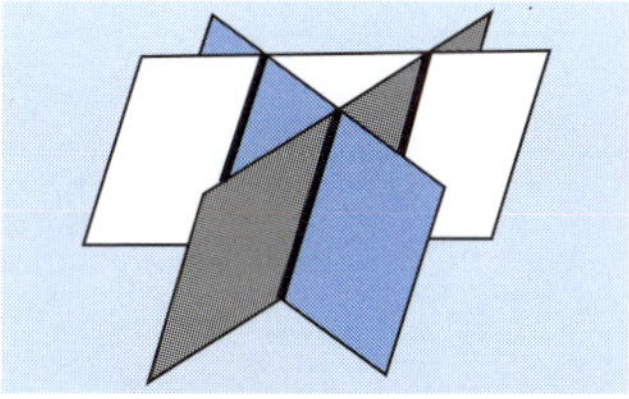

(2) $\mathrm{rank}\,(\tilde{A}) = 3 > \mathrm{rank}\,(A) = 2$
各交線が平行になり，交点なし

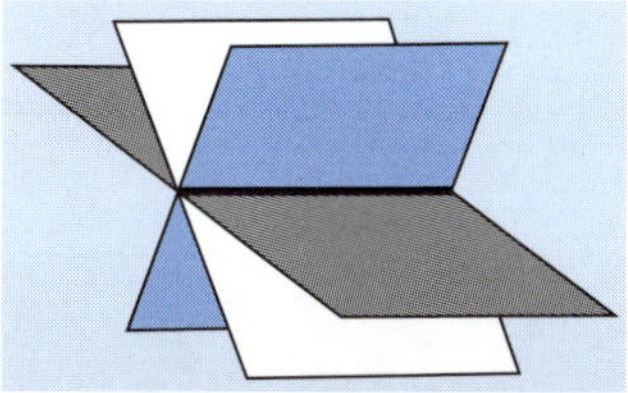

(3) $\mathrm{rank}\,(\tilde{A}) = \mathrm{rank}\,(A) = 2$
3 平面が 1 直線で交わる

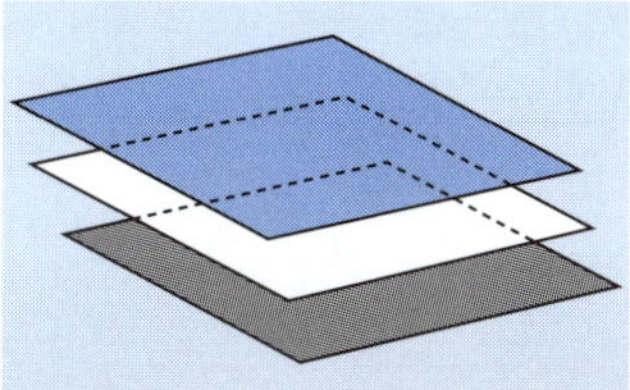

(4) $\mathrm{rank}\,(\tilde{A}) = 2 > \mathrm{rank}\,(A) = 1$
3 平面が平行になり，交点なし

図 7.4　連立方程式の解の様子と平面の配置

また，例題 2.2(5)では，与えられた 3 つの方程式が，すべて同一の平面を表している．□

7.2　2 次式で表される曲線・曲面

7.2.1　2 次式で表される曲線

高等学校の数学で学んだように，2 次式

$$\text{(a)}\quad \frac{x^2}{a^2}+\frac{y^2}{b^2}=1,\qquad \text{(b)}\quad \frac{x^2}{a^2}-\frac{y^2}{b^2}=1 \tag{7.4}$$

は，座標平面上において，それぞれ(a)楕円，(b)双曲線を表す(図 7.5)．

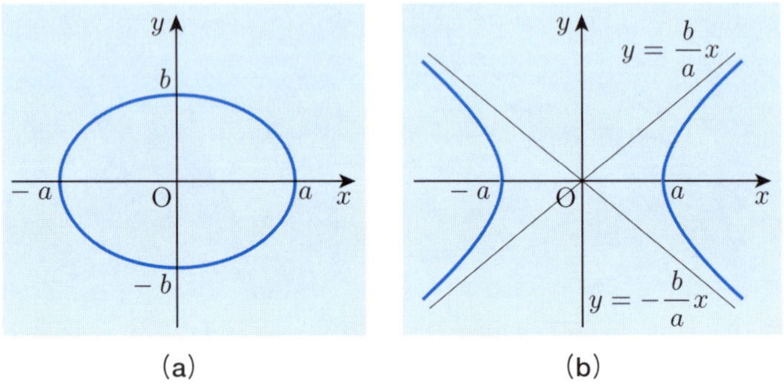

図 7.5　2 次式で表される曲線

これを一般化して，より一般の 2 次式

$$ax^2+2bxy+cy^2=1 \quad (a,b,c \text{ は実数}) \tag{7.5}$$

で表される曲線を考えよう．(7.5)の左辺は，行列を用いて次のようにまとめることができる．

$$ax^2+2bxy+cy^2=[x,y]\begin{bmatrix} a & b \\ b & c \end{bmatrix}\begin{bmatrix} x \\ y \end{bmatrix}$$

ここで，$A=\begin{bmatrix} a & b \\ b & c \end{bmatrix}$ とおくと，A は実対称行列である．このとき，6.3 節の議論により，適当な直交行列 P が存在し，

$${}^tPAP=\begin{bmatrix} \alpha & 0 \\ 0 & \beta \end{bmatrix} \quad (\alpha,\beta \text{ は } A \text{ の固有値}) \tag{7.6}$$

と対角化される．このとき，$\boldsymbol{x} = \begin{bmatrix} x \\ y \end{bmatrix}, \boldsymbol{x}' = \begin{bmatrix} x' \\ y' \end{bmatrix} = {}^tP\boldsymbol{x}$ とおくと，

$$\begin{aligned} {}^t\boldsymbol{x}A\boldsymbol{x} &= {}^t\boldsymbol{x}P\,{}^tPAP\,{}^tP\boldsymbol{x} = {}^t({}^tP\boldsymbol{x})({}^tPAP)({}^tP\boldsymbol{x}) \\ &\qquad (P\,{}^tP = {}^tPP = E \text{ を用いた}) \\ &= {}^t\boldsymbol{x}'({}^tPAP)\boldsymbol{x}' = [x', y'] \begin{bmatrix} \alpha & 0 \\ 0 & \beta \end{bmatrix} \begin{bmatrix} x' \\ y' \end{bmatrix} \end{aligned}$$

となる．よって，新たな座標系 (x', y') においては，

$$ax^2 + 2bxy + cy^2 = 1 \quad \overset{\boldsymbol{x}' = {}^tP\boldsymbol{x}}{\Longleftrightarrow} \quad \alpha(x')^2 + \beta(y')^2 = 1$$

と書きかえられることがわかる．(7.4) と比較すれば，α と β が同符号のとき楕円，異符号のとき双曲線を表すことがわかる．ここで，(7.6) の両辺の行列式をとると，P は直交行列であることに注意して，

$$\alpha\beta = |{}^tPAP| = |{}^tP|\,|A|\,|P| = |A| = ac - b^2$$

となる．よって，次のようにまとめられる．

2次式 (7.5) で表される曲線

- $ac - b^2 > 0$ のとき，適当な直交変換によって，(7.4) の (a) にうつされるので，**楕円**である．
- $ac - b^2 < 0$ のとき，適当な直交変換によって，(7.4) の (b) にうつされるので，**双曲線**である．
- $ac - b^2 = 0$ のときは，

$$(7.5) \text{ の左辺} = a\left(x + \frac{b}{a}y\right)^2$$

と平方完成されるので，(7.5) は **2 直線**を表す．

参考　(7.5) を一般化して，方程式 $a(x-p)^2 + 2b(x-p)(y-q) + c(y-q)^2 = 1$ で表される曲線を**有心 2 次曲線**といい，点 (p, q) をこの 2 次曲線の**中心**という．これに対し，放物線の方程式 (例えば $y = x^2$) はこのクラスではない．放物線も含めて統一的に扱う方法については，例えば [4] などを参照せよ．　□

例題 7.1

座標平面において，2次式 $6x^2-4xy+9y^2=20$ で表される曲線を図示せよ．

【解答】 2次対称行列 $A=\begin{bmatrix} 6 & -2 \\ -2 & 9 \end{bmatrix}$ の固有値・固有ベクトルを求めると次のようになる．

- 固有値5に対して，固有ベクトル $\boldsymbol{u}_1=\dfrac{1}{\sqrt{5}}\begin{bmatrix} 2 \\ 1 \end{bmatrix}$
- 固有値10に対して，固有ベクトル $\boldsymbol{u}_2=\dfrac{1}{\sqrt{5}}\begin{bmatrix} -1 \\ 2 \end{bmatrix}$

（固有ベクトルは，大きさ1に規格化してある）

このとき，

$$P=[\boldsymbol{u}_1,\boldsymbol{u}_2]=\frac{1}{\sqrt{5}}\begin{bmatrix} 2 & -1 \\ 1 & 2 \end{bmatrix}$$

とおくと，P は直交行列となり，${}^tPAP=\begin{bmatrix} 5 & 0 \\ 0 & 10 \end{bmatrix}$ と対角化される．すなわち，新たな座標系 (x',y') を $\begin{bmatrix} x' \\ y' \end{bmatrix}={}^tP\begin{bmatrix} x \\ y \end{bmatrix}$ で定義すれば，その座標系における方程式は，

$$5(x')^2+10(y')^2=20$$
$$\iff \left(\frac{x'}{2}\right)^2+\left(\frac{y'}{\sqrt{2}}\right)^2=1$$

となり，図7.6のような楕円であることがわかる． ■

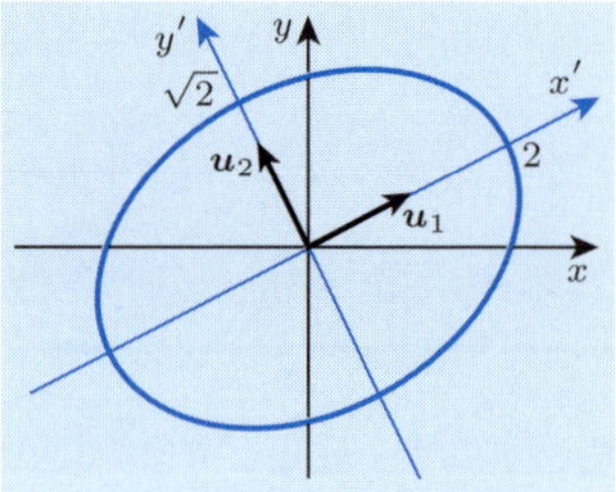

図7.6　$\left(\dfrac{x'}{2}\right)^2+\left(\dfrac{y'}{\sqrt{2}}\right)^2=1$ で表される楕円

参考 より一般的に，1次の項を含んだ式

$$ax^2+2bxy+cy^2 + d_1x+d_2y+d_3=0 \qquad (7.7)$$

に対しては，平行移動した座標系を考えることで，(7.5)の場合に帰着できる．実際，$x=x'+p,\ y=y'+q$ を(7.7)に代入すると，

$$ax^2 + 2bxy + cy^2 + (2ap + 2bq + d_1)x$$
$$+(2bp + 2cq + d_2)y + (ap^2 + 2bpq + cq^2 + d_1p + d_2q + d_3) = 0$$

となる．よって，連立 1 次方程式

$$\begin{cases} 2ap + 2bq + d_1 = 0 \\ 2bp + 2cq + d_2 = 0 \end{cases}$$

を解いて p, q を定めれば，(7.5)の形になる．□

7.2.2　2 次式で表される曲面

座標空間において，2 次式

$$ax^2 + by^2 + cz^2 + 2pxy + 2qxz + 2ryz = 1 \tag{7.8}$$

で表される曲面に対しても，平面の場合とまったく同様の議論ができる．すなわち，

$$A = \begin{bmatrix} a & p & q \\ p & b & r \\ q & r & c \end{bmatrix}, \quad \boldsymbol{x} = \begin{bmatrix} x \\ y \\ z \end{bmatrix}$$

とおくと，

$$(7.8)\text{の左辺} = {}^t\boldsymbol{x}A\boldsymbol{x}$$

と表すことができるので，直交行列 P を適当に選ぶと

$${}^tPAP = \begin{bmatrix} \alpha & 0 & 0 \\ 0 & \beta & 0 \\ 0 & 0 & \gamma \end{bmatrix}$$

と対角化される．よって，$\boldsymbol{x} = P\boldsymbol{x}'$ とおけば，

$$\begin{aligned} {}^t\boldsymbol{x}A\boldsymbol{x} &= {}^t\boldsymbol{x}'({}^tPAP)\boldsymbol{x}' \\ &= [x', y', z'] \begin{bmatrix} \alpha & 0 & 0 \\ 0 & \beta & 0 \\ 0 & 0 & \gamma \end{bmatrix} \begin{bmatrix} x' \\ y' \\ z' \end{bmatrix} \\ &= \alpha(x')^2 + \beta(y')^2 + \gamma(z')^2. \end{aligned}$$

固有値 α, β, γ の符号により，以下のいずれかに帰着される($\alpha\beta\gamma = 0$ の場合は，本書では扱わない．[4], [8]を見よ)．

(a)　すべて正のとき　$\dfrac{x^2}{a^2}+\dfrac{y^2}{b^2}+\dfrac{z^2}{c^2}=1$

(b)　2 つが正，1 つが負のとき　$\dfrac{x^2}{a^2}+\dfrac{y^2}{b^2}-\dfrac{z^2}{c^2}=1$

(c)　1 つが正，2 つが負のとき　$\dfrac{x^2}{a^2}-\dfrac{y^2}{b^2}-\dfrac{z^2}{c^2}=1$

(d)　すべて負のとき　$-\dfrac{x^2}{a^2}-\dfrac{y^2}{b^2}-\dfrac{z^2}{c^2}=1$

これらは，それぞれ図 7.7 のような曲面になる($x=$ 定数，$y=$ 定数，$z=$ 定数という平面による切り口を考えるとよい)．

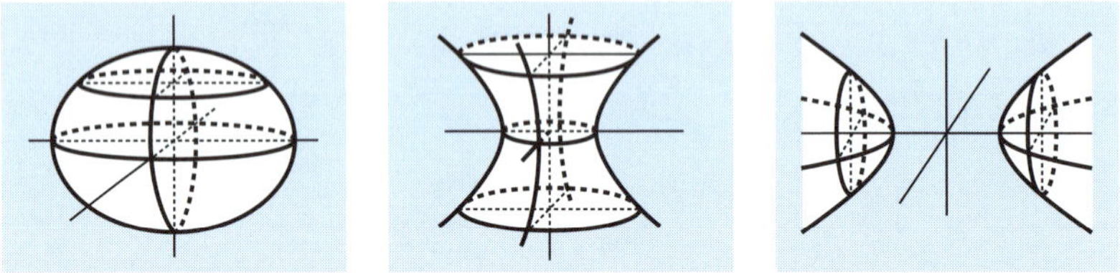

(a)　楕円面　(b)　一葉双曲面　(c)　二葉双曲面

図 7.7　2 次式で表される曲面

(d)の場合は，方程式を満たす (x,y,z) が存在しない．

7.2.3　2 次形式

n 個の実変数を並べた列ベクトル $\boldsymbol{x}\in\mathbb{R}^n$，$n\times n$ 実対称行列 $A=[a_{ij}]$ $(a_{ij}=a_{ji})$ に対して定められる式，

$$^t\boldsymbol{x}A\boldsymbol{x}=\sum_{i,j=1}^{n}a_{ij}x_ix_j=\sum_{i=1}^{n}a_{ii}x_i^2+2\sum_{i<j}a_{ij}x_ix_j$$

を **2 次形式**という．$2\times 2, 3\times 3$ の場合と同様の議論により，次がいえる．

定理 7.1

2 次形式 $^t\boldsymbol{x}A\boldsymbol{x}$ $(\boldsymbol{x}\in\mathbb{R}^n)$ に対し，適当な直交行列 P を用いて $\boldsymbol{x}=P\boldsymbol{x}'$ と変数変換することで，

$$^t\boldsymbol{x}A\boldsymbol{x}={}^t\boldsymbol{x}'({}^tPAP)\boldsymbol{x}'=\alpha_1(x_1')^2+\alpha_2(x_2')^2+\cdots+\alpha_n(x_n')^2$$

とすることができる．ここで，$\alpha_1,\cdots,\alpha_n$ は n 次実対称行列 A の固有値(実数)である．これを，**2 次形式の標準形**という．

任意の $\boldsymbol{x} \in \mathbb{R}^n$ に対して 2 次形式が

- ${}^t\boldsymbol{x}A\boldsymbol{x} \geq 0$ を満たすとき，${}^t\boldsymbol{x}A\boldsymbol{x}$ は**半正定値**であるといい，
- ${}^t\boldsymbol{x}A\boldsymbol{x} > 0$ を満たすとき，${}^t\boldsymbol{x}A\boldsymbol{x}$ は**正定値**であるという．

これらの性質は，行列 A の固有値の言葉でいいかえることができる．

> ${}^t\boldsymbol{x}A\boldsymbol{x}$ が半正定値 $\iff$ A のすべての固有値が非負
>
> ${}^t\boldsymbol{x}A\boldsymbol{x}$ が正定値 $\iff$ A のすべての固有値が正

例題 7.2

次の 2 次形式は正値(正定値)であることを示せ．

$$5x^2 + 5y^2 + 2z^2 + 8xy + 4xz + 4yz$$

（名古屋工業大・院試）

【解答】　3 次対称行列 $A = \begin{bmatrix} 5 & 4 & 2 \\ 4 & 5 & 2 \\ 2 & 2 & 2 \end{bmatrix}$ の固有多項式 $\Phi_A(\lambda)$ を求めると，

$$\Phi_A(\lambda) = \det(\lambda E - A) = (\lambda - 1)^2(\lambda - 10)$$

であるので，固有値は 1(重解), 10 である．よって，A の固有値はすべて正であるので，与えられた 2 次形式は正定値である．■

参考　正定値であることを示すには必要ないが，この場合，A は対称行列なので，正規直交基底となるように固有ベクトルを選ぶことができる．例えば，次のように選べばよい．

$$固有値 1：\frac{1}{\sqrt{2}}\begin{bmatrix} 1 \\ -1 \\ 0 \end{bmatrix},\ \frac{1}{3\sqrt{2}}\begin{bmatrix} 1 \\ 1 \\ -4 \end{bmatrix},$$

$$固有値 10：\frac{1}{3}\begin{bmatrix} 2 \\ 2 \\ 1 \end{bmatrix}$$

□

7.3 補間多項式

xy 平面において相異なる 2 点が与えられれば，それらを通る直線はただ 1 つに決まる．より一般に，x 座標がすべて相異なる $(n+1)$ 個の点 (x_i, y_i) $(i = 0, 1, 2, \cdots, n)$が与えられたとき，方程式(7.9)で表される曲線がこれら $(n+1)$ 個の点すべてを通る条件を考えよう(このように，与えられた点をすべて通る多項式を，**補間多項式**という)．

$$y = \sum_{j=0}^{n} a_j x^j = a_n x^n + a_{n-1} x^{n-1} + \cdots + a_1 x + a_0 \tag{7.9}$$

$(n+1)$ 個の点の座標 (x_i, y_i) $(i = 0, 1, 2, \cdots, n)$を(7.9)に代入すると，次の連立 1 次方程式が得られる．

$$\begin{bmatrix} 1 & x_0 & x_0^2 & \cdots & x_0^n \\ 1 & x_1 & x_1^2 & \cdots & x_1^n \\ 1 & x_2 & x_2^2 & \cdots & x_2^n \\ \vdots & \vdots & \vdots & \ddots & \vdots \\ 1 & x_n & x_n^2 & \cdots & x_n^n \end{bmatrix} \begin{bmatrix} a_0 \\ a_1 \\ a_2 \\ \vdots \\ a_n \end{bmatrix} = \begin{bmatrix} y_0 \\ y_1 \\ y_2 \\ \vdots \\ y_n \end{bmatrix}$$

左辺の係数行列の行列式は，例題 3.4 で扱ったヴァンデルモンドの行列式となり，x_i $(i = 0, 1, 2, \cdots, n)$がすべて相異なるとき 0 にならない．よって，係数行列は逆行列をもち，解がただ 1 つ存在することがわかる．

(7.9)から出発して係数 $a_0, \cdots, a_n$ を定めたが，線形空間の言葉でいえば，(7.9)では n 次以下の多項式の空間 $\mathbb{R}[x]_n$ の基底として $\{1, x, x^2, \cdots, x^n\}$ をとったことにあたる．別の基底を考えるために，x_i $(i = 0, 1, 2, \cdots, n)$を用いて，$\{f_j(x)\}_{j=0,1,\cdots,n}$ を次のように定義しよう．

$$\begin{aligned} f_j(x) &= \prod_{k(\neq j)} \frac{x - x_k}{x_j - x_k} \qquad (7.10) \\ &= \frac{(x - x_0)\cdots(x - x_{j-1})(x - x_{j+1})\cdots(x - x_n)}{(x_j - x_0)\cdots(x_j - x_{j-1})(x_j - x_{j+1})\cdots(x_j - x_n)} \end{aligned}$$

この $f_j(x)$ は次の性質をもつ．

$$f_j(x_k) = \begin{cases} 1 & (j = k) \\ 0 & (j \neq k) \end{cases} \tag{7.11}$$

このとき，

$$y = y_0 f_0(x) + y_1 f_1(x) + \cdots + y_n f_n(x) \tag{7.12}$$

とおけば，$(n+1)$ 個の点 (x_i, y_i) $(i = 0, 1, 2, \cdots, n)$ すべてを通る n 次多項式が具体的に得られたことになる．このように，(7.10) という多項式を用いて補間を行うことを，**ラグランジュ (Lagrange) 補間**という．

例題 7.3

(7.10) の $\{f_j(x)\}_{j=0,1,\cdots,n}$ が，n 次以下の多項式のなす線形空間 $\mathbb{R}[x]_n$ の基底であることを示せ．

【解答】　$\{f_j(x)\}_{j=0,1,\cdots,n}$ が 1 次独立であり，かつ，任意の n 次以下の多項式が $\{f_j(x)\}_{j=0,1,\cdots,n}$ の線形結合として表されることを示せばよい．

$(n+1)$ 個の未知数 $c_0, c_1, \cdots, c_n$ に対する方程式

$$c_0 f_0(x) + c_1 f_1(x) + \cdots + c_n f_n(x) = 0 \tag{7.13}$$

において，$x = x_0, x_1, \cdots, x_n$ を代入すると，(7.11) より

$$c_0 = c_1 = \cdots = c_n = 0$$

が得られる．すなわち，方程式 (7.13) は自明な解しかもたず，$\{f_j(x)\}_{j=0,1,\cdots,n}$ が 1 次独立であることがわかった．

また，本節冒頭で示したように，n 次多項式は $(n+1)$ 個の点の座標 (x_i, y_i) $(i = 0, 1, 2, \cdots, n)$ を与えることでただ 1 つに決められて，(7.12) のように線形結合の係数を定めれば，任意の $(n+1)$ 個の点を通るようにできる．

以上により，(7.10) の $\{f_j(x)\}_{j=0,1,\cdots,n}$ が $\mathbb{R}[x]_n$ の基底であることが示された．■

例題 3.4 では，

$$\begin{bmatrix} 1 & 1 & 1 & 1 \\ a_1 & a_2 & a_3 & a_4 \\ a_1^2 & a_2^2 & a_3^2 & a_4^2 \\ a_1^3 & a_2^3 & a_3^3 & a_4^3 \end{bmatrix}$$

という行列の行列式を求めた（ヴァンデルモンドの行列式）が，ラグランジュ補間の考え方を用いれば，このような行列の逆行列を求めることができる．3×3 の場合を例題 7.4 で見てみよう．

例題 7.4

(1) a_1, a_2, a_3 を，互いに異なる定数とする．これに対して，$f_1(x)$, $f_2(x)$, $f_3(x)$ を

$$f_j(x) = \prod_{k(\neq j)} \frac{x - a_k}{a_j - a_k} \quad (j = 1, 2, 3) \tag{7.14}$$

で定義する((7.10)と同じこと)．このとき，$i = 0, 1, 2$ に対して

$$x^i = c_1^{(i)} f_1(x) + c_2^{(i)} f_2(x) + c_3^{(i)} f_3(x) \tag{7.15}$$

が任意の x に対して成立するように，定数 $c_j^{(i)}$ $(i = 0, 1, 2,\ j = 1, 2, 3)$ を定めよ．

(2) (1)の結果を利用して，

$$A = \begin{bmatrix} 1 & 1 & 1 \\ a_1 & a_2 & a_3 \\ a_1^2 & a_2^2 & a_3^2 \end{bmatrix}$$

の逆行列を求めよ．

【解答】 (1) (7.15)において $x = a_j$ $(j = 1, 2, 3)$とすると，多項式 $f_j(x)$ の性質(7.11)により，$c_j^{(i)} = a_j^{(i)}$ が得られる．

(2) (1) の結果を用いて，(7.15)を行列の積の形に書き直すと，次のようになる．

$$\begin{bmatrix} 1 \\ x \\ x^2 \end{bmatrix} = \begin{bmatrix} 1 & 1 & 1 \\ a_1 & a_2 & a_3 \\ a_1^2 & a_2^2 & a_3^2 \end{bmatrix} \begin{bmatrix} f_1(x) \\ f_2(x) \\ f_3(x) \end{bmatrix}$$

$$= A \begin{bmatrix} f_1(x) \\ f_2(x) \\ f_3(x) \end{bmatrix} \tag{7.16}$$

一方，

$$(x - \alpha)(x - \beta) = x^2 - (\alpha + \beta)x + \alpha\beta$$

を(7.14)に用いると，例えば

$$f_1(x) = \frac{(x-a_2)(x-a_3)}{(a_1-a_2)(a_1-a_3)} = \frac{x^2-(a_2+a_3)x+a_2a_3}{(a_1-a_2)(a_1-a_3)}$$

のように展開できる．これらを行列の形にまとめると，

$$\begin{bmatrix} f_1(x) \\ f_2(x) \\ f_3(x) \end{bmatrix} = \frac{-1}{(a_1-a_2)(a_2-a_3)(a_3-a_1)} \times \begin{bmatrix} a_2a_3(a_2-a_3) & -(a_2-a_3)(a_2+a_3) & (a_2-a_3) \\ a_3a_1(a_3-a_1) & -(a_3-a_1)(a_3+a_1) & (a_3-a_1) \\ a_1a_2(a_1-a_2) & -(a_1-a_2)(a_1+a_2) & (a_1-a_2) \end{bmatrix} \begin{bmatrix} 1 \\ x \\ x^2 \end{bmatrix} \tag{7.17}$$

となり，(7.16) と (7.17) とを比較すれば，

$$A^{-1} = \frac{-1}{(a_1-a_2)(a_2-a_3)(a_3-a_1)} \times \begin{bmatrix} a_2a_3(a_2-a_3) & -(a_2^2-a_3^2) & (a_2-a_3) \\ a_3a_1(a_3-a_1) & -(a_3^2-a_1^2) & (a_3-a_1) \\ a_1a_2(a_1-a_2) & -(a_1^2-a_2^2) & (a_1-a_2) \end{bmatrix}$$

が得られる．■

参考　例題 7.4 の結果は，一般の $n \times n$ の場合に拡張することができる．その場合には，

$$\prod_{i=1}^{m}(x-\alpha_i) = \sum_{i=1}^{m} e_i(\alpha_1, \cdots, \alpha_m)x^i$$

で定められる $e_i(\alpha_1, \cdots, \alpha_m)$ を用いることになる（ここでは $m=2$）．
この $e_i(\alpha_1, \cdots, \alpha_m)$ を，**基本対称多項式**という．□

7.4 最小二乗法

前節では $(n+1)$ 個の点を与えて，n 次式で表される曲線でそれらすべてを通るようなものを求めた．今度は，与えられた n 個の点に対して，それらからもっとも「近く」なるような直線を求めてみよう [1]．そのためには，まず「データに近い直線」という意味をはっきりさせておく必要がある．

前節と同様に，x 座標がすべて相異なる n 個の点 (x_i, y_i) $(i=1,2,\cdots,n)$ が与えられたとき，方程式

$$y = ax + b \tag{7.18}$$

で表される直線とこれらの点とがどれくらい離れているかを，

$$L = \sum_{j=1}^{n} \{y_j - (ax_j + b)\}^2 \tag{7.19}$$

という量で測ることにして，これが最小になるように定数 a, b を定めることを考える．この方法を**最小二乗法**という．またこのようにして定めた直線を，**回帰直線**という．

n 次列ベクトル $\boldsymbol{x}, \boldsymbol{y}, \boldsymbol{u}$ を

$$\boldsymbol{x} = \begin{bmatrix} x_1 \\ \vdots \\ x_n \end{bmatrix}, \quad \boldsymbol{y} = \begin{bmatrix} y_1 \\ \vdots \\ y_n \end{bmatrix}, \quad \boldsymbol{u} = \begin{bmatrix} 1 \\ \vdots \\ 1 \end{bmatrix} \tag{7.20}$$

で定義すると，(7.19)は次のように書きかえることができる．

$$L = \|\boldsymbol{y} - (a\boldsymbol{x} + b\boldsymbol{u})\|^2 = (\boldsymbol{y} - a\boldsymbol{x} - b\boldsymbol{u}) \cdot (\boldsymbol{y} - a\boldsymbol{x} - b\boldsymbol{u}) \tag{7.21}$$

ただし，内積は通常の $\mathbb{R}^n$ の内積

$$\boldsymbol{x} \cdot \boldsymbol{y} = {}^t\boldsymbol{x}\boldsymbol{y} = x_1 y_1 + \cdots + x_n y_n$$

を用いた．

さて，$\tilde{\boldsymbol{y}} = \boldsymbol{y} - s\boldsymbol{u} - t\boldsymbol{x}$ とおいて，$\boldsymbol{u} \cdot \tilde{\boldsymbol{y}} = \boldsymbol{x} \cdot \tilde{\boldsymbol{y}} = 0$ となるように s, t を決めることを考える．これは，幾何学的にいうと，図 7.8 のように，$\boldsymbol{y}$ に対応する点

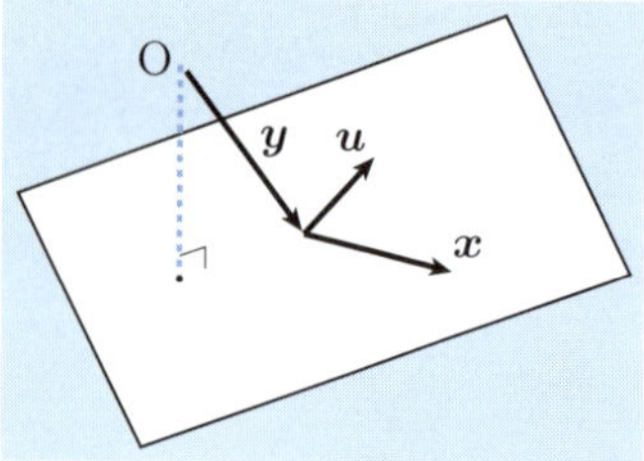

図 7.8 最小二乗法の原理

1) このような考え方は，理論的には一直線上にのると考えられるデータに対して，実験データをグラフの形にプロットして直線の実験式を求める場合に使われる．

を通って，$\boldsymbol{u}, \boldsymbol{x}$ によって張られる平面に，原点から垂線を下ろすことにあたる．s, t を決定するための連立方程式は，

$$\begin{bmatrix} \boldsymbol{u}\cdot\boldsymbol{u} & \boldsymbol{x}\cdot\boldsymbol{u} \\ \boldsymbol{x}\cdot\boldsymbol{u} & \boldsymbol{x}\cdot\boldsymbol{x} \end{bmatrix} \begin{bmatrix} s \\ t \end{bmatrix} = \begin{bmatrix} \boldsymbol{u}\cdot\boldsymbol{y} \\ \boldsymbol{x}\cdot\boldsymbol{y} \end{bmatrix} \tag{7.22}$$

である．これは，次のように書きかえることができる．ここで，$n\times 2$ 行列 M を

$$M = [\boldsymbol{u}, \boldsymbol{x}] = \begin{bmatrix} 1 & x_1 \\ \vdots & \vdots \\ 1 & x_n \end{bmatrix}$$

によって定めると，(7.22)は次のようにまとめられる．

$$^{t}MM \begin{bmatrix} s \\ t \end{bmatrix} = {}^{t}M\boldsymbol{y} \tag{7.23}$$

これによって，s, t が定められる．このとき，

$$\boldsymbol{y} = \tilde{\boldsymbol{y}} + s\boldsymbol{u} + t\boldsymbol{x},\ \ \tilde{\boldsymbol{y}}\cdot(s\boldsymbol{u} + t\boldsymbol{x}) = 0$$

であるので，(7.21)は次のようになる．

$$\begin{aligned} L &= \|\tilde{\boldsymbol{y}} + (s-b)\boldsymbol{u} + (t-a)\boldsymbol{x}\|^2 \\ &= \|\tilde{\boldsymbol{y}}\|^2 + \|(s-b)\boldsymbol{u} + (t-a)\boldsymbol{x}\|^2 \end{aligned} \tag{7.24}$$

よって，$a = t, b = s$ とすれば(7.24)の第2項は0になり，L の最小値を与える．

参考　偏微分を用いて，(7.24)を導くこともできる(むしろそのほうが普通)．以下に計算の流れを示しておく．偏微分記号などについては，適当な微積分の教科書を参照してほしい．

(7.19)の L を a, b で偏微分すると，

$$\frac{\partial L}{\partial a} = \sum_{j=1}^{n} 2x_j(y_j - ax_j - b), \quad \frac{\partial L}{\partial b} = \sum_{j=1}^{n} 2(y_j - ax_j - b).$$

これらが両方とも0になる条件より，(7.24)で $s \to b, t \to a$ と置きかえたものが得られる．　□

例題 7.5

座標平面上の5点 $(1, 5/2)$, $(2, 3)$, $(3, 4)$, $(4, 9/2)$, $(5, 6)$ に対して，方程式(7.23)を解き，回帰直線を求めよ．

【解答】 平面上に5点が与えられているので，5次元の線形代数の問題になる．ここでは，

$$\boldsymbol{x} = \begin{bmatrix} 1 \\ 2 \\ 3 \\ 4 \\ 5 \end{bmatrix}, \quad \boldsymbol{y} = \begin{bmatrix} 5/2 \\ 3 \\ 4 \\ 9/2 \\ 6 \end{bmatrix}, \quad \boldsymbol{u} = \begin{bmatrix} 1 \\ 1 \\ 1 \\ 1 \\ 1 \end{bmatrix}$$

から出発して，連立方程式(7.23)を解けばよい．実際に計算すると，

$$s\ (= b) = \frac{29}{20},$$

$$t\ (= a) = \frac{17}{20}$$

となる．よって，求める直線の方程式は

$$y = \frac{17}{20}x + \frac{29}{20}$$

である(図 7.9)． ■

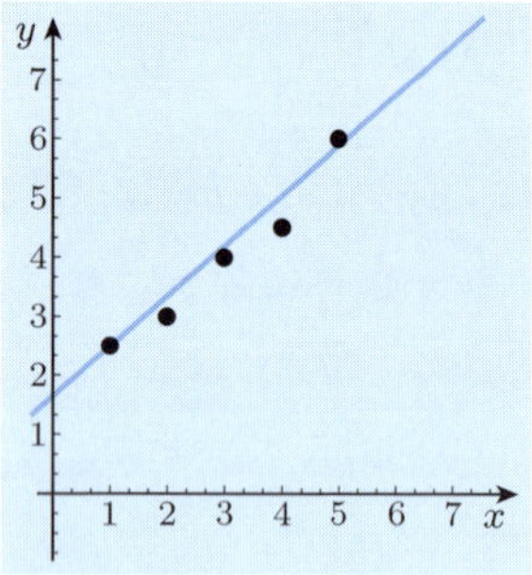

図 7.9 例題 7.5 が表す直線

以上を一般化して，n 個の点からの距離の2乗和が最小になるように，m 次多項式

$$y = c_0 + c_1 x + c_2 x^2 + \cdots + c_m x^m$$

の係数を定めることを考えよう(この m 次式が表す曲線を，**回帰曲線**という)．この場合には，

$$\boldsymbol{x}^{(k)} = \begin{bmatrix} x_1^k \\ \vdots \\ x_n^k \end{bmatrix} \quad (k = 1, \cdots, m)$$

とおくと，

$$L = \sum_{j=1}^{n} \left\{ y_j - (c_0 + c_1 x + c_2 x^2 + \cdots + c_m x^m) \right\}^2$$
$$= \left\| \boldsymbol{y} - (c_0 \boldsymbol{u} + c_1 \boldsymbol{x}^{(1)} + c_2 \boldsymbol{x}^{(2)} + \cdots + c_m \boldsymbol{x}^{(m)}) \right\|^2 \tag{7.25}$$

によって定義される量を最小化することになる(ただし，$\boldsymbol{u}$, $\boldsymbol{y}$ は(7.20)と同じものを用いる).

この場合も，

$$\tilde{\boldsymbol{y}} = \boldsymbol{y} - (c_0 \boldsymbol{u} + c_1 \boldsymbol{x}^{(1)} + c_2 \boldsymbol{x}^{(2)} + \cdots + c_m \boldsymbol{x}^{(m)})$$

において

$$\boldsymbol{u} \cdot \tilde{\boldsymbol{y}} = \boldsymbol{x}^{(1)} \cdot \tilde{\boldsymbol{y}} = \boldsymbol{x}^{(2)} \cdot \tilde{\boldsymbol{y}} = \cdots = \boldsymbol{x}^{(m)} \cdot \tilde{\boldsymbol{y}} = 0 \tag{7.26}$$

となるように $c_0, c_1, \cdots, c_m$ を定めれば，(7.25)の L は最小となることが示される.

より具体的に連立方程式を書くために，$n \times m$ 行列 M を次のように定義する.

$$M = \left[\boldsymbol{u}, \boldsymbol{x}^{(1)}, \boldsymbol{x}^{(2)}, \cdots, \boldsymbol{x}^{(m)} \right]$$
$$= \begin{bmatrix} 1 & x_1 & x_1^2 & \cdots & x_1^m \\ \vdots & \vdots & \vdots & & \vdots \\ 1 & x_n & x_n^2 & \cdots & x_n^m \end{bmatrix}$$

この M を用いると，(7.23)の導出と同様の議論により，条件(7.26)から次の連立方程式が得られる.

$${}^t M M \begin{bmatrix} c_0 \\ c_1 \\ \vdots \\ c_m \end{bmatrix} = {}^t M \boldsymbol{y}$$

この形の連立 1 次方程式を**正規方程式**といい，これを解いて $c_0, c_1, \cdots, c_m$ を定めればよい.

7.5 漸化式への応用

数列 $x_0, x_1, x_2, \cdots$ が例題 4.2(1)のような形の漸化式を満たしているとき，その一般項 x_n を求める問題は，対応する行列の n 乗を計算する問題に書き直すことができる．

例題 7.6

次式により定まる数列 x_n $(n = 0, 1, 2, \cdots)$ について次の問に答えよ．

$$x_{n+3} - 2x_{n+2} - x_{n+1} + 2x_n = 0$$

ただし，$x_0 = 3$, $x_1 = 2$, $x_2 = 6$ とする．

(1) ベクトル $\boldsymbol{X}_n = \begin{bmatrix} x_n \\ x_{n+1} \\ x_{n+2} \end{bmatrix}$ について $\boldsymbol{X}_{n+1} = A\boldsymbol{X}_n$ を満たす行列 A を求めよ．

(2) 初期ベクトル $\boldsymbol{X}_0 = \begin{bmatrix} 3 \\ 2 \\ 6 \end{bmatrix}$ を A の固有ベクトルの線形和の形で表せ．

(3) (2)の結果を用いて x_{10} を求めよ． （東京大・院試）

【解答】 (1) 与えられた漸化式より，$x_{n+3} = 2x_{n+2} + x_{n+1} - 2x_n$ であるので，

$$\begin{bmatrix} x_{n+1} \\ x_{n+2} \\ x_{n+3} \end{bmatrix} = \begin{bmatrix} x_{n+1} \\ x_{n+2} \\ 2x_{n+2} + x_{n+1} - 2x_n \end{bmatrix} = \begin{bmatrix} 0 & 1 & 0 \\ 0 & 0 & 1 \\ -2 & 1 & 2 \end{bmatrix} \begin{bmatrix} x_n \\ x_{n+1} \\ x_{n+2} \end{bmatrix}$$

よって，求める行列 A は $\begin{bmatrix} 0 & 1 & 0 \\ 0 & 0 & 1 \\ -2 & 1 & 2 \end{bmatrix}$ である．

(2) まずは，(1)で求めた A の固有値，固有ベクトルを求める．

$$\det(\lambda E - A) = \lambda^3 - 2\lambda^2 - \lambda + 2 = (\lambda - 2)(\lambda - 1)(\lambda + 1)$$

よって，固有値は 2, 1, −1 である．それぞれに対する固有ベクトル $\boldsymbol{X}_{\lambda=2}$,

$\boldsymbol{X}_{\lambda=1}$, $\boldsymbol{X}_{\lambda=-1}$ を求めると，

$$\boldsymbol{X}_{\lambda=2} = \begin{bmatrix} 1 \\ 2 \\ 4 \end{bmatrix}, \quad \boldsymbol{X}_{\lambda=1} = \begin{bmatrix} 1 \\ 1 \\ 1 \end{bmatrix}, \quad \boldsymbol{X}_{\lambda=-1} = \begin{bmatrix} 1 \\ -1 \\ 1 \end{bmatrix}$$

となる．これらに対し，

$$\boldsymbol{X}_0 = p\boldsymbol{X}_{\lambda=2} + q\boldsymbol{X}_{\lambda=1} + r\boldsymbol{X}_{\lambda=-1}$$

となるように，定数 p, q, r を定めると(連立方程式の問題)，

$$p = q = r = 1$$

が得られる．

(3)　(1), (2)の結果により，

$$\begin{aligned} \boldsymbol{X}_{10} &= A^{10}\boldsymbol{X}_0 = A^{10}(\boldsymbol{X}_{\lambda=2} + \boldsymbol{X}_{\lambda=1} + \boldsymbol{X}_{\lambda=-1}) \\ &= 2^{10}\boldsymbol{X}_{\lambda=2} + 1^{10} \cdot \boldsymbol{X}_{\lambda=1} + (-1)^{10} \cdot \boldsymbol{X}_{\lambda=-1} \end{aligned}$$

第 1 成分を見れば，

$$x_{10} = 2^{10} + 1^{10} + (-1)^{10} = 1026$$

が得られる．■

この例題では 4 項間漸化式を考えたので 3×3 行列が現れたが，より一般的な $(N+1)$ 項間漸化式

$$x_{n+N} = p_0 x_n + p_1 x_{n+1} + \cdots + p_{N-1} x_{n+N-1} \quad (n = 0, 1, 2, \cdots)$$

に対しては，

$$\begin{bmatrix} x_{n+1} \\ x_{n+2} \\ \vdots \\ x_{n+N-1} \\ x_{n+N} \end{bmatrix} = \begin{bmatrix} 0 & 1 & 0 & \cdots & 0 \\ \vdots & \ddots & 1 & \ddots & \vdots \\ \vdots & & \ddots & \ddots & 0 \\ 0 & \cdots & \cdots & 0 & 1 \\ p_0 & p_1 & p_2 & \cdots & p_{N-1} \end{bmatrix} \begin{bmatrix} x_n \\ x_{n+1} \\ \vdots \\ x_{n+N-2} \\ x_{n+N-1} \end{bmatrix} \tag{7.27}$$

という形に表すことができる．(7.27)の右辺に現れる $N \times N$ 行列 A は**コンパニオン行列**とよばれる．より正確には，多項式

$$\lambda^N - (p_0 + p_1\lambda + p_2\lambda^2 + \cdots + p_{N-1}\lambda^{N-1}) \tag{7.28}$$

に対するコンパニオン行列という．ここで，N 次多項式(7.28)は，コンパニオン行列 A に対する特性多項式 $\Phi_A(\lambda) = \det(\lambda E - A)$ に他ならないことを注意

しておく．

また，時間とともに変化する現象を記述する際には，モデル方程式として漸化式が用いられる場合があり，そこでも線形代数の考え方が用いられる．

例題 7.7

ある年，急にジョギングが流行しだした．そこで，ジョギング人口の推移を毎年 1 回調べることにしたところ，1 年たつと，いつも前の年にジョギングをやっていた人の 4 割が脱落し，やっていなかった人のうち 2 割が思い立ってジョギングを始めることがわかった．

n 年後のジョギング，非ジョギング人口をそれぞれ x_n, y_n とし，全人口は不変であると仮定して以下の問に答えよ．

(1) 1 年後のジョギング，非ジョギング人口 x_1, y_1 を表す式を

$$\begin{bmatrix} x_1 \\ y_1 \end{bmatrix} = T \begin{bmatrix} x_0 \\ y_0 \end{bmatrix}$$

と書くとき，行列 T を具体的に示せ．

(2) 行列 T の固有値と，対応する固有ベクトルを求めよ．

(3) n 年後のジョギング人口分布 $\begin{bmatrix} x_n \\ y_n \end{bmatrix}$ を計算する式の具体的な形を表し，何年か経過するとジョギング人口は定着することを示せ．

(4) 定着したジョギング，非ジョギング人口の割合を，n を十分大きくとった場合のジョギング人口比で近似できるものとして求めよ．

（東京大・院試(改題)）

【解答】 (1) $T = \begin{bmatrix} 0.6 & 0.2 \\ 0.4 & 0.8 \end{bmatrix} = \dfrac{1}{5}\begin{bmatrix} 3 & 1 \\ 2 & 4 \end{bmatrix}$

(2) T の固有多項式は $\Phi_T(\lambda) = \lambda^2 - \dfrac{7}{5}\lambda + \dfrac{2}{5} = (\lambda - 1)\left(\lambda - \dfrac{2}{5}\right)$ であるので，固有値は 1, $\dfrac{2}{5}$ である．対応する固有ベクトルは，次のようになる．

$$\text{固有値 } 1：\begin{bmatrix} 1 \\ 2 \end{bmatrix}, \quad \text{固有値 } \frac{2}{5}：\begin{bmatrix} 1 \\ -1 \end{bmatrix}$$

(3)　2 次正方行列 Λ, C を

$$\Lambda = \begin{bmatrix} 1 & 0 \\ 0 & 2/5 \end{bmatrix}, \quad C = \begin{bmatrix} 1 & 1 \\ 2 & -1 \end{bmatrix}$$

とおくと，$TC = C\Lambda$ が成り立つ(T の対角化)．これを用いて，

$$\begin{aligned} \begin{bmatrix} x_n \\ y_n \end{bmatrix} &= T^n \begin{bmatrix} x_0 \\ y_0 \end{bmatrix} \\ &= C\Lambda^n C^{-1} \begin{bmatrix} x_0 \\ y_0 \end{bmatrix} \\ &= \frac{1}{3} \begin{bmatrix} 1 + 2\left(\dfrac{2}{5}\right)^n & 1 - \left(\dfrac{2}{5}\right)^n \\ 2 - 2\left(\dfrac{2}{5}\right)^n & 2 + \left(\dfrac{2}{5}\right)^n \end{bmatrix} \begin{bmatrix} x_0 \\ y_0 \end{bmatrix} \end{aligned} \tag{7.29}$$

と表される．

n が十分に大きい場合は $(2/5)^n \to 0$ であるので，(7.29) において $(2/5)^n$ の部分は無視してよい．すなわち，何年か経過するとジョギング人口は定着することがわかる．

(4)　(3) より，

$$\begin{aligned} \lim_{n\to\infty} \frac{x_n}{y_n} &= \frac{x_0 + y_0}{2x_0 + 2y_0} \\ &= \frac{1}{2} \end{aligned}$$

となる．

よって，定着したジョギング，非ジョギング人口の割合は，1:2 である．■

7.6 微分方程式への応用

関数 $f(x)$，およびその導関数 $f'(x) = \dfrac{df(x)}{dx}$, $f''(x) = \dfrac{d^2 f(x)}{dx^2}$, $\cdots$ の間の関係式を**微分方程式**という．例えば，

$$\frac{df(x)}{dx} = 3f(x) \tag{7.30}$$

ならば

$$f(x) = c_0 e^{3x} \quad (c_0 \text{ は任意の定数}) \tag{7.31}$$

が微分方程式を満たす．このように，与えられた微分方程式を満たす関数を**微分方程式の解**という．

また，$x=0$ における値 $f(0)$ を具体的に定めれば，(7.31) における定数 c_0 が決定される．例えば，

$$x = 0 \text{ において } f(0) = 7 \tag{7.32}$$

であるなら，$c_0 = 7$ となる．このような条件 (7.32) を**初期条件**とよぶ．

微分方程式が与えられたとき，それを満たす関数を具体的に求めることは一般に難しい．しかし，方程式を満たす関数の集合が線形空間の構造をもつときは**線形微分方程式**とよばれ，線形代数の考え方を用いて解を求めることができる．

ここで，「方程式を満たす関数の集合が線形空間の構造をもつ」ということについて，もう少し説明を加えておこう．例として，

$$\frac{d^2 f(x)}{dx^2} + 5\frac{df(x)}{dx} + 7f(x) = 0 \tag{7.33}$$

という微分方程式を考える．2 つの関数 $f_1(x)$, $f_2(x)$ が，微分方程式 (7.33) を満たすとしよう．このとき，新たな関数 $f_1(x) + f_2(x)$ も，同じ微分方程式 (7.33) を満たすことが次の計算からわかる．

$$\begin{array}{rcccccccc}
 & \dfrac{d^2 f_1}{dx^2} & + & 5\dfrac{df_1}{dx} & + & 7f_1 & = & 0 \\
+) & \dfrac{d^2 f_2}{dx^2} & + & 5\dfrac{df_2}{dx} & + & 7f_2 & = & 0 \\
\hline
 & \dfrac{d^2}{dx^2}(f_1+f_2) & + & 5\dfrac{d}{dx}(f_1+f_2) & + & 7(f_1+f_2) & = & 0
\end{array}$$

より一般的に，定数 k_1, k_2 に対し，$k_1 f_1(x) + k_2 f_2(x)$ も(7.33)を満たすことが，同様にして証明できる．このように，2 つの解 $f_1(x)$, $f_2(x)$ に対して，その**線形結合** $k_1 f_1(x) + k_2 f_2(x)$ が同じ微分方程式を満たすとき，与えられた微分方程式は**線形性をもつ**という．

(7.33)が線形性をもつのに対し，

$$\frac{d^2 f(x)}{dx^2} + 5\frac{df(x)}{dx} + 7f(x) = 2 \tag{7.34}$$

という微分方程式は，線形性をもたない．実際，(7.34)の 2 つの解 $f_1(x)$, $f_2(x)$ に対して，$f_1(x) + f_2(x)$ の満たす微分方程式は(7.34)とは異なるものになってしまう．

$$\begin{array}{rccccccccc} & \dfrac{d^2 f_1}{dx^2} & + & 5\dfrac{df_1}{dx} & + & 7f_1 & = & 2 \\ +) & \dfrac{d^2 f_2}{dx^2} & + & 5\dfrac{df_2}{dx} & + & 7f_2 & = & 2 \\ \hline & \dfrac{d^2}{dx^2}(f_1 + f_2) & + & 5\dfrac{d}{dx}(f_1 + f_2) & + & 7(f_1 + f_2) & = & 4 \end{array}$$

(右辺の値が変わっていることに注意)

また，例えば次のような微分方程式も線形性をもたない．

$$\frac{d^2 f(x)}{dx^2} = 6\{f(x)\}^2$$

この場合に，線形性をもたないのは右辺の $\{f(x)\}^2$ という項のためである．

参考　**単振動の微分方程式**

物理学，機械工学，電気工学などにおいて，次の微分方程式が重要な意味をもつ．

$$\frac{d^2 f(x)}{dx^2} = -\omega^2 f(x) \quad (\omega \text{ は正の定数})$$

これを，**単振動**の微分方程式という．この微分方程式に対し，(天下りではあるが)次の $f(x)$ が解であることは，代入して計算すればすぐにわかる．

$$f(x) = k_1 \sin(\omega x) + k_2 \cos(\omega x) \quad (k_1, k_2 \text{ は定数})$$

定数 ω は振動の速さを表していて，角振動数とよばれる．

単振動の方程式は，工学に現れる様々な振動現象を数式で記述する際の基礎方程式である([13]にも解説がある)．　□

例題 7.8

$A = \begin{bmatrix} -1 & 2 \\ 2 & 2 \end{bmatrix}$ とする．このとき，次の問に答えよ．

(1) A の固有値を求めよ．

(2) 実数 λ が A の固有値，$\boldsymbol{p} = \begin{bmatrix} p_1 \\ p_2 \end{bmatrix}$ がその固有ベクトルとする．このとき，ベクトル値関数 $\boldsymbol{x}(x) = e^{\lambda t}\boldsymbol{p}$ が，同次線形微分方程式系

$$\frac{d\boldsymbol{x}}{dt} = A\boldsymbol{x} \quad \left(\boldsymbol{x} = \begin{bmatrix} x_1 \\ x_2 \end{bmatrix}, \quad \frac{d\boldsymbol{x}}{dt} = \begin{bmatrix} dx_1/dt \\ dx_2/dt \end{bmatrix}\right)$$

の解であることを示せ．

(3) 上の微分方程式系の解 $\boldsymbol{x}(t) = \begin{bmatrix} x_1(t) \\ x_2(t) \end{bmatrix}$ で，初期条件 $\boldsymbol{x}(0) = \begin{bmatrix} 1 \\ a \end{bmatrix}$ を満たすものを求めよ（a は実数）．

(4) 上に求めた解が $\lim_{t\to\infty} \|\boldsymbol{x}(t)\| = 0$ を満たすための実数 a の条件を求めよ． （慶應義塾大・院試）

【解答】 (1) A の固有多項式は

$$\Phi_A(\lambda) = \lambda^2 - \lambda - 6 = (\lambda - 3)(\lambda + 2)$$

であるので，固有値は 3, −2 である．

(2) $\boldsymbol{x}(\lambda) = e^{\lambda t}\boldsymbol{p}$ を微分すると，

$$\frac{d\boldsymbol{x}(t)}{dt} = \lambda e^{\lambda t}\boldsymbol{p}$$

となり，一方，$\boldsymbol{p}$ は固有値 λ に対する固有ベクトルであるので，

$$A\boldsymbol{x}(t) = e^{\lambda t}A\boldsymbol{p} = \lambda e^{\lambda t}\boldsymbol{p}$$

となる．よって，$\boldsymbol{x}(t) = e^{\lambda t}\boldsymbol{p}$ は与えられた微分方程式の解である．

(3) まず，固有値 3, −2 に対する固有ベクトルを，それぞれ求めておく．

$$\text{固有値 } 3 : \begin{bmatrix} 1 \\ 2 \end{bmatrix}, \quad \text{固有値 } -2 : \begin{bmatrix} -2 \\ 1 \end{bmatrix}$$

これらと(2)により,

$$\boldsymbol{x}(t) = c_1 e^{3t} \begin{bmatrix} 1 \\ 2 \end{bmatrix} + c_2 e^{-2t} \begin{bmatrix} -2 \\ 1 \end{bmatrix} \quad (c_1, c_2 \text{ は任意定数})$$

が与えられた微分方程式系を満たすことがわかる．あとは，与えられた初期条件を満たすように，定数 c_1, c_2 を定めればよい．

$$\text{よって } \boldsymbol{x}(t) = \frac{2a+1}{5} e^{3t} \begin{bmatrix} 1 \\ 2 \end{bmatrix} + \frac{a-2}{5} e^{-2t} \begin{bmatrix} -2 \\ 1 \end{bmatrix}$$

(4) $\lim_{t\to\infty} e^{3t} = \infty$, $\lim_{t\to\infty} e^{-2t} = 0$ であるので，(3)の答において e^{3t} の項の係数が 0 であればよい．よって，$a = -\dfrac{1}{2}$. ■

参考 例題 7.8 では，行列が対角化できる場合を扱った．対角化できない場合については，係数行列をジョルダン標準形にしてから考えることになる．

2×2 の場合について，ジョルダン標準形の行列を係数にもつ微分方程式の，解の様子を概観しておこう．

$$\frac{d\boldsymbol{x}(t)}{dt} = \begin{bmatrix} \alpha & 1 \\ 0 & \alpha \end{bmatrix} \boldsymbol{x}(t), \quad \boldsymbol{x}(t) = \begin{bmatrix} x_1(t) \\ x_2(t) \end{bmatrix} \tag{7.35}$$

(7.35) を成分ごとに書くと,

$$\begin{aligned} \frac{dx_1(t)}{dt} &= \alpha x_1(t) + x_2(t), \\ \frac{dx_2(t)}{dt} &= \alpha x_2(t) \end{aligned} \tag{7.36}$$

となる．$x_2(t) = ke^{\alpha t}$ (k は定数)が(7.36)の第 2 式を満たすことはすぐにわかる．これを(7.36)の第 1 式に代入すると,

$$\frac{dx_1(t)}{dt} - \alpha x_1(t) = ke^{\alpha t} \tag{7.37}$$

が得られる．(ここでも天下りではあるが) $x_1(t) = kte^{\alpha t}$ とすると，(7.37)を満たすことがわかる．すなわち,

$$\boldsymbol{x}(t) = \begin{bmatrix} x_1(t) \\ x_2(t) \end{bmatrix} = k \begin{bmatrix} te^{\alpha t} \\ e^{\alpha t} \end{bmatrix}$$

は，微分方程式(7.35)の解である． □

例題 7.9

微分方程式

$$f'''(x) - 2f''(x) - f'(x) + 2f(x) = 0$$

について，次の問に答えよ．

(1) ベクトル $\boldsymbol{F}(x) = \begin{bmatrix} f(x) \\ f'(x) \\ f''(x) \end{bmatrix}$ について $\dfrac{d\boldsymbol{F}(x)}{dx} = A\boldsymbol{F}(x)$ を満たす行列 A を求めよ．

(2) 実数 λ を A の固有値，$\boldsymbol{p} = \begin{bmatrix} p_1 \\ p_2 \\ p_3 \end{bmatrix}$ をその固有ベクトルとする．このとき，ベクトル値関数 $\boldsymbol{F}(x) = e^{\lambda x}\boldsymbol{p}$ が，(1)の微分方程式の解であることを示せ．

(3) 上の微分方程式の解 $f(x)$ で，初期条件 $f(0) = 3$, $f'(0) = 2$, $f''(0) = 6$ を満たすものを求めよ．

【解答】 本問は，例題 7.6 を微分方程式の問題に書きかえたものである．例題 7.6 の解答と比較すると，理解が深められるであろう．

(1) $f'''(x) = 2f''(x) + f'(x) - 2f(x)$ であるので，

$$\begin{bmatrix} f'(x) \\ f''(x) \\ f'''(x) \end{bmatrix} = \begin{bmatrix} 0 & 1 & 0 \\ 0 & 0 & 1 \\ -2 & 1 & 2 \end{bmatrix} \begin{bmatrix} f(x) \\ f'(x) \\ f''(x) \end{bmatrix}$$

と書ける．よって，求める行列 A は $\begin{bmatrix} 0 & 1 & 0 \\ 0 & 0 & 1 \\ -2 & 1 & 2 \end{bmatrix}$ である．

(2) 例題 7.6(2)と同様にして示せばよい．

(3) 例題 7.6(2)の結果より，A の固有値，固有ベクトルは次のようになる．

$$\text{固有値 } 2：\begin{bmatrix} 1 \\ 2 \\ 4 \end{bmatrix},\quad \text{固有値 } 1：\begin{bmatrix} 1 \\ 1 \\ 1 \end{bmatrix},\quad \text{固有値 } -1：\begin{bmatrix} 1 \\ -1 \\ 1 \end{bmatrix}$$

これと(2)の結果より，ベクトル値関数

$$\boldsymbol{F}(x) = c_1 e^{2x}\begin{bmatrix}1\\2\\4\end{bmatrix} + c_2 e^{x}\begin{bmatrix}1\\1\\1\end{bmatrix} + c_3 e^{-x}\begin{bmatrix}1\\-1\\1\end{bmatrix}$$

は，任意の定数 c_1, c_2, c_3 に対して，(1)の微分方程式を満たす．初期条件

$\boldsymbol{F}(0) = \begin{bmatrix}3\\2\\6\end{bmatrix}$ を満たすように，定数 c_1, c_2, c_3 を定めると，

$$c_1 = c_2 = c_3 = 1$$

となる(例題 7.6(2)と同じ)．　　(答)　$f(x) = e^{2x} + e^{x} + e^{-x}$ ■

例題 7.9 では 3 次導関数 $f'''(x)$ までを含む微分方程式を考えた．一般に，N 次導関数までを含む場合を **N 階の微分方程式**という．次の場合を考えよう．

$$\frac{d^N f(x)}{dx^N} = p_0 f(x) + p_1 \frac{df(x)}{dx} + \cdots + p_{N-1}\frac{d^{N-1}f(x)}{dx^{N-1}}$$

この場合は，次のような形に書きかえることができる．

$$\frac{d}{dx}\begin{bmatrix} f(x)\\ f'(x)\\ \vdots\\ f^{(N-2)}(x)\\ f^{(N-1)}(x)\end{bmatrix} = \begin{bmatrix} 0 & 1 & 0 & \cdots & 0\\ \vdots & \ddots & 1 & \ddots & \vdots\\ \vdots & & \ddots & \ddots & 0\\ 0 & \cdots & \cdots & 0 & 1\\ p_0 & p_1 & p_2 & \cdots & p_{N-1}\end{bmatrix}\begin{bmatrix} f(x)\\ f'(x)\\ \vdots\\ f^{(N-2)}(x)\\ f^{(N-1)}(x)\end{bmatrix}$$

ただし，

$$f^{(i)}(x) = \frac{d^i f(x)}{dx^i}\quad (i = 1, 2, \cdots)$$

である．ここでも，(7.27)と同じ形のコンパニオン行列が現れる．この行列の固有ベクトルを求めることで，微分方程式の解を求めることができる．

7 章の問題

□**1**　3 次元ユークリッド空間内の 3 点 $\mathrm{P}_1 = (-1, 2, 1)$，$\mathrm{P}_2 = (0, 0, 0)$，$\mathrm{P}_3 = (2, 1, -1)$ を通過する平面を S とする．点 $\mathrm{P} = (0, 4, 1)$ にもっとも近い平面 S 上の点を Q とするとき，次の問に答えよ．なお，以下の問では「点」と「ベクトル」を同義語として用いる．すなわち，点 P といったとき，それは原点と点 P を結ぶベクトルをも表すものとする．

(1)　平面 S 上の点 (x, y, z) が満たす方程式を示せ．

(2)　3 次元ユークリッド空間は，通常に定義されるベクトルの加算，スカラー倍のもとで，実数体上の 3 次元線形空間(ベクトル空間)をなす．平面 S 上の点の集合が，線形部分空間となることを示せ．

(3)　線形部分空間 S の正規直交基底ベクトル $\boldsymbol{P}_1 = [-1, 2, 1]$，$\boldsymbol{P}_3 = [2, 1, -1]$ を，この順にグラム–シュミットの方法で正規直交化することによって求めよ．

(4)　(3)で求まる正規直交基底を $\boldsymbol{V}_1$, $\boldsymbol{V}_2$ とするとき，点 $\boldsymbol{Q}$ が

$$\boldsymbol{Q} = (\boldsymbol{P}, \boldsymbol{V}_1)\boldsymbol{V}_1 + (\boldsymbol{P}, \boldsymbol{V}_2)\boldsymbol{V}_2$$

によって求められることを証明せよ．ただし，ここで $(\boldsymbol{P}, \boldsymbol{V})$ はベクトル $\boldsymbol{P}$ とベクトル $\boldsymbol{V}$ の内積である．　(東京工業大・院試(改題))

□**2**　V を漸化式

$$x_{n+2} - x_{n+1} - 2x_n = 0, \quad n = 0, 1, 2, \cdots$$

を満たす実数列 $\boldsymbol{x} = \{x_n\}$ の全体とする．V に属する 2 つの数列 $\boldsymbol{x} = \{x_n\}$，$\boldsymbol{y} = \{y_n\}$ と実数 α に対して

$$\boldsymbol{x} + \boldsymbol{y} = \{x_n + y_n\}, \quad \alpha\boldsymbol{x} = \{\alpha x_n\}$$

と定め，V を実線形空間とみなす．V に属する数列 $\boldsymbol{x} = \{x_n\}$ に対して，1 項だけ先へずらした数列 $\boldsymbol{x}' = \{x_{n+1}\}$ を対応させる写像を f とする．

(1)　f は V 上の線形変換であることを示せ．

(2)　V に属する数列ではじめの 2 項が $x_0 = 1$, $x_1 = 0$ であるものを $\boldsymbol{e}_1$とし，$x_0 = 0$, $x_1 = 1$ であるものを $\boldsymbol{e}_2$ とする．$\{\boldsymbol{e}_1, \boldsymbol{e}_2\}$ が V の基底になることを示せ．

(3)　線形変換 f の基底 $\{\boldsymbol{e}_1, \boldsymbol{e}_2\}$ に関する表現行列 A を求めよ．

(4)　表現行列 A の固有値と固有ベクトルを求めよ．

(5)　線形変換 f の固有値と固有ベクトルを求めよ．　(九州大・院試)

総合演習

本書の最後に，近年の大学入試，大学院入試問題から線形代数に関する問題をいくつか選び出して，演習問題としてまとめておく．難易度の高いものも含まれているが，ぜひチャレンジしてほしい．

□ **1**　2 次の正方行列 $A = \begin{bmatrix} a & b \\ c & d \end{bmatrix}$ に対して，$\det(A) = ad - bc$, $\mathrm{Tr}\, A = a + d$ と定める．

(1)　2 次の正方行列 A, B に対して，$\det(AB) = \det(A)\det(B)$ が成り立つことを示せ．

(2)　A の成分がすべて実数で，$A^5 = E$ が成り立つとき，$x = \det(A)$, $y = \mathrm{Tr}\, A$ の値を求めよ．（東京工業大・大学入試）

□ **2**　k を正の定数とする．xy 平面上において方程式 $x^2 - k^2y^2 = 1$ で定められる曲線を C とする．また $a \geq 1$ かつ $b, c \geq 0$ を満たす a, b, c に対して行列 $A = \begin{bmatrix} a & b \\ c & a \end{bmatrix}$ の表す 1 次変換によって，C 上の 2 点 $\mathrm{P}\left(\dfrac{5}{3}, \dfrac{4}{3k}\right)$, $\mathrm{Q}\left(\dfrac{5}{3}, -\dfrac{4}{3k}\right)$ がともに C 上の点にうつされるとする．b, c を a, k を用いて表せ．（立教大・大学入試(改題)）

□ **3**　a を実数とする．次の行列 A で表される 1 次変換 $T_A : \mathbb{R}^4 \to \mathbb{R}^3$ に関して以下の問に答えよ．

$$A = \begin{bmatrix} a & 1 & -2 & -1 \\ 1 & 1 & 0 & -1 \\ 0 & 1 & a & a \end{bmatrix}$$

(1)　1 次変換 T_A による $\begin{bmatrix} 2 \\ -2 \\ 1 \\ 0 \end{bmatrix}$ の像を求めよ．

(2)　1 次変換 T_A が全射（上への写像）となるための a の条件を求めよ．

(3)　$\mathrm{Ker}\ T_A$ の次元を求めよ．（筑波大・院試 (改題)）

□ **4** 行列 A を $A=\begin{bmatrix} 2 & 1 & 1 \\ 1 & 2 & 1 \\ 1 & 1 & 2 \end{bmatrix}$，行列 E を $E=\begin{bmatrix} 1 & 0 & 0 \\ 0 & 1 & 0 \\ 0 & 0 & 1 \end{bmatrix}$ とする．

このとき，以下の設問に答えよ．

(1) 行列 A のすべての固有値，および対応する固有空間の基底を求めよ．

(2) 行列 A^{-1} の固有値をすべて求めよ．

(3) 行列 $A^3+2A^2+3A+4E$ の固有値をすべて求めよ．

（東京工業大・院試(改題)）

□ **5** 2 次元ユークリッド空間 $\mathbb{R}^2$ における相異なる 3 点を $\mathrm{A}(x_1, y_1)$, $\mathrm{B}(x_2, y_2)$, $\mathrm{C}(x_3, y_3)$ とし，行列 G を $G=\begin{bmatrix} x_1 & y_1 & 1 \\ x_2 & y_2 & 1 \\ x_3 & y_3 & 1 \end{bmatrix}$ とおく．3 点 A, B, C が同一直線上にないとき，G の行列式は 0 にはならないことを示せ． （神戸大・院試）

□ **6** 次の実対称行列について，以下の問に答えよ．

$$A=\begin{bmatrix} 2 & -1 & 0 \\ -1 & 3 & -1 \\ 0 & -1 & 2 \end{bmatrix}$$

(1) 行列 A のすべての固有値と，これらに対応する固有ベクトルを求めよ．

(2) A^n を求めよ．ただし，n は自然数とする．

(3) λ を $\det(\lambda I-A)\neq 0$ を満たす実数とする．ただし，I は 3×3 単位行列であり，$\det(\lambda I-A)$ は $(\lambda I-A)$ の行列式を表す．ここで，ベクトル $\boldsymbol{x}$ を 1 次方程式 $(\lambda I-A)\boldsymbol{x}=\boldsymbol{b}$ の解とする．ただし $\boldsymbol{b}=\begin{bmatrix} 3 \\ -1 \\ 1 \end{bmatrix}$ である．

このとき，$\boldsymbol{x}^T\boldsymbol{x}$ が以下の式で表されることを示せ．

$$\boldsymbol{x}^T\boldsymbol{x}=\frac{3}{(\lambda-1)^2}+\frac{2}{(\lambda-2)^2}+\frac{6}{(\lambda-4)^2}$$

ここで $\boldsymbol{x}^T$ は $\boldsymbol{x}$ を転置したベクトルである． （東京大・院試）

□ **7** A を 3 次のエルミート行列で，その固有値 α_1, α_2, α_3 は相異なるとする．ベクトル $\vec{p}_1, \vec{p}_2, \vec{p}_3$ は，それぞれ固有値 α_1, α_2, α_3 に対する A の固有ベクトルで長さが 1 のものとする．以下の問に答えよ．

(1) ベクトル $\vec{p}_1, \vec{p}_2, \vec{p}_3$ は，$\mathbb{C}^3$ の内積 $\langle \vec{x}, \vec{y} \rangle = x_1\overline{y_1} + x_2\overline{y_2} + x_3\overline{y_3}$ に関して，互いに直交することを示せ．ただし $\overline{y}$ は y の共役複素数を表す．

(2) ベクトル $\vec{p}_j$ $(j = 1, 2, 3)$ の成分を $\vec{p}_j = {}^t(p_{1j}, p_{2j}, p_{3j})$（記号 t は転置を意味する）として，エルミート行列 P_j $(j = 1, 2, 3)$ を

$$P_j = \begin{bmatrix} p_{1j}\overline{p_{1j}} & p_{1j}\overline{p_{2j}} & p_{1j}\overline{p_{3j}} \\ p_{2j}\overline{p_{1j}} & p_{2j}\overline{p_{2j}} & p_{2j}\overline{p_{3j}} \\ p_{3j}\overline{p_{1j}} & p_{3j}\overline{p_{2j}} & p_{3j}\overline{p_{3j}} \end{bmatrix}$$

と定める．このとき，

$$P_1 + P_2 + P_3 = E, \quad P_j^2 = P_j \quad (j = 1, 2, 3), \quad P_jP_k = O \quad (j \neq k)$$

が成り立つことを示せ．ただし，E は 3 次単位行列，O は 3 次零行列を表す．

(3) W_j を固有値 α_j に対する A の固有空間とする．すなわち，$W_j = \left\{\vec{x} \in \mathbb{C}^3 \,\middle|\, A\vec{x} = \alpha_j\vec{x}\right\}$ とする．このとき，$W_j = \left\{P_j\vec{x} \,\middle|\, \vec{x} \in \mathbb{C}^3\right\}$ であることを示せ．（早稲田大・院試）

□**8** 実数 a に対して，行列 $A = \begin{bmatrix} -a+2 & a-2 & 1 \\ -a & a & 1 \\ -2a+3 & 2a-1 & 1 \end{bmatrix}$ を考える．

(1) A の固有多項式を求めよ．

(2) A のすべての固有値に対して，対応する固有空間の基底を求めよ．

(3) A が対角化可能であるような実数 a の値を求めよ．

(4) (3) で求めた a に対して，$P^{-1}AP$ が対角行列となるような実直交行列 P を求めよ．

(5) A が対角化可能ではないとき，A のジョルダン標準形 J を求めよ．また，一般の自然数 n に対して，J^n を求めよ．（立教大・院試(改題)）

□**9** 行列 $X = \begin{bmatrix} 1 & 0 & 1 & 0 \\ 0 & 1 & 0 & 1 \\ 0 & -1 & 1 & 0 \end{bmatrix}$ に対し，$A = XX^T$ とおく．ただし，X^T は X の転置行列を表す．また，ベクトル $\boldsymbol{u}$ に対し，$\|\boldsymbol{u}\| = \sqrt{\boldsymbol{u}^T\boldsymbol{u}}$ とする．以下の各問に答えよ．

(1) A のすべての固有値 $\lambda_1, \lambda_2, \lambda_3$ $(\lambda_1 \geq \lambda_2 \geq \lambda_3)$ と，それぞれの固有値に対応する固有ベクトル $\boldsymbol{\varphi}_1, \boldsymbol{\varphi}_2, \boldsymbol{\varphi}_3$ を求めよ．ただし，各 i $(i = 1, 2, 3)$ に対し，$\|\boldsymbol{\varphi}_i\| = 1$ とせよ．

(2) 問 (1) で求めた固有ベクトルを列に持つ正方行列を Φ とする．すなわち，$\Phi = [\boldsymbol{\varphi}_1,\ \boldsymbol{\varphi}_2,\ \boldsymbol{\varphi}_3]$ である．任意の3次元ベクトル $\boldsymbol{v} \in \mathbb{R}^3$ に対し，$\|\Phi \boldsymbol{v}\| = \|\boldsymbol{v}\|$ が成り立つことを示せ．

(3) $\boldsymbol{v}$ が $\mathbb{R}^3$ から原点を除いた領域を動くとき，$\dfrac{\boldsymbol{v}^T A \boldsymbol{v}}{\|\boldsymbol{v}\|^2}$ の最大値を求めよ．

（九州大・院試(改題)）

□ **10** 3次元座標空間における2次曲面を表す式

$$25(a-1)x^2 + (9b+16)y^2 + (16b+9)z^2 - 24(b-1)yz = 25 \qquad \text{（式 (A)）}$$

と平面を表す式

$$x + \frac{4}{5}y + \frac{3}{5}z = 1 \qquad \text{（式 (B)）}$$

について考える．ここで $a > 2,\ b < 0$ とする．以下の問に答えよ．

(1) 次の関係式を満たす3行3列の対称行列 F を求めよ．

$$25(a-1)x^2 + (9b+16)y^2 + (16b+9)z^2 - 24(b-1)yz = [x,\ y,\ z]\, F \begin{bmatrix} x \\ y \\ z \end{bmatrix}$$

(2) F のすべての固有値 $\lambda_1, \lambda_2, \lambda_3$ （$\lambda_1 > \lambda_2 > \lambda_3$） とこれらに対応する規格化された固有ベクトルを求めよ．また，次の関係式を満たす1つの直交行列 P とその逆行列 P^{-1} を求めよ．

$$P^{-1}FP = \begin{bmatrix} \lambda_1 & 0 & 0 \\ 0 & \lambda_2 & 0 \\ 0 & 0 & \lambda_3 \end{bmatrix}$$

(3) 直交行列 P によって変換された座標変数 x', y', z' を $\begin{bmatrix} x' \\ y' \\ z' \end{bmatrix} = P \begin{bmatrix} x \\ y \\ z \end{bmatrix}$ で定める．式 (A), 式 (B) を新しい座標変数 x', y', z' を用いて表せ．

(4) 2次曲面（式 (A)） と平面（式 (B)） とが交わってできる曲線はどのような図形であるかを述べよ．

（東北大・院試(改題)）

章末問題解答

1　行列とベクトル

1　(1)　$a = d, c = b$

(2)　$AB = BA$ なので，(1)の結果から，$B = \begin{bmatrix} p & q \\ q & p \end{bmatrix}$ (p, q は定数)とおける．このとき，$C = AB = BA = \begin{bmatrix} q & p \\ p & q \end{bmatrix}$ となり，$BC = CB = A$ に代入して計算すると，$(p, q) = (0, 1), (0, -1), (1, 0), (-1, 0)$.

2　(1)　1.3 節を参照せよ．

(2)　$A(A^3 + A^2 + A + E) = -I$ より，$A^{-1} = -(A^3 + A^2 + A + E)$ となる．

(3)　成分計算すればよい．

(4)　(2)の関係式の両辺に $(A - I)$ をかけると $A^5 = I$ を得る．ここに(3)の結果を用いると，$|A^5| = |A|^5 = 1$ となるが，$|A| = ad - bc$ は実数なので，$|A| = 1$.

(5)　前半：1.3 節の公式(1.4)に(4)の結果を用いると，$A^{-1} = \begin{bmatrix} d & -b \\ -c & a \end{bmatrix}$ となる．これを用いて計算すればよい．

後半：$X = A + A^{-1}$ とおくと，(2)の関係式より $X^2 + X = I$ が得られる．ここに $X = (a+d)I$ を代入すると，$(a+d)^2 + (a+d) = 1$ となるので，$a+d = \dfrac{-1 \pm \sqrt{5}}{2}$.

3　(1)　$(I + A)(I - A) = (I - A)(I + A)$ に，両側から $(I + A)^{-1}$ をかければよい．

(2)　(1)より，$P = (I - A)(I + A)^{-1} = (I + A)^{-1}(I - A)$. このとき，転置をとると，

$$ {}^tP = {}^t(I - A)\, {}^t(I + A)^{-1} = (I - {}^tA)(I + {}^tA)^{-1} = (I + A)(I - A)^{-1} $$

よって，$P\, {}^tP = {}^tPP = I$.

2　連立 1 次方程式の解法

1　以下に示すように，与えられた方程式はつねに解をもつとは限らない．

$$ \begin{bmatrix} 1 & 1 & 2 & b_0 \\ 1 & \alpha & 2 & b_1 \\ 2 & \beta & 4 & b_2 \end{bmatrix} \to \begin{bmatrix} 1 & 1 & 2 & b_0 \\ 0 & \alpha - 1 & 0 & b_1 - b_0 \\ 0 & \beta - 2 & 0 & b_2 - 2b_0 \end{bmatrix} $$

①　$\alpha = 1, \beta = 2$ の場合

解をもつ条件は，$b_1 = b_0,\ b_2 = 2b_0$.

② $\alpha \neq 1$ の場合

$$\begin{bmatrix} 1 & 1 & 2 & b_0 \\ 0 & \alpha-1 & 0 & b_1-b_0 \\ 0 & \beta-2 & 0 & b_2-2b_0 \end{bmatrix} \to \begin{bmatrix} 1 & 1 & 2 & b_0 \\ 0 & \alpha-1 & 0 & b_1-b_0 \\ 0 & 0 & 0 & b_2-2b_0-\frac{\beta-2}{\alpha-1}(b_1-b_0) \end{bmatrix}$$

よって，解をもつ条件は，$b_2 - 2b_0 - \dfrac{\beta-2}{\alpha-1}(b_1 - b_0) = 0$.

③ $\beta \neq 2$ の場合

$$\begin{bmatrix} 1 & 1 & 2 & b_0 \\ 0 & \beta-2 & 0 & b_2-2b_0 \\ 0 & \alpha-1 & 0 & b_1-b_0 \end{bmatrix} \to \begin{bmatrix} 1 & 1 & 2 & b_0 \\ 0 & \beta-2 & 0 & b_2-2b_0 \\ 0 & 0 & 0 & b_1-b_0-\frac{\alpha-1}{\beta-2}(b_2-2b_0) \end{bmatrix}$$

よって，解をもつ条件は，$b_1 - b_0 - \dfrac{\alpha-1}{\beta-2}(b_0 - 2b_2) = 0$.

以上をまとめて，解をもつ条件は，

$$\begin{cases} \bullet\ \alpha = 1 \text{ かつ } \beta = 2 \text{ の場合，} b_1 = b_0,\ b_2 = 2b_0 \\ \bullet\ \text{それ以外の場合，} (\alpha-1)(b_2-2b_0) = (\beta-2)(b_1-b_0). \end{cases}$$

2 与えられた連立方程式に対する拡大係数行列に，掃き出し法を適用すると，

$$\left[\begin{array}{cccc:c} 1 & -1 & -3 & -2 & -2 \\ 0 & 1 & 2 & 1 & 1 \\ 2 & 1 & 0 & -a & -1 \\ 1 & 2 & 3 & 1 & a^2 \end{array}\right] \to \left[\begin{array}{cccc:c} 1 & -1 & -3 & -2 & -2 \\ 0 & 1 & 2 & 1 & 1 \\ 0 & 3 & 6 & 4-a & 3 \\ 0 & 3 & 6 & 3 & a^2+2 \end{array}\right]$$

$$\to \left[\begin{array}{cccc:c} 1 & 0 & -1 & -1 & -1 \\ 0 & 1 & 2 & 1 & 1 \\ 0 & 0 & 0 & 1-a & 0 \\ 0 & 0 & 0 & 0 & a^2-1 \end{array}\right]$$

① $a \neq \pm 1$ のとき，解なし.

② $a = 1$ のとき，$(x, y, z, w) = (-1+s+t, 1-2s-t, s, t)$.

③ $a = -1$ のとき，$(x, y, z, w) = (-1+s, 1-2s, s, 0)$.

3 (1) $\mathrm{rank}\,(A) = 5,\ A^{-1} = \dfrac{1}{6}\begin{bmatrix} -11 & -5 & -4 & 8 & 10 \\ -9 & 9 & -6 & -6 & 18 \\ -15 & 9 & -6 & -6 & 24 \\ -11 & 7 & -4 & -4 & 16 \\ 13 & -5 & 8 & 2 & -20 \end{bmatrix}$

(2) $\boldsymbol{x} = A^{-1}\boldsymbol{b}$ を計算して，$x_1 = 1,\ x_2 = -3,\ x_3 = -3,\ x_4 = -2,\ x_5 = 3$.

3 行列式

1 (1) 与えられた行列式の第 2 列〜第 n 列を第 1 列に加えると，

$$\det(A) = \begin{vmatrix} 1 & x & \cdots & \cdots & x \\ x & 1 & \ddots & & \vdots \\ \vdots & \ddots & 1 & \ddots & \vdots \\ \vdots & & \ddots & \ddots & x \\ x & \cdots & \cdots & x & 1 \end{vmatrix} = \begin{vmatrix} (n-1)x+1 & x & \cdots & \cdots & x \\ (n-1)x+1 & 1 & \ddots & & \vdots \\ (n-1)x+1 & x & 1 & \ddots & \vdots \\ \vdots & \vdots & \ddots & \ddots & x \\ (n-1)x+1 & x & \cdots & x & 1 \end{vmatrix}$$

$$= \begin{vmatrix} (n-1)x+1 & x & x & \cdots & x \\ 0 & 1-x & 0 & \cdots & 0 \\ \vdots & \ddots & 1-x & \ddots & \vdots \\ \vdots & & \ddots & \ddots & 0 \\ 0 & \cdots & \cdots & 0 & 1-x \end{vmatrix}$$

$$= \{(n-1)x+1\}(1-x)^{n-1}$$

となり，これが 0 になるような x は，$\dfrac{-1}{n-1}$ または 1.

(2) $x = \dfrac{-1}{n-1}$ のときは $\mathrm{rank}\,(A) = n-1$ であり，$x = 1$ のときは $\mathrm{rank}\,(A) = 1$.

2 $\det(C)$ を具体的に表して，第 $n+1$ 列から第 n 列をひくと，

$$\det(C) = \begin{vmatrix} 1 & 1 & 1 & \cdots & 1 & 1 \\ b_1 & a_1 & a_1 & \cdots & a_1 & a_1 \\ b_1 & b_2 & a_2 & \cdots & a_2 & a_2 \\ \vdots & \vdots & \ddots & \ddots & \vdots & \vdots \\ b_1 & b_2 & \cdots & b_{n-1} & a_{n-1} & a_{n-1} \\ b_1 & b_2 & \cdots & b_{n-1} & b_n & a_n \end{vmatrix}$$

$$= \begin{vmatrix} 1 & 1 & 1 & \cdots & 1 & 0 \\ b_1 & a_1 & a_1 & \cdots & a_1 & 0 \\ b_1 & b_2 & a_2 & \cdots & a_2 & 0 \\ \vdots & \vdots & \ddots & \ddots & \vdots & \vdots \\ b_1 & b_2 & \cdots & b_{n-1} & a_{n-1} & 0 \\ b_1 & b_2 & \cdots & b_{n-1} & b_n & a_n - b_n \end{vmatrix}$$

$$= (a_n - b_n)\begin{vmatrix} 1 & 1 & 1 & \cdots & 1 \\ b_1 & a_1 & a_1 & \cdots & a_1 \\ b_1 & b_2 & a_2 & \cdots & a_2 \\ \vdots & \vdots & \ddots & \ddots & \vdots \\ b_1 & b_2 & \cdots & b_{n-1} & a_{n-1} \end{vmatrix}$$

となり，次数が 1 つ小さい，同じ形の行列式が得られる．以下これを繰り返せばよい．

3　$|D| \neq 0$ より，逆行列 D^{-1} が存在する．このとき，定理 3.6(「積の行列式は行列式の積」)，および条件 $CD = DC$ を用いると，

$$\begin{vmatrix} A & B \\ C & D \end{vmatrix}\begin{vmatrix} D & O \\ -C & D^{-1} \end{vmatrix} = \begin{vmatrix} AD - BC & BD^{-1} \\ O & E \end{vmatrix} \qquad (*)$$

となる．ここで，例題 3.7 と同様にして，

$$\begin{vmatrix} D & O \\ -C & D^{-1} \end{vmatrix} = |D|\,|D^{-1}| = |DD^{-1}| = |E| = 1,$$

$$\begin{vmatrix} AD - BC & BD^{-1} \\ O & E \end{vmatrix} = |AD - BC|\,|E| = |AD - BC|$$

が得られる．これらを$(*)$に用いると，与えられた式が示される．

4 線形空間

1　(1)　$\dim V_1 = \dim V_2 = 2$

(2)　$V_1 \cap V_2$ の元 $[x_1, x_2, x_3, x_4]$ は，

$$\begin{cases} x_1 - x_2 + 2x_3 - x_4 = 0 \\ x_1 + 2x_2 - x_3 = 0 \\ 3x_1 + 2x_3 - x_4 = 0 \end{cases}$$

を満たす．これを解いて，

$$\begin{bmatrix} x_1 \\ x_2 \\ x_3 \\ x_4 \end{bmatrix} = \begin{bmatrix} -t \\ 2t \\ 3t \\ 3t \end{bmatrix} \quad (t：任意).$$

(3)　$\dim(V_1 \cap V_2) = 1$

2　x^n の係数が 0 でない多項式 $f(x)$ を

$$f(x) = a_0 + a_1 x + \cdots + \frac{a_{n-1}}{(n-1)!}x^{n-1} + \frac{a_n}{n!}x^n \quad (a_n \neq 0) \qquad \text{(i)}$$

とおく．このとき，$f^{(j)}(x)$ $(j = 0, 1, \cdots, n)$ は $(n-j)$ 次多項式であり，最高次の係数は 0 でないので，1 次独立であることは明らかである．

次に，$k=0,1,\cdots,n$ に対して，方程式

$$c_{k,0}f(x)+c_{k,1}f'(x)+\cdots+c_{k,n-1}f^{(n-1)}(x)+c_{k,n}f^{(n)}=x^k \qquad \text{(ii)}$$

を満たし，少なくとも 1 つが 0 でない定数 $c_{k,0},\cdots,c_{k,n}$ が存在することを示せば，任意の n 次多項式が $f(x),\cdots,f^{(n)}(x)$ の線形結合(1 次結合)で表されることがわかる．

(i)の $f(x)$ において，$f(0)=a_0$，$f'(0)=a_1$，$f''(0)=a_2$，$\cdots,f^{(n)}=a_n$，$f^{(n+1)}(0)=0$，$f^{(n+2)}(0)=0,\cdots$ となるので，(i)を x で j 回$(0\leq j\leq n)$微分してから $x=0$ とすると，

$$c_{k,0}a_j+c_{k,1}a_{j+1}+\cdots+c_{k,n-j-1}a_{n-1}+c_{k,n-j}a_n=\begin{cases}k! & (j=k)\\ 0 & (j\neq k)\end{cases}$$

が得られる．これにより，次の連立 1 次方程式が得られる．

$$\begin{bmatrix} a_n & a_{n-1} & \cdots & a_1 & a_0 \\ 0 & a_n & \cdots & a_2 & a_1 \\ \vdots & \ddots & \ddots & & a_2 \\ \vdots & & \ddots & \ddots & \vdots \\ 0 & \cdots & \cdots & 0 & a_n \end{bmatrix}\begin{bmatrix} c_n \\ c_{n-1} \\ \vdots \\ c_1 \\ c_0 \end{bmatrix}=\begin{bmatrix} 0 \\ \vdots \\ 1 \\ \vdots \\ 0 \end{bmatrix} \leftarrow k \text{ 行目}$$

この係数行列は上三角行列であり，行列式は対角成分の積 $a_n^n\neq 0$ である．よって，係数行列は逆行列をもつ．右辺は零ベクトルではないので，自明でない解が存在する．

以上により，$f^{(j)}(x)$ $(j=0,1,\cdots,n)$が P_n の基底となることが示された．

3 (1) $\det(A_x)=x^2(3x-2)$

(2) • $x\neq 0,2/3$ のとき，(1)より $\det(A_x)\neq 0$ であるので，$\text{rank}\,(A_x)=3$.

• $x=0$ のとき，$\text{rank}\,(A_0)=1$.

• $x=2/3$ のとき，$\text{rank}\,(A_{2/3})=2$.

(3) 次の 2 つが成立することを示せばよい．

• $B_1,B_2\in V_x$ のとき，$B_1+B_2\in V_x$.

• $B\in V_x$ のとき，任意の定数 k に対して $kB\in V_x$.

(4) (1)より，$\text{rank}\,(A_x)$ が最小となるのは，$x=0$ のときである．このとき，

$$A_{x=0}B=BA_{x=0} \iff \begin{matrix} b_{22}=b_{33},\ b_{23}=b_{32}, \\ b_{21}+b_{31}=0,\ b_{12}+b_{13}=0 \end{matrix}$$

となるので，B は次の形にまとめられる．

$$B=\begin{bmatrix} b_{11} & b_{12} & -b_{12} \\ b_{21} & b_{22} & b_{23} \\ -b_{21} & b_{23} & b_{22} \end{bmatrix}$$

$$= b_{11}\begin{bmatrix}1&0&0\\0&0&0\\0&0&0\end{bmatrix} + b_{12}\begin{bmatrix}0&1&-1\\0&0&0\\0&0&0\end{bmatrix} + b_{21}\begin{bmatrix}0&0&0\\1&0&0\\-1&0&0\end{bmatrix}$$

$$+ b_{22}\begin{bmatrix}0&0&0\\0&1&0\\0&0&1\end{bmatrix} + b_{23}\begin{bmatrix}0&0&0\\0&0&1\\0&1&0\end{bmatrix}$$

よって，$\dim V_{x=0} = 5$.

5 線形写像

1 (1) 与えられた行列 A の各列からなるベクトルを，

$$\boldsymbol{e}_1 = \begin{bmatrix}-1\\1\\0\end{bmatrix}, \quad \boldsymbol{e}_2 = \begin{bmatrix}1\\-1\\2\end{bmatrix}, \quad \boldsymbol{e}_3 = \begin{bmatrix}2\\-2\\2\end{bmatrix}$$

とおくと，$\boldsymbol{e}_3 = \boldsymbol{e}_2 - \boldsymbol{e}_1$ という関係がある．よって，このとき，

$$A\begin{bmatrix}x\\y\\z\end{bmatrix} = x\boldsymbol{e}_1 + y\boldsymbol{e}_2 + z\boldsymbol{e}_3 = (x-z)\boldsymbol{e}_1 + (y+z)\boldsymbol{e}_2$$

となる．ここで，$\boldsymbol{e}_1, \boldsymbol{e}_2$ は 1 次独立であるので，$\{\boldsymbol{e}_1, \boldsymbol{e}_2\}$ が 1 つの基底を与える．

(2) $A\begin{bmatrix}x\\y\\z\end{bmatrix} = \begin{bmatrix}0\\0\\0\end{bmatrix}$ を解くと，$x = t, y = -t, z = t$ (t は任意)が得られる．よって，$\begin{bmatrix}1\\-1\\1\end{bmatrix}$ が基底.

(3) (1)の $\boldsymbol{e}_1, \boldsymbol{e}_2$ に対して，A による像は $A\boldsymbol{e}_1 = \boldsymbol{e}_3$, $A\boldsymbol{e}_2 = \boldsymbol{e}_3$ となる．よって，Im A^2 の基底は $\boldsymbol{e}_3$ の定数倍であり，例えば $\dfrac{\boldsymbol{e}_3}{2} = \begin{bmatrix}1\\-1\\1\end{bmatrix}$ ととることができる．

(4) 例えば $\boldsymbol{v} = \begin{bmatrix}1\\0\\0\end{bmatrix}$ とすると，$A\boldsymbol{v} = \boldsymbol{e}_1$, $A\boldsymbol{e}_1 = \boldsymbol{e}_3$ となる．これらは 1 次独立であるので，題意を満たす.

別解 $A\boldsymbol{v} = \boldsymbol{e}_2$ となるように $\boldsymbol{v}$ を選んでもよい.

(5) $S = [\boldsymbol{e}_3, \boldsymbol{e}_1, \boldsymbol{v}] = \begin{bmatrix}2&-1&1\\-2&1&0\\2&0&0\end{bmatrix}$ とすればよい.

2 (1) $\dim V_n = n + 1$

(2)　条件

$$F(f_1+f_2)=F(f_1)+F(f_2),\quad F(kf)=kF(f)\ (k\text{ は定数})$$

が成立することを調べればよい．

(3)　4.5 節を参照せよ．

(4)　V_1 の 1 つの基底 $\{1,x\}$ をもとに，グラム–シュミットの直交化法を用いると，
$f_0(x)=\dfrac{1}{\sqrt{2}}$, $f_1(x)=\sqrt{\dfrac{3}{2}}\,x$ が得られる．

(5)　(1)の $f_0(x)$, $f_1(x)$ の $F_{a,b}$ による像を求めると，

$$F_{a,b}(f_0)(x)=\frac{1}{\sqrt{2}}=f_0(x),$$

$$F_{a,b}(f_1)(x)=\sqrt{\frac{3}{2}}\,(ax+b)=\sqrt{3}\,b\,f_0(x)+a\,f_1(x)$$

となる．よって，表現行列は $\begin{bmatrix}1 & \sqrt{3}\,b\\ 0 & a\end{bmatrix}$.

(6)　$b=0,\ a=1$

6　固有値・固有ベクトル

1　(1)　固有値は 10, -8 であり，固有値 10 に対応する固有ベクトルは $\begin{bmatrix}1\\1\end{bmatrix}$，
固有値 -8 に対応する固有ベクトルは $\begin{bmatrix}1\\-1\end{bmatrix}$.

(2)　$A^n=\dfrac{1}{2}\begin{bmatrix}10^n+(-8)^n & 10^n-(-8)^n\\ 10^n-(-8)^n & 10^n+(-8)^n\end{bmatrix}$

2　(1)　固有多項式は $\Phi_A(\lambda)=\lambda^3-(2+b)\lambda^2+(1-4a^2+2b)\lambda+4a^2-b=(\lambda-1)\left\{\lambda^2-(b+1)\lambda+b-4a^2\right\}$ である．ここで，2 次式 $\lambda^2-(b+1)\lambda+b-4a^2$ の判別式は $(b+1)^2-4(b-4a^2)=16a^2+(b-1)^2\geq 0$ であるので，A の固有値はすべて実数である．

(2)　$b=3a+1$ のとき，$\Phi_A(\lambda)=(\lambda-1)(\lambda+a-1)(\lambda-4a-1)$ と因数分解されるので，固有値は $1,\ 1-a,\ 1+4a$.

(3)　$a\neq 0$ のとき，対応する固有ベクトルは次のようになる．

$$\text{固有値 }1:\begin{bmatrix}4a^2\\-3a\\1\end{bmatrix},\ \text{固有値 }1-a:\begin{bmatrix}0\\-4a\\1\end{bmatrix},\ \text{固有値 }1+4a:\begin{bmatrix}0\\a\\1\end{bmatrix}$$

3 行列式の値は 0，固有値は 0, 70，対応する固有ベクトルは以下の通り．

$$\text{固有値 } 0: \begin{bmatrix} 6p+7q+8r \\ -5p \\ -5q \\ -5r \end{bmatrix} \left(\begin{array}{c} p,q,r \\ \text{は任意} \end{array}\right),\quad \text{固有値 } 70: \begin{bmatrix} 1 \\ 2 \\ 3 \\ 4 \end{bmatrix}$$

4 (1) 与えられた行列 A に対する固有多項式を計算すると，

$$\Phi_A(\lambda) = \det(\lambda E - A) = (\lambda-1)(\lambda^2 - 3\lambda + 4 - t)$$

となる．最右辺に現れる 2 次式 $\lambda^2 - 3\lambda + 4 - t$ に注目して，場合分けを行う．

① $\lambda = 1$ が重解となる場合

$\lambda = 1$ で $\lambda^2 - 3\lambda + 4 - t = 0$ となる条件は $t = 2$ である．このとき，$\Phi_A(\lambda) = (\lambda-1)^2(\lambda-2)$ となり，それぞれの固有ベクトルは次のようになる．

$$\text{固有値 } 1: \begin{bmatrix} s \\ t \\ s+2t \end{bmatrix} \left(\begin{array}{c} s,t \text{ は} \\ \text{任意} \end{array}\right),\quad \text{固有値 } 2: \begin{bmatrix} 1 \\ 1 \\ 2 \end{bmatrix}$$

この場合は，1 次独立な固有ベクトルが 3 個存在するので，A は対角化可能である．

② $\lambda^2 - 3\lambda + 4 - t = 0$ が重解をもつ場合

この 2 次方程式の判別式は $D = 3^2 - 4(4-t) = 4t - 7$ であるので，$t = 7/4$ のときに重解となる．このとき，$\Phi_A(\lambda) = (\lambda-1)(\lambda-3/2)^2$ であり，それぞれの固有ベクトルは次のようになる．

$$\text{固有値 } 1: \begin{bmatrix} 1 \\ 0 \\ 1 \end{bmatrix},\quad \text{固有値 } \frac{3}{2}: \begin{bmatrix} 1 \\ 2 \\ 4 \end{bmatrix}$$

この場合は，1 次独立な固有ベクトルは 2 個しか存在しないので，A は対角化できない．

③上記以外，すなわち，$t \neq 2, 7/4$ の場合

固有方程式 $\Phi_A(\lambda) = 0$ は重解をもたないので，A は対角化可能である．

以上，①～③より，A が対角化可能である条件は，$t \neq 7/4$ である．

(2) $t = 7/4$ であるとき，固有値 $\lambda = 3/2$ に対する一般固有ベクトル，すなわち，

$$\left(A - \frac{3}{2}E\right)\boldsymbol{v} = \begin{bmatrix} 1 \\ 2 \\ 4 \end{bmatrix}$$

となるベクトル $\boldsymbol{v}$ を求めればよい．実際に計算すれば，$\boldsymbol{v}=\begin{bmatrix}2\\0\\0\end{bmatrix}$ が条件を満たすことがわかる．これと，(1)で求めた固有ベクトルとを並べて次のように正則行列 P を定めれば，ジョルダン標準形が得られる．

$$P=\begin{bmatrix}1&1&2\\0&2&0\\1&4&0\end{bmatrix},\quad P^{-1}\left.A\right|_{t=7/4}P=\begin{bmatrix}1&0&0\\0&3/2&1\\0&0&3/2\end{bmatrix}$$

(3) （V が線形空間となることについては，4 章の章末問題 3 の解答を参照せよ）

①A が対角化できる場合

ある正則行列 $\tilde{P}$ に対して，$\tilde{P}^{-1}A\tilde{P}=\begin{bmatrix}\alpha&0&0\\0&\beta&0\\0&0&\gamma\end{bmatrix}$（$=D$ とおく）が成り立つとする．このとき，

$$\begin{aligned}\tilde{P}^{-1}(AX-XA)\tilde{P}&=(\tilde{P}^{-1}A\tilde{P})(\tilde{P}^{-1}X\tilde{P})-(\tilde{P}^{-1}X\tilde{P})(\tilde{P}^{-1}A\tilde{P})\\&=D(\tilde{P}^{-1}X\tilde{P})-(\tilde{P}^{-1}X\tilde{P})D\end{aligned}$$

において，

$$\tilde{P}^{-1}X\tilde{P}=\begin{bmatrix}x_1&x_2&x_3\\y_1&y_2&y_3\\z_1&z_2&z_3\end{bmatrix}\qquad(*)$$

とおくと，$\tilde{P}$ は正則行列であるので，

$$\begin{aligned}AX=XA&\iff D(\tilde{P}^{-1}X\tilde{P})=(\tilde{P}^{-1}X\tilde{P})D\\&\iff\begin{bmatrix}0&(\alpha-\beta)x_2&(\alpha-\gamma)x_3\\(\beta-\alpha)y_1&0&(\beta-\gamma)y_3\\(\gamma-\alpha)z_1&(\gamma-\beta)z_2&0\end{bmatrix}=O.\end{aligned}$$

- $t\neq 2, 7/4$ のとき
  A の固有値はすべて相異なるので，$x_2=x_3=y_1=y_3=z_1=z_2=0$ となる．残ったパラメータは x_1, y_2, z_3 の 3 個であり，$\dim V=3$.
- $t=2$ のとき
  3 つの固有値のうち，2 つは一致する．例えば $\alpha=\beta$ とすれば，$AX=XA$ となる条件は $x_3=y_3=z_1=z_2=0$ となる．この場合は 5 個のパラメータが残り，$\dim V=5$.

②A が対角化できない場合，すなわち，$t = 7/4$ の場合

この場合，(2) の P を用いると，$P^{-1}AP$ を (2) で求めたジョルダン標準形にすることができる．ここで，$P^{-1}XP$ を(∗)の形におくと，①と同様の議論により，

$$AX = XA \iff (P^{-1}AP)(P^{-1}XP) = (P^{-1}XP)(P^{-1}AP)$$
$$\iff \begin{bmatrix} 1 & 0 & 0 \\ 0 & 3/2 & 1 \\ 0 & 0 & 3/2 \end{bmatrix}\begin{bmatrix} x_1 & x_2 & x_3 \\ y_1 & y_2 & y_3 \\ z_1 & z_2 & z_3 \end{bmatrix}$$
$$= \begin{bmatrix} x_1 & x_2 & x_3 \\ y_1 & y_2 & y_3 \\ z_1 & z_2 & z_3 \end{bmatrix}\begin{bmatrix} 1 & 0 & 0 \\ 0 & 3/2 & 1 \\ 0 & 0 & 3/2 \end{bmatrix}$$
$$\iff x_2 = x_3 = y_1 = z_1 = z_2 = 0,\ y_2 = z_3.$$

この場合は 3 個のパラメータが残り，$\dim V = 3$.

以上により，$\dim V$ が最大となるのは $t = 2$ のとき．

5 (1) 与えられた行列 A に対する固有多項式を計算すると，

$$\Phi_A(\lambda) = \det(\lambda E - A) = (\lambda - 2)\left\{\lambda^2 + (1-a)\lambda + 9 - a\right\}$$

となる．最右辺に現れる 2 次式 $\lambda^2 + (1-a)\lambda + 9 - a$ に $\lambda = 2$ を代入すると $3a - 15$ となるが，これが 0 になる条件より，$a = 5$ が必要．逆に $a = 5$ のとき $\Phi_A(\lambda) = (\lambda - 2)^3$ となり，題意の条件を満たす． （答）$a = 5$

(2) $a = 5$ を代入して計算すると，

$$A\begin{bmatrix} x \\ y \\ z \end{bmatrix} = 2\begin{bmatrix} x \\ y \\ z \end{bmatrix} \iff x - y + z = 0$$

となる．よって，固有値 2 に対する A の固有ベクトルは，

$$\begin{bmatrix} x \\ y \\ -x+y \end{bmatrix} = x\begin{bmatrix} 1 \\ 0 \\ -1 \end{bmatrix} + y\begin{bmatrix} 0 \\ 1 \\ 1 \end{bmatrix} \quad (x, y \text{ は任意の定数})$$

と表される．よって，$\begin{bmatrix} 1 \\ 0 \\ -1 \end{bmatrix}, \begin{bmatrix} 0 \\ 1 \\ 1 \end{bmatrix}$ は固有値 2 に対する固有空間の基底となる．

(3) 固有値 2 に対する固有空間を $V_{\lambda=2}$ とするとき，条件 $(A - 2E)\boldsymbol{v} \in V_{\lambda=2}$ を満たす $\boldsymbol{v}$ を求める．(2)より，この条件は次のように表される．

$$(A-2E)\boldsymbol{v} = \begin{bmatrix} -1 & 1 & -1 \\ -3 & 3 & -3 \\ -2 & 2 & -2 \end{bmatrix}\begin{bmatrix} v_1 \\ v_2 \\ v_3 \end{bmatrix} = \begin{bmatrix} s \\ t \\ -s+t \end{bmatrix}$$

この連立 1 次方程式を拡大係数行列で表し，行基本変形によって整理する．

$$\left[\begin{array}{ccc:c} -1 & 1 & -1 & s \\ -3 & 3 & -3 & t \\ -2 & 2 & -2 & -s+t \end{array}\right] \to \cdots \to \left[\begin{array}{ccc:c} 1 & -1 & 1 & -s \\ 0 & 0 & 0 & 3s-t \\ 0 & 0 & 0 & 0 \end{array}\right] \qquad (*)$$

これが解をもつ条件は $3s = t$ であるので，例えば $s=1, t=3$ ととることができる．このとき，$v_1 = v_3 = 0, v_2 = 1$ ととれば，$(*)$に対応する連立方程式は満たされる．よって，$\boldsymbol{u} = \begin{bmatrix} 1 \\ 3 \\ 2 \end{bmatrix}, \boldsymbol{v} = \begin{bmatrix} 0 \\ 1 \\ 0 \end{bmatrix}$ とおくと，$(A-2E)\boldsymbol{u} = \boldsymbol{0}, (A-2E)\boldsymbol{v} = \boldsymbol{u}$ となる．さらに，$\boldsymbol{u}$ と 1 次独立な固有ベクトルとして $\boldsymbol{w} = \begin{bmatrix} 1 \\ 0 \\ -1 \end{bmatrix}$ をとり(別のものを選んでもよい)，

$$P = [\boldsymbol{w}, \boldsymbol{u}, \boldsymbol{v}] = \begin{bmatrix} 1 & 1 & 0 \\ 0 & 3 & 1 \\ -1 & 2 & 0 \end{bmatrix}$$

とおけば，P は正則行列となり，

$$P^{-1}AP = \begin{bmatrix} 2 & 0 & 0 \\ 0 & 2 & 1 \\ 0 & 0 & 2 \end{bmatrix}$$

となる．これが，求める A のジョルダン標準形である．

7 さまざまな応用

1 (1) $3x - y + 5z = 0$

(2) $\boldsymbol{X}_1 = [x_1, y_1, z_1], \boldsymbol{X}_2 = [x_2, y_2, z_2]$ が(1)の方程式を満たすとき，

$$\boldsymbol{X}_1 + \boldsymbol{X}_2 = [x_1 + x_2, y_1 + y_2, z_1 + z_2],$$

$$k\boldsymbol{X}_1 = [kx_1, ky_1, kz_1] \quad (k \text{ は定数})$$

も同じ方程式を満たすことを示せばよい．

(3) $\boldsymbol{V}_1 = \left[\dfrac{-1}{\sqrt{6}}, \dfrac{2}{\sqrt{6}}, \dfrac{1}{\sqrt{6}}\right]$, $\boldsymbol{V}_2 = \left[\dfrac{11}{\sqrt{210}}, \dfrac{8}{\sqrt{210}}, \dfrac{-5}{\sqrt{210}}\right]$

(4) $\overrightarrow{\mathrm{PQ}} = (\boldsymbol{P}, \boldsymbol{V}_1)\boldsymbol{V}_1 + (\boldsymbol{P}, \boldsymbol{V}_2)\boldsymbol{V}_2 - \boldsymbol{P}$ より，$(\overrightarrow{\mathrm{PQ}}, \boldsymbol{V}_1) = (\overrightarrow{\mathrm{PQ}}, \boldsymbol{V}_2) = 0$ である．平面 S はベクトル $\boldsymbol{V}_1, \boldsymbol{V}_2$ によって張られているので，平面 S と $\overrightarrow{\mathrm{PQ}}$ とが垂直になっていることがわかる．すなわち，Q は P から平面 S に下ろした垂線の足であるので，P にもっとも近い S 上の点となる．

2 (1) $f(\boldsymbol{x}+\boldsymbol{y}) = f(\boldsymbol{x}) + f(\boldsymbol{y})$, $f(\alpha\boldsymbol{x}) = \alpha f(\boldsymbol{x})$ を示せばよい．

(2) 与えられた $\boldsymbol{e}_1, \boldsymbol{e}_2$ が 1 次独立であることは明らか．V に属する数列 $\boldsymbol{x} = \{x_n\}$ は，与えられた $\boldsymbol{e}_1, \boldsymbol{e}_2$ を用いて，$x_0\boldsymbol{e}_1 + x_1\boldsymbol{e}_2$ と表すことができる．以上により，$\{\boldsymbol{e}_1, \boldsymbol{e}_2\}$ が V の基底になることが示された．

(3) 与えられた漸化式により，$\boldsymbol{e}_1 = \{1, 0, 2, \cdots\}$, $\boldsymbol{e}_2 = \{0, 1, 1, \cdots\}$ であるので，

$$f(\boldsymbol{e}_1) = \{0, 2, \cdots\} = 2\boldsymbol{e}_2,$$

$$f(\boldsymbol{e}_2) = \{1, 1, \cdots\} = \boldsymbol{e}_1 + \boldsymbol{e}_2.$$

よって，求める表現行列は $A = \begin{bmatrix} 0 & 1 \\ 2 & 1 \end{bmatrix}$.

(4) 固有値 2 に対しては $\begin{bmatrix} 1 \\ 2 \end{bmatrix}$，固有値 -1 に対しては $\begin{bmatrix} 1 \\ -1 \end{bmatrix}$.

(5) 与えられた変換 f に対して $f(\boldsymbol{x}) = \lambda\boldsymbol{x}$，すなわち $x_{n+1} = \lambda x_n$ となるような定数 λ と，対応する数列 $\boldsymbol{x} = \{x_n\}$ を求めればよい．そのような数列は，λ を公比とする等比数列である．そこで，$x_n = \lambda^{n-1}$ として与えられた漸化式に代入すると，方程式 $\lambda^2 - \lambda - 2 = 0$ が得られる．これを解くと $\lambda = 2, -1$ となり，対応する固有ベクトル(数列)は，それぞれ $\{2^{n-1}\}$, $\{(-1)^{n-1}\}$ となる((4)の結果と対応していることに注意).

総合演習

1 (1) $A = \begin{bmatrix} a & b \\ c & d \end{bmatrix}$, $B = \begin{bmatrix} p & q \\ r & s \end{bmatrix}$ などとして直接計算すればよい．

(2) $A^5 = E$ および (1) より $x^5 = 1$ である．A の成分が実数なので x は実数であり，$x = 1$．このとき，$A^2 - yA + E = O$ が成り立つので，

$$A^4 = (yA - E)^2 = \cdots = (y^3 - 2y)A + (1 - y^2)E,$$

$$A^5 = (y^3 - 2y)A^2 + (1 - y^2)A = \cdots = (y^4 - 3y^2 + 1)A - (y^3 - 2y)E$$

と表される．これと $A^5 = E$ により，

$$(y^4 - 3y^2 + 1)A = (y^3 - 2y + 1)E$$

① $y^4 - 3y^2 + 1 = 0$ のとき

右辺も 0 でなくてはならないので，$y^3 = 2y - 1$ であり，$y^4 = 2y^2 - y$. これを $y^4 - 3y^2 + 1 = 0$ に代入すると $y^2 + y - 1 = 0$ が得られる，これを解いて $y = \dfrac{-1 \pm \sqrt{5}}{2}$. 逆にこのとき，$y^4 - 3y^2 + 1 = y^3 - 2y + 1 = 0$ が成立する．

② $y^4 - 3y^2 + 1 \neq 0$ のとき

$k = \dfrac{y^3 - 2y + 1}{y^4 - 3y^2 + 1}$ とおくと，$A = kE$ と表せる．これを $A^5 = E$ に代入すれば $k^5 = 1$ が得られる．k は実数なので $k = 1$ であり，$A = E$ となる．このとき，$y = \mathrm{Tr}\,A = 2$ である．

以上をまとめて，　　(答)　$x = 1,\ y = 2, \dfrac{-1 \pm \sqrt{5}}{2}$

2　点 P, Q の像は，

$$\begin{bmatrix} a & b \\ c & a \end{bmatrix} \begin{bmatrix} 5/3 \\ \pm 4/3k \end{bmatrix} = \begin{bmatrix} 5a/3 \pm 4b/3k \\ 5c/3 \pm 4a/3k \end{bmatrix}$$

であり，これらが C 上の点である条件は，

$$\left(\frac{5a}{3} \pm \frac{4b}{3k}\right) - k^2\left(\frac{5c}{3} \pm \frac{4a}{3k}\right) = 1$$

$$\Longleftrightarrow a^2 + \frac{16b^2}{9k^2} \pm \frac{40ab}{9k} \mp \frac{40ack}{9} - \frac{25c^2k^2}{9} = 1 \quad (\text{複号同順})$$

$$\Longleftrightarrow \begin{cases} a^2 + \dfrac{16b^2}{9k^2} - \dfrac{25c^2k^2}{9} = 1 \\ \dfrac{ab}{k} - ack = 0 \end{cases}$$

で与えられる．これを解いて，　　(答)　$b = k\sqrt{a^2 - 1},\ c = \dfrac{\sqrt{a^2 - 1}}{k}$

3　(1)　$\begin{bmatrix} 2a - 4 \\ 0 \\ a - 2 \end{bmatrix}$

(2)　$\dim(\mathrm{Im}\,T_A) = 3$ となる条件を調べればよい．A に対して列基本変形を適用すると，

$$A \quad \overset{\text{III'}(1\leftrightarrow 2)}{\longrightarrow} \quad \begin{bmatrix} 1 & a & -2 & -1 \\ 1 & 1 & 0 & -1 \\ 1 & 0 & a & a \end{bmatrix}$$

$$\xrightarrow[]{\substack{\text{II'}(2\leftarrow 1;-a)\\ \text{II'}(3\leftarrow 1;2)\\ \text{II'}(4\leftarrow 1;1)}} \begin{bmatrix} 1 & 0 & 0 & 0 \\ 1 & 1-a & 2 & 0 \\ 1 & -a & a+2 & a+1 \end{bmatrix}$$

$$\xrightarrow{\text{III'}(2\leftrightarrow 3)} \begin{bmatrix} 1 & 0 & 0 & 0 \\ 1 & 2 & 1-a & 0 \\ 1 & a+2 & -a & a+1 \end{bmatrix}$$

$$\xrightarrow{\text{II'}(3\leftarrow 2;(a-1)/2)} \begin{bmatrix} 1 & 0 & 0 & 0 \\ 1 & 2 & 0 & 0 \\ 1 & a+2 & (a+1)(a-2) & a+1 \end{bmatrix}$$

と変形できる．よって，$a+1 \neq 0$ の場合は，$\mathrm{Im}\, T_A$ の基底として $\left\{ \begin{bmatrix} 1 \\ 1 \\ 1 \end{bmatrix}, \begin{bmatrix} 0 \\ 2 \\ a+2 \end{bmatrix}, \begin{bmatrix} 0 \\ 0 \\ 1 \end{bmatrix} \right\}$ をとることができて，$\dim(\mathrm{Im}\, T_A) = 3$ となる．

（答）$a \neq -1$

(3) 上の列基本変形の結果より，

$$\dim(\mathrm{Im}\, T_A) = \begin{cases} 2 & (a=1) \\ 3 & (a \neq 1) \end{cases}$$

である．これと次元定理により，

$$\dim(\mathrm{Ker}\, T_A) = 4 - \dim(\mathrm{Im}\, T_A) = \begin{cases} 2 & (a=1) \\ 1 & (a \neq 1) \end{cases}$$

[注] ここでは次元定理を用いたが，行基本変形を考えて直接計算してもよい．

4 (1) A の固有多項式は，$\Phi_A(\lambda) = \det(\lambda E - A) = (\lambda - 4)(\lambda - 1)^2$ である．

固有値	4	1（重根）
固有空間の基底	$\begin{bmatrix} 1 \\ 1 \\ 1 \end{bmatrix}$	$\left\{ \begin{bmatrix} 1 \\ -1 \\ 0 \end{bmatrix}, \begin{bmatrix} 1 \\ 0 \\ -1 \end{bmatrix} \right\}$

(2) $P = \begin{bmatrix} 1 & 1 & 1 \\ 1 & -1 & 0 \\ 1 & 0 & -1 \end{bmatrix}$, $D = \begin{bmatrix} 4 & 0 & 0 \\ 0 & 1 & 0 \\ 0 & 0 & 1 \end{bmatrix}$ とおくと，P, D は可逆で $A = PDP^{-1}$ が成り立つ．このことから，

$$A^{-1} = \left(PDP^{-1}\right)^{-1} = PD^{-1}P^{-1} = P \begin{bmatrix} 1/4 & 0 & 0 \\ 0 & 1 & 0 \\ 0 & 0 & 1 \end{bmatrix} P^{-1}$$

となるので，A^{-1} の固有値は 1/4, 1.

(3) 上の P, D を用いると，

$$A^3+2A^2+3A+4E = P\left(D^3+2D^2+3D+4E\right)P^{-1}$$
$$= P\begin{bmatrix} 112 & 0 & 0 \\ 0 & 10 & 0 \\ 0 & 0 & 10 \end{bmatrix} P^{-1}$$

となるので，$A^3+2A^2+3A+4E$ の固有値は 112, 10.

5 示したい命題の対偶「$\det(G)=0$ ならば 3 点 A, B, C は同一直線上にある」を示す．

$$\det(G) = \begin{vmatrix} x_1 & y_1 & 1 \\ x_2 & y_2 & 1 \\ x_3 & y_3 & 1 \end{vmatrix} = \begin{vmatrix} x_1 & y_1 & 1 \\ x_2-x_1 & y_2-y_1 & 0 \\ x_3-x_1 & y_3-y_1 & 0 \end{vmatrix} = \begin{vmatrix} x_2-x_1 & y_2-y_1 \\ x_3-x_1 & y_3-y_1 \end{vmatrix}$$

よって $\det(G)=0$ であるなら，

$$(x_2-x_1)(y_3-y_1) = (x_3-x_1)(y_2-y_1)$$

である．$\overrightarrow{\mathrm{AB}} = \begin{bmatrix} x_2-x_1 \\ y_2-y_1 \end{bmatrix} \neq \vec{0}$ であるので，x_2-x_1, y_2-y_1 のいずれか一方は 0 でない．

- $x_2-x_1 \neq 0$ のとき，$(x_3-x_1)\overrightarrow{\mathrm{AB}} - (x_2-x_1)\overrightarrow{\mathrm{AC}} = \vec{0}$,
- $y_2-y_1 \neq 0$ のとき，$(y_3-y_1)\overrightarrow{\mathrm{AB}} - (y_2-y_1)\overrightarrow{\mathrm{AC}} = \vec{0}$

となり，どちらの場合も $\overrightarrow{\mathrm{AB}}$ と $\overrightarrow{\mathrm{AC}}$ とが 1 次従属であることが分かる．ゆえに，$\det(G)=0$ ならば 3 点 A, B, C は同一直線上にあることが示された．

6 (1) A のすべての固有値，およびそれぞれに対応する（規格化された）固有ベクトルは次で与えられる：

固有値	1	2	4
固有ベクトル	$\frac{1}{\sqrt{3}}\begin{bmatrix} 1 \\ 1 \\ 1 \end{bmatrix}$	$\frac{1}{\sqrt{2}}\begin{bmatrix} -1 \\ 0 \\ 1 \end{bmatrix}$	$\frac{1}{\sqrt{6}}\begin{bmatrix} 1 \\ -2 \\ 1 \end{bmatrix}$

(2) (1) で求めた規格化された固有ベクトルを並べて，

$$P = \begin{bmatrix} 1/\sqrt{3} & -1/\sqrt{2} & 1/\sqrt{6} \\ 1/\sqrt{3} & 0 & -2/\sqrt{6} \\ 1/\sqrt{3} & 1/\sqrt{2} & 1/\sqrt{6} \end{bmatrix}$$

とする．このとき，$P^TP = PP^T = I$（すなわち P は直交行列）であり，

$$A = PDP^T, \quad D = \begin{bmatrix} 1 & 0 & 0 \\ 0 & 2 & 0 \\ 0 & 0 & 4 \end{bmatrix}$$

が成り立つ．ゆえに，

$$A^n = P \begin{bmatrix} 1 & 0 & 0 \\ 0 & 2^n & 0 \\ 0 & 0 & 4^n \end{bmatrix} P^T$$

$$= \frac{1}{6} \begin{bmatrix} 2+3\cdot 2^n+4^n & 2(1-4^n) & 2-3\cdot 2^n+4^n \\ 2(1-4^n) & 2+4^{n+1} & 2(1-4^n) \\ 2-3\cdot 2^n+4^n & 2(1-4^n) & 2+3\cdot 2^n+4^n \end{bmatrix}$$

(3) 上の P, D に対して，$I = PP^T$, $A = PDP^T$ が成り立つので，

$$\lambda I - A = \lambda PP^T - PDP^T = P(\lambda I - D)P^T$$

である．よって

$$\boldsymbol{x} = (\lambda I - A)^{-1}\boldsymbol{b} = P(\lambda I - D)^{-1}P^T\boldsymbol{b}$$

と表されるので，

$$\boldsymbol{x}^T\boldsymbol{x} = \left\{P(\lambda I - D)^{-1}P^T\boldsymbol{b}\right\}^T P(\lambda I - D)^{-1}P^T\boldsymbol{b}$$

$$= \boldsymbol{b}^T P(\lambda I - D)^{-1}P^T \cdot P(\lambda I - D)^{-1}P^T\boldsymbol{b}$$

$$= (P^T\boldsymbol{b})^T(\lambda I - D)^{-2}P^T\boldsymbol{b}$$

となる．ここに

$$P^T\boldsymbol{b} = \begin{bmatrix} \sqrt{3} \\ -\sqrt{2} \\ \sqrt{6} \end{bmatrix},$$

$$(\lambda I - D)^{-2} = \begin{bmatrix} (\lambda-1)^{-2} & 0 & 0 \\ 0 & (\lambda-2)^{-2} & 0 \\ 0 & 0 & (\lambda-4)^{-2} \end{bmatrix}$$

を代入すれば，

$$\boldsymbol{x}^T\boldsymbol{x} = \frac{3}{(\lambda-1)^2} + \frac{2}{(\lambda-2)^2} + \frac{6}{(\lambda-4)^2}$$

が得られる．

7 (1) $j = 1, 2, 3$ に対して $A\vec{p}_j = \alpha_j\vec{x}_j$ であるので，

$$\langle A\vec{p}_j, \vec{p}_k\rangle = \langle \alpha_j\vec{p}_j, \vec{p}_k\rangle = \alpha_j\langle \vec{p}_j, \vec{p}_k\rangle$$

となる．一方，A はエルミート行列であるので $A^* = A$ （$A^* = {}^t(\overline{A}) = \overline{{}^tA}$ は A

の随伴行列）を満たし，複素内積の性質から $\langle A\vec{x},\vec{y}\rangle = \langle \vec{x},A^*\vec{y}\rangle = \langle \vec{x},A\vec{y}\rangle$ が成り立つ．さらに，A のエルミート性より，α_1, α_2, α_3 はすべて実数である．これらにより，

$$\langle A\vec{p}_j,\vec{p}_k\rangle = \langle \vec{p}_j,A\vec{p}_k\rangle = \langle \vec{p}_j,\alpha_k\vec{p}_k\rangle = \alpha_k\langle \vec{p}_j,\vec{p}_k\rangle$$

が得られる．ゆえに，

$$(\alpha_j-\alpha_k)\langle \vec{p}_j,\vec{p}_k\rangle = 0$$

となるが，$j\neq k$ であれば $\alpha_j\neq\alpha_k$ であるので，$\langle \vec{p}_j,\vec{p}_k\rangle = 0$ である．

(2)　$k,l=1,2,3$ に対して，$P_1+P_2+P_3$ の (k,l) 成分を考えると，

$$(P_1+P_2+P_3)_{kl} = \sum_{j=1}^{3} p_{kj}\overline{p_{lj}}\langle \vec{p}_k,\vec{p}_l\rangle = \delta_{kl}$$

となるので，$P_1+P_2+P_3=E$ である．次に，$P_j=\vec{p}_j(\vec{p}_j)^*$　$((\vec{p}_j)^*=\overline{{}^t\vec{p}_j})$ に注意すると，次が得られる．

$$P_jP_k = \vec{p}_j(\vec{p}_j)^*\vec{p}_k(\vec{p}_k)^* = \langle \vec{p}_k,\vec{p}_j\rangle\vec{p}_j(\vec{p}_k)^* = \delta_{kj}\vec{p}_j(\vec{p}_k)^* = \begin{cases} P_j & (j=k) \\ O & (j\neq k) \end{cases}$$

(3)　$j=1,2,3$ に対し $W_j=\operatorname{Im}P_j$ であることを示せばよい．$\{\vec{p}_1,\vec{p}_2,\vec{p}_3\}$ は相異なる固有値に対する固有ベクトルなので 1 次独立であり，$\mathbb{C}^3$ の基底をなす．よって，任意の $\vec{x}\in\mathbb{C}^3$ に対して，$\vec{x}=\sum_{k=1}^{3}c_k\vec{p}_k$ となる複素数 c_k　$(k=1,2,3)$ が存在する．このとき，$P_j=\vec{p}_j(\vec{p}_j)^*$ であるので，

$$P_j\vec{x} = \sum_{k=1}^{3}c_k\vec{p}_j(\vec{p}_j)^*\vec{p}_k = \sum_{k=1}^{3}c_k\vec{p}_j\langle \vec{p}_k,\vec{p}_j\rangle = \sum_{k=1}^{3}c_k\vec{p}_j\delta_{jk} = c_j\vec{p}_j$$

となる．よって $P_j\vec{x}$ は固有値 α_j に対する固有ベクトル $\vec{p}_j$ の定数倍であるので，$\operatorname{Im}P_j\subseteq W_j$ が示された．

一方，

$$P_j\vec{p}_j = \vec{p}_j(\vec{p}_j)^*\vec{p}_j = \vec{p}_j\langle \vec{p}_j,\vec{p}_j\rangle = \vec{p}_j$$

より $\vec{p}_j\in\operatorname{Im}P_j$ であり，$\vec{p}_j$ は W_j の基底であるので，$W_j\subseteq\operatorname{Im}P_j$ である．

以上により，$W_j=\operatorname{Im}P_j$ であることが示された．

8　(1)　$\Phi_A(x)=(x+1)(x-2)^2$

(2)　固有値は -1, 2 であるので，対応する固有空間は $\operatorname{Ker}(A+E)$, $\operatorname{Ker}(A-2E)$ である．そこで，まず $A+E$, $A-2E$ に行基本変形を施す．

$$A+E=\begin{bmatrix} -a+3 & a-2 & 1 \\ -a & a+1 & 1 \\ -2a+3 & 2a-1 & 2 \end{bmatrix}$$

$$\xrightarrow[\text{II}(2\leftarrow 2;-2)]{\text{II}(1\leftarrow 2;-1)} \begin{bmatrix} 3 & -3 & 0 \\ -a & a+1 & 1 \\ 3 & -3 & 0 \end{bmatrix} \to \begin{bmatrix} 1 & -1 & 0 \\ 0 & 1 & 1 \\ 0 & 0 & 0 \end{bmatrix},$$

$$A-2E=\begin{bmatrix} -a & a-2 & 1 \\ -a & a-2 & 1 \\ -2a+3 & 2a-1 & -1 \end{bmatrix}$$

$$\xrightarrow[\text{II}(3\leftarrow 1;-2)]{\text{II}(2\leftarrow 1;-1)} \begin{bmatrix} -a & a-2 & 1 \\ 0 & 0 & 0 \\ 3 & 3 & -3 \end{bmatrix}$$

$$\to \begin{bmatrix} 1 & 1 & -1 \\ 0 & 2(a-1) & -(a-1) \\ 0 & 0 & 0 \end{bmatrix}.$$

よって，各固有空間の基底は次のようになる．

① 固有値 -1 の場合 $\left\{\begin{bmatrix} 1 \\ 1 \\ -1 \end{bmatrix}\right\}$

② 固有値 2 の場合 $a=1$ なら $\left\{\begin{bmatrix} 1 \\ 0 \\ 1 \end{bmatrix}, \begin{bmatrix} 0 \\ 1 \\ 1 \end{bmatrix}\right\}$,

$a\neq 1$ なら $\left\{\begin{bmatrix} 1 \\ 1 \\ 2 \end{bmatrix}\right\}$

(3) いまの場合，A が対角化可能であるための必要十分条件は固有値 2 の固有空間が 2 次元となることであり，(2) より $a=1$ のとき．

(4) 固有空間の正規直交基底をとればよい．たとえば次のようにおけば条件を満たす．

$$P=\begin{bmatrix} 1/\sqrt{2} & -1/\sqrt{6} & 1/\sqrt{3} \\ 0 & 2/\sqrt{6} & 1/\sqrt{3} \\ 1/\sqrt{2} & 1/\sqrt{6} & -1/\sqrt{3} \end{bmatrix}$$

(5) $a \neq 1$ のときに，方程式 $(A-2E)\boldsymbol{x} = {}^t[1,1,2]$ の拡大係数行列に行基本変形を施す．

$$\left[\begin{array}{ccc:c} -a & a-2 & 1 & 1 \\ -a & a-2 & 1 & 1 \\ -2a+3 & 2a-1 & -1 & 2 \end{array}\right] \xrightarrow[\mathrm{II}(3 \leftarrow 1; -2)]{\mathrm{II}(2 \leftarrow 1; -1)} \left[\begin{array}{ccc:c} -a & a-2 & 1 & 1 \\ 0 & 0 & 0 & 0 \\ 3 & 3 & -3 & 0 \end{array}\right]$$

$$\rightarrow \left[\begin{array}{ccc:c} 1 & 1 & -1 & 0 \\ 0 & 2(a-1) & -(a-1) & 1 \\ 0 & 0 & 0 & 0 \end{array}\right] \Rightarrow \begin{cases} x+y-z=0, \\ 2(a-1)y-(a-1)z=1. \end{cases}$$

これを満たす x, y, z として，たとえば $x=0,\ y=z=1/(a-1)$ がある．こうして次が得られる．

$$\frac{1}{a-1}\begin{bmatrix} 0 \\ 1 \\ 1 \end{bmatrix} \xrightarrow{A-2E} \begin{bmatrix} 1 \\ 1 \\ 2 \end{bmatrix} \xrightarrow{A-2E} \begin{bmatrix} 0 \\ 0 \\ 0 \end{bmatrix}, \qquad \begin{bmatrix} 1 \\ 1 \\ -1 \end{bmatrix} \xrightarrow{A+E} \begin{bmatrix} 0 \\ 0 \\ 0 \end{bmatrix}$$

ゆえに，

$$P = \begin{bmatrix} 1 & 0 & 1 \\ 1 & 1/(a-1) & 1 \\ 2 & 1/(a-1) & -1 \end{bmatrix}, \quad J = \begin{bmatrix} 2 & 1 & 0 \\ 0 & 2 & 0 \\ 0 & 0 & -1 \end{bmatrix}$$

とおけば $P^{-1}AP = J$ が成り立つ．また，これを用いて，

$$\begin{aligned} A^n &= PJ^nP^{-1} \\ &= \begin{bmatrix} 1 & 0 & 1 \\ 1 & 1/(a-1) & 1 \\ 2 & 1/(a-1) & -1 \end{bmatrix} \begin{bmatrix} 2^n & n2^{n-1} & 0 \\ 0 & 2^n & 0 \\ 0 & 0 & (-1)^n \end{bmatrix} \\ &\quad \cdot \frac{1}{3}\begin{bmatrix} 2 & -1 & 1 \\ 3(1-a) & 3(a-1) & 0 \\ 1 & 1 & -1 \end{bmatrix} \\ &= \frac{(-1)^n}{3}\begin{bmatrix} 1 & 1 & -1 \\ 1 & 1 & -1 \\ -1 & -1 & 1 \end{bmatrix} + \frac{2^n}{3}\begin{bmatrix} 2 & -1 & 1 \\ -1 & 2 & 1 \\ 1 & 1 & 2 \end{bmatrix} \\ &\quad + (a-1)n2^{n-1}\begin{bmatrix} -1 & 1 & 0 \\ -1 & 1 & 0 \\ -2 & 2 & 0 \end{bmatrix} \end{aligned}$$

9 (1) $A = \begin{bmatrix} 2 & 0 & 1 \\ 0 & 2 & -1 \\ 1 & -1 & 2 \end{bmatrix}$ の固有多項式は $\Phi_A(\lambda) = (x-2)(x^2-4x+2)$ であり，固有値および対応する（規格化された）固有ベクトルは次のようになる．

固有値	$\lambda_1 = 2+\sqrt{2}$	$\lambda_2 = 2$	$\lambda_3 = 2-\sqrt{2}$
固有ベクトル	$\boldsymbol{\varphi}_1 = \dfrac{1}{\sqrt{4}}\begin{bmatrix} 1 \\ 1 \\ \sqrt{2} \end{bmatrix}$	$\boldsymbol{\varphi}_2 = \dfrac{1}{\sqrt{2}}\begin{bmatrix} 1 \\ 1 \\ 0 \end{bmatrix}$	$\boldsymbol{\varphi}_3 = \dfrac{1}{\sqrt{4}}\begin{bmatrix} 1 \\ 1 \\ \sqrt{2} \end{bmatrix}$

(2) $[\boldsymbol{\varphi}_1, \boldsymbol{\varphi}_2, \boldsymbol{\varphi}_3]$ は正規直交基底であるので，$\boldsymbol{\varphi}_i^T \boldsymbol{\varphi}_j = \delta_{ij}$ である．これを用いると，

$$\Phi^T\,\Phi = \begin{bmatrix} \boldsymbol{\varphi}_1^T \\ \boldsymbol{\varphi}_2^T \\ \boldsymbol{\varphi}_3^T \end{bmatrix} [\boldsymbol{\varphi}_1,\, \boldsymbol{\varphi}_2,\, \boldsymbol{\varphi}_3] = \begin{bmatrix} \boldsymbol{\varphi}_1^T\boldsymbol{\varphi}_1 & \boldsymbol{\varphi}_1^T\boldsymbol{\varphi}_2 & \boldsymbol{\varphi}_1^T\boldsymbol{\varphi}_3 \\ \boldsymbol{\varphi}_2^T\boldsymbol{\varphi}_1 & \boldsymbol{\varphi}_2^T\boldsymbol{\varphi}_2 & \boldsymbol{\varphi}_2^T\boldsymbol{\varphi}_3 \\ \boldsymbol{\varphi}_3^T\boldsymbol{\varphi}_1 & \boldsymbol{\varphi}_3^T\boldsymbol{\varphi}_2 & \boldsymbol{\varphi}_3^T\boldsymbol{\varphi}_3 \end{bmatrix} = E \text{（単位行列）}$$

となり，Φ が直交行列であることが分かる．このとき，任意の $\boldsymbol{v} \in \mathbb{R}^3$ に対して，

$$\|\Phi\boldsymbol{v}\|^2 = (\Phi\boldsymbol{v})^T(\Phi\boldsymbol{v}) = \boldsymbol{v}^T(\Phi^T\Phi)\boldsymbol{v} = \boldsymbol{v}^T\boldsymbol{v} = \|\boldsymbol{v}\|^2$$

となるので，$\|\Phi\boldsymbol{v}\| = \|\boldsymbol{v}\|$ が示された．

(3) $\boldsymbol{v} = \Phi\boldsymbol{u},\ \boldsymbol{u} = \begin{bmatrix} u_1 \\ u_2 \\ u_3 \end{bmatrix}$ とおく．

$$\Phi^T A \Phi = \begin{bmatrix} \lambda_1 & 0 & 0 \\ 0 & \lambda_2 & 0 \\ 0 & 0 & \lambda_3 \end{bmatrix} = \begin{bmatrix} 2+\sqrt{2} & 0 & 0 \\ 0 & 2 & 0 \\ 0 & 0 & 2-\sqrt{2} \end{bmatrix}$$

であるので，

$$\frac{\boldsymbol{v}^T A \boldsymbol{v}}{\|\boldsymbol{v}\|^2} = \frac{\boldsymbol{u}^T\left(\Phi^T A \Phi\right)\boldsymbol{u}}{\|\Phi\boldsymbol{u}\|^2} = \frac{\lambda_1 u_1^2 + \lambda_2 u_2^2 + \lambda_3 u_3^2}{u_1^2 + u_2^2 + u_3^2} = 2 - \frac{\sqrt{2}\left(u_1^2 - u_3^2\right)}{u_1^2 + u_2^2 + u_3^2}$$

となる．ここで，

$u_1 = r\sin\theta\cos\varphi, u_2 = r\cos\theta,$

$u_3 = r\sin\theta\sin\varphi\ (r > 0,\ 0 \leq \theta \leq \pi,\ 0 \leq \varphi < 2\pi)$ [1)]

とすれば，

$$\frac{\boldsymbol{v}^T A\boldsymbol{v}}{\|\boldsymbol{v}\|^2} = 2 - \sqrt{2}\sin\theta\left(\cos^2\varphi - \sin^2\varphi\right)$$

$$= 2 - \sqrt{2}\sin\theta\cos 2\varphi$$

となる．$0 \leq \theta \leq \pi$, $0 \leq \varphi < 2\pi$ では $0 \leq \sin\theta \leq 1$, $-1 \leq \cos 2\varphi \leq 1$ であるので，最大となるのは $\sin\theta = 1$, $\cos 2\varphi = -1$ のときで，最大値は $2 + \sqrt{2}$.

10 (1) $F = \begin{bmatrix} 25(a-1) & 0 & 0 \\ 0 & 9b+16 & -12(b-1) \\ 0 & -12(b-1) & 16b+9 \end{bmatrix}$

(2) F の固有多項式は，

$$\det(\lambda E - F) = \{\lambda - 25(a-1)\}(\lambda - 25)(\lambda - 25b)$$

であるので，F の固有値は 25, $25b$, $25(a-1)$ である．条件 $a > 2$, $b < 0$ より $25b < 25 < 25(a-1)$ であり，$\lambda_1 = 25(a-1)$, $\lambda_2 = 25$, $\lambda_3 = 25b$.

対応する規格化された固有ベクトルは，順に

$$\begin{bmatrix} 1 \\ 0 \\ 0 \end{bmatrix},\quad \frac{1}{5}\begin{bmatrix} 0 \\ 4 \\ 3 \end{bmatrix},\quad \frac{1}{5}\begin{bmatrix} 0 \\ -3 \\ 4 \end{bmatrix}.$$

であり，P はこれらを並べて得られる:

$$P = \frac{1}{5}\begin{bmatrix} 5 & 0 & 0 \\ 0 & 4 & -3 \\ 0 & 3 & 4 \end{bmatrix},$$

$$P^{-1} = {}^tP = \frac{1}{5}\begin{bmatrix} 5 & 0 & 0 \\ 0 & 4 & 3 \\ 0 & -3 & 4 \end{bmatrix}$$

(3) (A)：$(a-1)(x')^2 + (y')^2 + b(z')^2 = 1$,

(B)：$x' + y' = 1$.

(4) $a - 1 > 0$, $b < 0$ より (A) は一葉双曲面であるので，(A) と (B) との交線は楕円，双曲線，放物線のいずれかである．

1) 3 次元極座標（通常とは取り方を少し変えてある）.

(3) で求めた方程式から y' を消去すると，

$$
\begin{aligned}
(a-1)(x')^2+(1-x')^2+b(z')^2=1 &\iff a(x')^2-2x'+b(z')^2=0 \\
&\iff a\left(x'-\frac{1}{a}\right)^2+b(z')^2=\frac{1}{a^2}
\end{aligned}
$$

が得られる．これは，(A) と (B) の交線を $x'z'$ 平面に射影した曲線の方程式であり，

$$
z'=\pm\sqrt{\frac{a}{-b}}\left(x'-\frac{1}{a}\right)
$$

を漸近線とする双曲線である．

$x'z'$ 平面に射影した曲線が双曲線となるので，一葉双曲面 (A) と平面 (B) の交線は双曲線である．

参考文献

線形代数の教科書は数多く出版されていて，筆者もそのすべてに目を通したわけでは(もちろん)ない．以下では本書を執筆する際に参考にした本を挙げておくので，さらに進んだ学習をする際の参考にしていただきたい．

[1] 岩堀長慶，2次行列の世界，岩波書店，1983.

[2] 岡本和夫，行列と1次変換，実教出版，1998.

上記2著は 2×2 行列での計算を中心にした本．

[3] 伊理正夫，岩波講座応用数学 線形代数 I, II，岩波書店，1993.

[4] 齋藤正彦，線型代数入門，東京大学出版会，1966.

[5] 佐武一郎，線型代数学，裳華房，1974.

上記3著は高度な内容まで含み，証明もきちんと書いてある．本書で証明を省略した部分は，これらの本を参照するとよい．

[6] 薩摩順吉・四ツ谷晶二，キーポイント線形代数，岩波書店，1992.

[7] 志賀浩二，線形代数30講，朝倉書店，1988.

[8] 高橋大輔，理工基礎 線形代数，サイエンス社，2000.

[9] 藤原毅夫，理工系の基礎数学2 線形代数，岩波書店，1996.

上記4著は本書と同様に「定義の意味」を解説することを目的とした本．本書とあわせて読むと，理解が深められるであろう．

[10] 志賀浩二，固有値問題30講，朝倉書店，1991.

有限次元の固有値問題から出発して，無限次元の場合も解説している．

[11] 森　正武・杉原正顕・室田一雄，岩波講座応用数学 線形計算，岩波書店，1994.

数値計算法の解説書．連立1次方程式，固有値問題などを，計算機を用いて扱う方法についても解説している．

[12] C. ローレス・H. アントン，山下純一 訳，やさしい線型代数の応用，現代数学社，1980.

線形代数の応用について，幅広い例が解説されている．

[13] 有木　進，工学がわかる線形代数，日本評論社，2000.

本書よりやや程度が高いが，工学に対する応用を念頭において書いている．

索　　引

英数字

ア行

カ行

サ行

著者略歴

筧（かけい） 三郎（さぶろう）

1990 年　東京大学工学部物理工学科卒業
1995 年　東京大学大学院工学系研究科博士課程修了
　　　　東京大学大学院数理科学研究科研究生，
　　　　日本学術振興会特別研究員，
　　　　早稲田大学理工学部助手を経て
現　在　立教大学理学部教授
　　　　博士(工学)

新・工科系の数学＝TKM-2

工科系 線形代数 [新訂版]

2002 年10月10日© 初版発行
2014 年 2 月25日 初版第10刷発行
2014 年11月25日© 新訂第1刷発行
2019 年 4 月10日 新訂第4刷発行

著 者 筧　三郎　　発行者 矢沢和俊
　　　　　　　　　印刷者 杉井康之
　　　　　　　　　製本者 米良孝司

【発行】 株式会社 数理工学社
〒151–0051 東京都渋谷区千駄ヶ谷 1 丁目 3 番 25 号
編集 ☎ (03) 5474–8661 (代) サイエンスビル

【発売】 株式会社 サイエンス社
〒151–0051 東京都渋谷区千駄ヶ谷 1 丁目 3 番 25 号
営業 ☎ (03) 5474–8500 (代) 振替 00170–7–2387
FAX ☎ (03) 5474–8900

組版 ゼロメガ
印刷 ディグ　製本 ブックアート

ISBN978-4-86481-020-3

PRINTED IN JAPAN